实验性工业设计系列教材

实验的设计心理学

吴佩平　编著

中国建筑工业出版社

图书在版编目（CIP）数据

实验的设计心理学／吴佩平编著. —北京：中国建筑工业出版社，2014.6
实验性工业设计系列教材
ISBN 978-7-112-16646-6

I. ①实…　II. ①吴…　III. ①工业设计－应用心理学－教材　IV. ① TB47-05

中国版本图书馆 CIP 数据核字（2014）第 061487 号

设计心理学是艺术设计专业新兴的一门科学学科。从工业设计专业来讲，产品的可用性、产品的易用性、产品的宜人性以及用户对产品的喜爱程度等都是设计心理学研究的内容。本教材从使用者的认知心理和情感心理出发，来分析用户在产品使用过程中可能发生的行为和情感因素。

本书共分为五个章节：第一章对设计心理学的起源、研究的对象、研究的内容、研究的方法以及学习的意义进行阐述；第二章讲述设计心理学重要的基础知识——实验设计，从如何展开实验、如何进行实验设计、如何选择实验样本到如何进行有效评估等内容展开阐述；第三章对认知心理学的内容进行阐述，从和设计相关的认知心理特征理论知识点着手，讲解人类的这些认知心理特征会如何影响用户对产品的认知和操作；第四章从影响用户的情感心理特征展开阐述，使读者了解人类的情感心理会如何影响用户选择和使用产品；第五章有从认知心理特征和情感心理特征进行的单项实验案例，也有产品改良设计的综合案例。

本书可作为广大工业设计专业本科学生的专业教材或辅助教材；对高校工业设计相关专业教师的教学工作也具有较好的参考价值。

责任编辑：吴　绫　李东禧
责任校对：李美娜　刘梦然

实验性工业设计系列教材
实验的设计心理学
吴佩平　编著

*

中国建筑工业出版社出版、发行（北京西郊百万庄）
各地新华书店、建筑书店经销
北京嘉泰利德公司制版
北京画中画印刷有限公司

*

开本：787×1092毫米　1/16　印张：$11\frac{3}{4}$　字数：290千字
2014年6月第一版　2014年6月第一次印刷
定价：38.00元
ISBN 978-7-112-16646-6
（25425）

“实验性工业设计系列教材”编委会

（按姓氏笔画排序）

序　一

今天，一个十岁的孩子要比我们那时（20世纪60年代）懂得多得多，我认为那不是父母亲与学校教师，而是电视机与网络的功劳。今天，一个年轻人想获得知识也并非一定要进学校，家里只需有台上了网的电脑，他（她）就可以获得想获得的所有知识。

联合国教科文组织估计，到2025年，希望接受高等教育的人数至少要比现在多8000万人。假如用传统方式满足需求，需要在今后12年每周修建3所大学，容纳4万名学生，这是一个根本无法完成的任务。

所以，最好的解决方案在于充分发挥数字科技和互联网的潜力，因为，它们已经提供了大量的信息资源，其中大部分是免费的。在十年前，麻省理工学院将所有的教学材料都免费放到网上，开设了网络公开课。这为全球教育革命树立了开创性的示范。

尽管网上提供教育材料有很大好处，但对这一现象并不乏批评者。一些人认为：并不是所有的网络信息都是可靠的，而且即便可信信息也只是真正知识的起点；网络上的学习是“虚拟的”，无法引起学生的注目与精力；网络上的教育缺乏互动性，过于关注内容，而内容不能与知识画等号等。

这些问题也正说明传统大学依然存在的必要性，两种方式都需要。99%的适龄青年仍然选择上大学，上著名大学。

中国美术学院是全国一流的美术院校，现正向世界一流的美术院校迈进。

在20世纪1928年的3月26日，国立艺术院在杭州孤山罗苑举行隆重的开学典礼。时任国民政府教育部长的蔡元培先生发表热情洋溢的演说：“大学院在西湖设立艺术院，创造美，以后的人，都改其迷信的心，为爱美的心，借以真正完成人们的美好生活。”

由国民政府创办的中国第一所“国立艺术院”，走过了85年的光阴，经历了民国政府、抗日战争、解放战争、“文化大革命”与改革开放，积累了几代人的呕心历练，成就了一批中华大地的艺术精英，如林风眠、庞薰琹、赵无极、雷圭元、朱德群、邓白、吴冠中、柴非、溪小彭、罗无逸、温练昌、袁运甫……他们中间有绘画大师，有设计理论大师，有设计大师，有设计教育大师；他们不仅成就了自己，为这所学校添彩，更为这个国家培养了无数的栋梁之才。

在立校之初林风眠院长就创设了图案系（即设计系），应该是中国设立最早的设计专业吧。经历了实用美术系、工艺美术系、工业设计系……今天设计专业蓬勃发展，已有20多个系科、40多个学科方向；每年招收本科生1600人，硕士、博士生350人（一所单纯的美术院校每年在校生也能达到8000人的规模）；就读造型与设计专业的学生比例基本为3∶7；每年的新生考试基本都在6万多人次，去年竟达到了9万多人次。2012年工业设计专业100名毕业生全部就业工作。在这新的历史时期，中国美术学院院长提出："工业设计将成为中国美术学院的发动机"。

这也说明一所名校，一所著名大学所具备的正能量，那独一无二的中国美术学院氛围和学术精神，才是学子们真正向往的。

为此，我们编著了这套设计教材，里面有学识、素养、学术，还有氛围。希望抛砖引玉，让更多的学子们能看到、领悟到中国美术学院的历练。

赵阳于之江路旁九树下

2013年1月30日

序　二　实验性的思想探索与系统性的学理建构

在互联网时代，海量化、实时化的信息与知识的传播，使得“学院”的两个重要使命越发凸显：实验性的思想探索与系统性的学理建构。本次中国美术学院与中国建筑工业出版社合作推出的“实验性工业设计系列教材”亦是基于这个学院使命的一次实验与系统呈现。

2012 年 12 月，“第三届世界美术学院院长峰会”的主题便是“继续实验”，会议提出：学院是一个（创意）知识的实验室，是一个行进中的方案；学院不只是现实的机构，还是一个有待实现的方案，一种创造未来的承诺。我们应该在和社会的互动中继续实验，梳理当代艺术、设计、创意、文化与科技的发展状态，凸显艺术与设计教育对于知识创新、主体更新、社会革新的重要作用。

设计本身便是一种极具实验性的活动，我们常说“设计就是为了探求一个事情的真相”。对真相的理解，见仁见智。所谓真相，是针对已知存在的探索，其背后发生的设计与实验等行为，目的是为了找到已知的不合理、不正确、未解答之处，乃至指向未来的事情。这是一个对真相的思辨、汲取与认识的过程，需要多种类、多层次、多样化的思考，换一个角度说：真相正等待你去发现。

实验性也代表着一种“理想与试错”的精神和勇气。如果我们固步自封，不敢进行大胆假设、小心求证的“试错”，在教学课程与课题设计中失却一种强烈的前瞻性、实验性思考，那么在工业设计学科发展日新月异的当下，是一件蕴含落后危机的事情。

在信息时代，除了海量化、实时化，综合互动化亦是一个重要的特征。当下的用户可以直接告诉企业：我要什么、送到哪里等重要的综合性信息诉求，这使得原本基于专业细分化而生的设计学科各专业，面临越来越多的终端型任务回答要求，传统的专业及其边界正在被打破、消融乃至重新演绎。

面向中国高等院校中工业设计专业近乎千篇一律的现状，面对我们生活中的衣、食、住、行、用、玩充斥着诸如 LV、麦当劳、建筑方盒子、大众、三星、迪斯尼等西方品牌与价值观强植现象，中国的设计又该何去何从？

中国美术学院的设计学科一直致力于探求一种建构中国人精神世界的设计理想，注重心、眼、图、物、境的知识实践体系，这并非说平面设计就是造“图”、工业设计与服装设计就是造“物”、综合设计就是造“境”，实质上，它是一种连续思考的设计方式，不能被简单割裂，或者说这仅代表各个专业回答问题的基本开场白。

我们不再拘泥于以“物”为区分的传统专业建构，比如汽车设计专业、服装设计专业、家具设计专业、玩具设计专业等，而是从工业设计最本质的任务出发，研究人与生活，诸如：交流、康乐、休闲、移动、识别、行为乃至公共空间等要素，面向国际舞台，建立有竞争力的工业设计学科体系。伴随当下设计目标和价值的变化，新时代的工业设计不应只是对功能问题的简单回答，更应注重对于“事”的关注，以“个性化大批量”生产为特征，以对“物”的设计为载体，最终实现人的生活过程与体验的新理想。

中国美术学院工业设计学科建设坚持文化和科技的双核心驱动理念，以传统文化与本土设计营造为本，以包豪斯与现代思想研究为源，以感性认知与科学实验互动为要，以社会服务与教学实践共生为道，建构产品与居住、产品与休闲、产品与交流、产品与移动四个专业方向。同时，以用户体验、人机工学、感性工学、设计心理学、可持续设计等作为设计科学理论基础，以美学、事理学、类型学、人类学、传统造物思想等理论为设计的社会学理论基础，从研究人的生活方式及其规划入手，开展家具、旅游、康乐、信息通信、电子电器、交通工具、生活日常用品等方面产品的改良与创新设计，以及相关领域项目的开发和系统资源整合设计。

回顾过去，本计划从提出到实施历时五年，停停行行、磕磕绊绊，殊为不易。最初开始于2007年夏天，在杭州滨江中国美术学院校区的一次教研活动；成形于2009年秋天，在杭州转塘中国美术学院象山校区的一次与南京艺术学院、同济大学、浙江大学、东华大学等院校专业联合评审会议；立项于2010年秋天，在北京中国建筑工业出版社的一次友好洽谈，由此开始进入“实验性工业设计系列教材”实质性的编写“试错”工作。事实上，这只是设计“长征”路上的一个剪影，我们一直在进行设计教学的实验，也将坚持继续以实验性的思想探索和系统性的学理建构推进中国设计理想的探索。

王昀撰于钱塘江畔
壬辰年癸丑月丁酉日（2013年1月31日）

前　言

目前国内外关于“设计心理学”方面的书籍有不少，这些书大多根据作者的教学和设计实践经验来阐述。每本书的理论和实践研究都各有侧重，对于设计心理学的定义以及研究的内容等都各有不同的界定。

本书的编写经历了多次的修改，笔者主要沿袭李乐山老师和唐纳德·A·诺曼的一些研究思想和研究方法。李乐山老师出版的《工业设计心理学》及美国认知心理学家唐纳德·A·诺曼的《日用品设计》(《The Design of Everyday Things》）和《情感设计》(《Emotional Design》),《The Design of Everyday Things》主要把设计心理学归结为认知心理学和情感心理学的范畴，从认知心理和情感心理来分析产品设计中人的“认知行为”和“情感心理”如何影响用户对产品的使用和选择。

但如果仅仅是将两位前辈的理论作一个整编，那么本书也就没有太大的意义。因此，在初稿文字性的描述写完后，资料搁置了一年。中间一直在思考作为教材，本书的突破点在哪里？本书所研究的重点是什么？

在不断地参阅各类应用心理学书籍以及人机工程学相关书籍后，笔者终于渐渐地整理出本书较为清晰的思路。第一，“设计心理学”是以“实验”为核心的一门学科，因此一切应该围绕“实验”展开。这是学生能够将设计心理学付诸实践的方法，也是本书的特点所在。第二，在学科结构中，“设计心理学”作为“人机工程学”的一个分支展开，因此本教材对于设计心理学的定义、研究的内容、研究的方法、研究的意义和实践应用等内容也作了相应的回答。

本书最终名为《实验的设计心理学》。笔者希望学生通过对本教材的学习，能够以实验的手段，将设计心理学的相关知识和研究方法应用在设计实践中。本教材主要针对工业设计专业的学生，书中对设计心理学的定义、研究的内容以及研究的方法等都以工业设计专业为核心。

目　录

Contents

1

第一章　设计心理学概论

【学习目的与要求】

本章从设计心理学的学科范畴以及发展概况说起，对设计心理学的定义、设计心理学所研究的内容、设计心理学研究的方法，以及设计心理学学习的意义进行阐述。通过本章的阅读，读者将对设计心理学所属的知识体系有一个初步而整体的认识。本章的重点是要明确学习设计心理学的目的，了解设计心理学对于工业设计专业学生的实践意义，这样在接下来的学习中才能有的放矢。

1.1　设计心理学学科范畴与发展概况

1.1.1　设计心理学学科范畴

设计心理学是艺术设计专业新兴的一门学科，它属于自然科学和社会科学的范畴。

目前对于设计心理学所研究的内容有很多不同的解释和理解。有些倾向于认知心理学的研究，有些倾向于消费心理学的研究，有些倾向于视觉造型的研究，有些倾向于情感的研究……这主要取决于设计者是站在一个怎样的角度思考问题。

比如福特汽车全球设计总监因为是设计者兼任营销者的身份，那么他认为设计心理学主要研究的是消费心理学的内容，他认为：设计塑造出车身线条的目的是在传达出品牌价值理念的同时吸引消费者，设计不是理性分析的过程，而是一个情绪化的过程，应该去了解消费者是什么样的人，他们想要买什么样的东西。

本教材所研究的设计心理学撇开了商业因素，也就是撇开消费心理学的因素，从工业设计专业角度出发，主要研究产品的可用性、易用性、宜人性以及用户对产品的喜爱程度等，因此所研究的内容主要从用户的认知和情感出发。

设计心理学从大的学科范围来讲，属于人文科学体系下心理学和艺术学的交叉学科，建立在艺术学、美术学、创造心理学、格式塔心理学、精神分析、认知心理学、人机工程学、人类因素工程心理学、广告心理学、消费心理学、环境心理学、感性心理学等方面的理论基础以及艺术设计的实践基础之上。它既具有心理学的科学、客观和验证的基本属性，又具有设计艺术的艺术性和人文性。如图 1–1 设计心理学学科体系范畴所示。

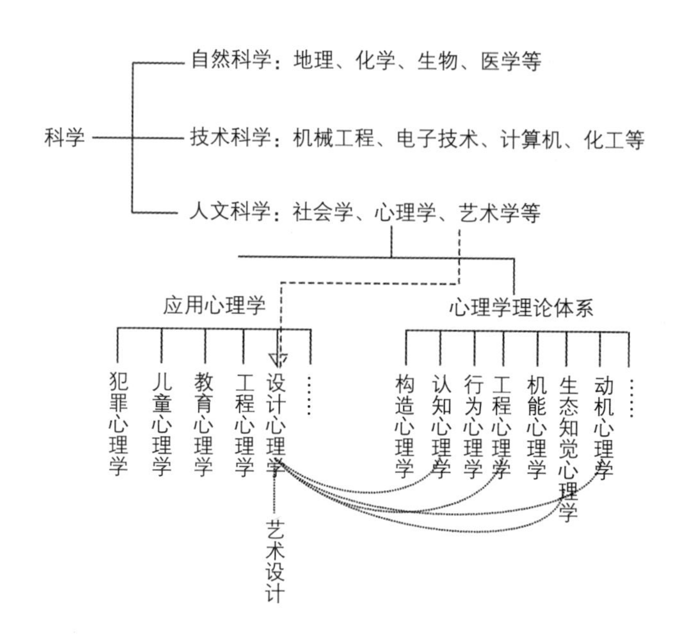

图 1–1
设计心理学学科体系范畴

从小的学科范畴来说，工业设计所研究的设计心理学倾向是从人机工程学分支并发展而来的。

人机工程学起源于欧洲，形成和发展于美国。人机工程学在欧洲称为“Ergonomics”，它由两个希腊词根组成：“ergo”的意思是“出力、工作”，“nomics”表示“规律、法则”。因此，“Ergonomics”的含义也就是“人出力的规律”或“人工作的规律”。也就是说，人机工程学是研究人在生产或操作过程中合理、适度地劳动和用力的规律问题；人机工程学在美国称为“Human Engineering”（人类工程学）或“Human Factor Engineering”（人类因素工程学）；在日本称为“人间工学”或“人因工学”，或采用欧洲的名称，音译为“Ergonomics”；在我国也有“人类工程学”、“人体工程学”、“工效学”、“机器设备利用学”和“人机工程学”等不同的称谓。为便于学科发展，现在大部分人称其为“人机工程学”。

目前国际上对于人机工程学的定义为：把人—机—环境系统作为研究的基本对象，运用生理学、心理学和其他有关学科知识，根据人和机器的条件和特点，合理分配人和机器承担的操作职能，并使之相互适应，从而为人创造出舒适和安全的工作环境，使工效达到最优的一门综合性学科。

从人机工程学的定义能够看到其研究的内容之一是心理学。因此可以这样理解：设计心理学是工业设计学科发展到一定阶段，从人机工程学学科中分离出来，对心理学内容进行更深和更广泛层次研究的学科。

设计心理学发展成为和人机工程学平行的一门设计学科后，在学习上就可以有所侧重。人机工程学主要侧重于对人生理层面的物理数据分析：比如人体尺寸静态与动态测量，人的肌力测试，受力点分析，人的视、听、触等感知能力；环境基本测量（温度、湿度、光照、噪声、辐射、空气等）以及工作地基本测量（几何、物理测量等）等，是较为科学和理性的学科。而设计心理学主要就研究对客观物质世界的主观反应：比如喜、怒、哀乐等情感体验；人的视、听、触等感觉体验等，是较为感性的学科。如图 1–2 设计心理学与人机工程学之间的关系图所示。

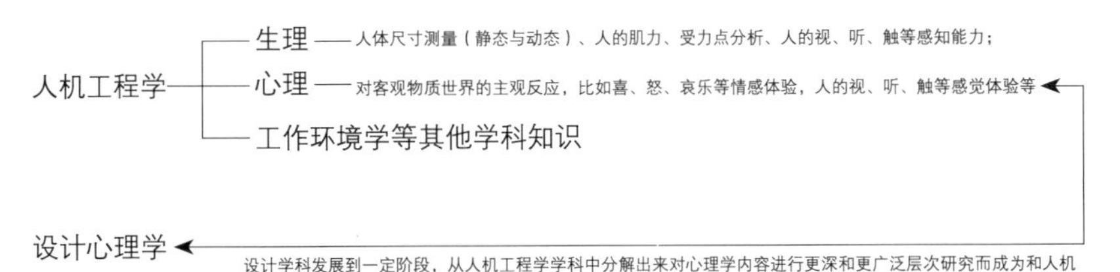

图 1–2
设计心理学与人机工程学之间的关系图

1.1.2 设计心理学发展概况

心理学（Psychology）一词来源于希腊文 psyche（灵魂）和 logos（讲述），意思是关于灵魂的科学。心理学在漫长的岁月中始终属于哲学范畴而无独立的地位，是哲学家、思想家运用思辨的方法进行研究的领域。直到 19 世纪初，德国哲学家、教育学家赫尔巴特首次提出心理学是一门科学。19 世纪中叶以后，由于自然科学的迅猛发展，为心理学成为独立的科学创造了条件，尤其是德国感官神经生理学的发展，为心理学成为独立的科学起了较为直接的促进作用。到 1987 年冯特的出现，心理学从此从哲学中分化出来，成为一门独立的科学，开始了蓬勃发展的历程。

从心理学的研究方法可以看到并更加明确地去理解心理学的科学性。科学的心理学不仅对心理现象进行描述，更重要的是对心理现象进行说明，以揭示其发生发展的规律。它既是一门理论学科，也是应用学科，包括理论心理学与应用心理学两大领域。

心理活动是在头脑中进行的一个内部过程。它不能像其他自然现象一样，被我们的眼、耳、鼻、舌、手等感官直接感触到，也无法通过任何技术手段直接观察和测量。因此，有人把人脑的心理活动比喻为无法打开的"黑箱"。"行为"是这个黑箱的输入与输出。人们通过观察"输入和输出"来研究心理活动的这个"黑箱"。所以说心理学是行为的科学。例如，消费者的心理研究可以对其消费行为作出观察；通过人们看画展时的行走方式、停留时间和观看引起的身体姿势变化这些可以直接观察和测量的行为，来研究观看者的心理情感变化等；通过观察用户在使用产品时的操作和行为来获知他们的思维和认知方式。

工业设计的发展历史从追求美开始，围绕以机器为中心的设计思想展开。20 世纪 40 年代以前设计领域人机关系研究的基本特点是着眼于机械力学性能的改进，机器怎样最大限度地生产出既多又好的产品是主要解决的问题。人作为机器的操作者，必须符合机器的运作特性，很少甚至不会去考虑人的需求。因此，在这种设计思想的指导下，设计出来的机器和设备在给人使用时出现了很多的问题。1936 年由卓别林主演的滑稽剧《摩登时代》正是反映了 20 世纪 20 年代美国的这种大机器生产状况，人作为机器的一部分，要配合机器的工作规律，一天到晚神经质般地重复着同样的工作，成为大机器生产中的一颗螺丝钉，如图 1–3 所示。

随着机器化生产的发展，机器的复杂性越来越大，人们也越来越难适应机器的复杂操作，因此事故频频发生，这样迫使人们重新认识机器和操作者之间的关系。

20 世纪 40 ~ 50 年代初期，从人适应机器的"以机器为本"开始转向机器适应人的"以人为本"的设计阶段，这时候形成了"工程心理学"这门学科。工程心理学主要研究指针式仪表和开关按钮设计中的人机匹配问题，因此有人把这一时期称为工程心理学发展中的"开关和表盘"时代。亨利・德雷福斯（Henry Drefuss,1903—1972）可以作为当时这种设计理念的代表人物。他把产品的功能与人的生理结构有机结合起来，认为"能适应人的机器才是最有效的"；他主张设计的人性化考虑，在设计中展开人机工程学数据测量，以及通过所设计产品的实验模型

图 1–3
由卓别林主演的滑稽剧《摩登时代》

对使用者展开可用性测试，这也许可以作为较早设计心理学研究的代表思想和代表人物。

20 世纪 70 年代，德国等国也开始以心理学为基础对设计进行改造。20 世纪 80 年代欧美等国的人机交互学者尝试从动机心理学、认知心理学为理论基础解决电子设备、计算机和信息系统的用户操作认知与人机界面等问题。

美国著名认知心理学家、计算机工程师、工业设计家、认知科学学会的发起人之一唐纳德·诺曼（Donald Arthur Norman）是对现代设计心理学作出重大贡献的代表人物。唐纳德在 1980 年后担任加利福尼亚大学认知科学研究计划的负责人，开展认知科学的研究和教学计划，主要在记忆、注意和学习以及人类的活动与工作，包括意识和潜意识机制的作用方面展开研究。这些研究对分析人们的工作失误、正确地进行机械设计以提高人的能力起到了一定的作用。后来他的研究兴趣集中在产品设计的人性化及可用性方面。1988 年他出版的《The Design of Everyday Things》是一本很经典的关于产品设计认知分析方面的专著，书中结合认知理论和实践设计提出“自然引导使用者”的设计目标以及“易用”的设计哲学。2003 年他又出版了《Emotional Design》，诺曼认为他在编写《The Design of Everyday Things》时只考虑到产品的实用性、可用性这些逻辑理性的因素，没有考虑到情感因素。《The Design of Everyday Things》和《Emotional Design》这两本书组成了一个较为完整和系统的设计心理学知识框架。

20 世纪 80 年代在日本出现了一个新名词叫感性工学（Kansei Engineering）。这是一种运用工程技术手段来探讨“人”的感性与“物”的设计特性间关系的理论及方法。感性工学是感性与工学相结合的技术。通过分析人的感性来设计产品，依据人的喜好来制造产品，它属于工学的一个新分支。运用感性工学方法可以将用户难以量化的感性需求及意象转化为产品设计的形态要素。感性工学用定量的方式和理性的思维去研究感性的原理，将人们对“物”的感性意象进行定量、半定量地表达，并与产品设计特性相关联，实现在产品设计中体现“人”的感性感受，设计出符合“人”的感觉期望的产品。

感性工学研究人机交互之间认知的感性，它的基础是心理学和认知学。

感性工学的研究范畴包括：

1. 对人类的感觉、情绪、知觉、表象的研究是感性工学的理论基础；
2. 通过消费心理学的研究了解消费者的真正需求；
3. 通过生理学的研究了解人类的感性；
4. 通过产品语义学的研究了解产品语义和分类产品意向；

5. 通过设计学和制造学的研究了解感性与产品色彩、材料、形态、工艺和设计方法之间的关系。

日本广岛大学工学部的研究人员最早将感性分析导入工学研究领域的是以 1970 年在住宅设计中开始全面考虑居住者的情绪和欲求为开端，研究如何将居住者的感性在住宅设计中具体化为工学技术，这一新技术最初被称为“情绪工学”。

首先将感性工学实用化生产出第一批“感性商品”是从汽车产业开始的。当时日产、马自达、三菱将感性工学引入汽车的开发研究中。设计人员从分析消费者心理入手，把突破造型外部形式作为研发中心及设计目标；一改过去“高级”、“豪华”的设计定位，转为“方便”、“简捷”、“快乐”的设计定位，进行汽车外观、内饰、感性化的驾驶台设计等，获得了巨大的成功。感性工学有独立的一套系统而完整的研究方法，通过感性意象认知识别、定性分析、定量分析和结果验证来完成。在长期的研究过程中，还积累了感性数据库作为感性工学支援系统。

无论是唐纳德的《The Design of Everyday Things》和《Emotional Design》，还是日本的 Kansei Engineering，都没有提到“设计心理学”这个词汇。但是从他们研究的内容，我们可以看到这是设计心理学研究和发展的重要组成部分。

“设计心理学”是我国工业设计专业对此类研究的称呼。从某种意义上说，我们所研究的“设计心理学”比较接近于日本的感性工学研究系统，它们研究的内容和体系都非常接近，主要的区别是研究方法各有侧重。

1.2 设计心理学研究的内容和方法

1.2.1 设计心理学研究的内容

“人”作为设计心理学所研究的对象，除了具有广泛意义上的人的本质和心理以外，还特指与设计过程和设计结果有关系的“人”，那就是“用户”。

从工业设计专业角度来说，设计心理学是一门设计方法学，是研究“人”在使用“物”的过程中的各种心理因素，同时将这些心理因素作为设计指导原则和设计评估依据来展开设计的学科。

设计心理学主要研究产品带给使用者的心理体验：包括动机、需要、知觉、情绪、认知、意志、性格、习惯、记忆、能力、审美等。可以分成以下两个部分展开研究。

1.2.1.1 “产品适应人”操作行为的认知心理研究

这方面的研究主要以认知心理学、生态知觉心理学作为研究的理论支撑体系。心理学的主要目的是尝试理解行为的规律性，以理解、预测或控制行为为研究目的。行为是指受思想支配而表现出来的外表活动。人类造“物”是为了满足自身的需求。人们通过与“物”的交流互动，实现各类需求活动的完成。“物”也就是“产品”。人们有目的性地使用产品，在使用过程中表现出的各种活动就是“使用者的行为”。使用者行为研究基于认知心理学理论基础，与心理学流派中的行为主义研究不同。它不仅研究使用者在产品使用过程中的外显行为，主要还研究使用者在产品使用过程中的心理思维过程。通过这些研究发现使用者的使用习惯、认知能力、思维方式等问题，最终实现使用者与产品之间互动的匹配性、合理性和科学性。图 1-4 所示为用户的行为与操作图例。

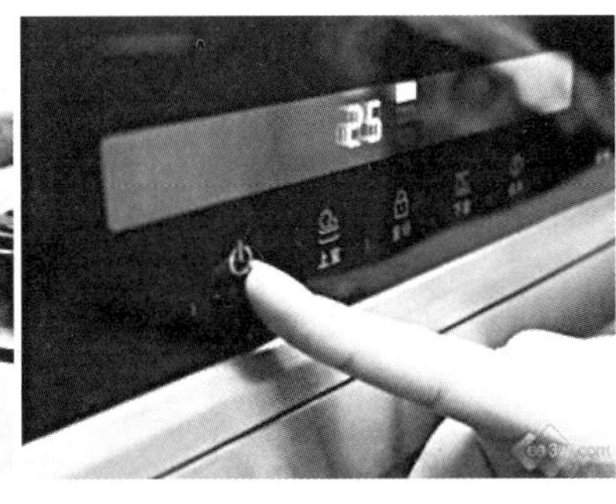

图 1-4
用户的行为与操作

1.2.1.2 “产品满足人”情绪体验的情感心理研究

这方面的研究主要以社会心理学、情绪心理学、动机心理学作为研究的理论支撑体系。心理学对情绪和情感的定义不同。从产生的基础和特征表现上来看，情绪出现多与人的生理需要相关，如食物、水、温暖、困倦等；情感随着心智的成熟和社会认知的发展而产生，多与求知、交往、艺术陶冶、人生追求等社会需要有关。因此，情绪是人和动物共有的，但只有人才会有情感；情绪具有情境性和暂时性，情感则具有深刻性和稳定性；情绪常由身旁的事物所引起并随着场合的改变和人、事的转换而变化，情感是在多次情绪体验的基础上形成的稳定的态度体验。

在设计中，情感和情绪都是使用者对产品是否满足自身需求而产生的态度体验。它们体现两个不同层面的内容：第一层面是在产品使用行为过程中所体现出来的情绪体验特征。比如产品材质外观带给使用者的舒适度，顺畅完成工作带给使用者的轻松愉悦感等；另一个层面是对使用结果的满意程度所表现出来的情感体验特征，也就是用户通过使用过程中的一系列情绪体验积累，而产生对这件产品的更深层次的体验。比如，由于大部分正面情绪体验的积累而让使用者对产品产生喜爱并依恋的情感。在本书的论述中，将情绪和情感统称为使用者情感心理。

图 1–5 所示为设计心理学研究内容框架图。

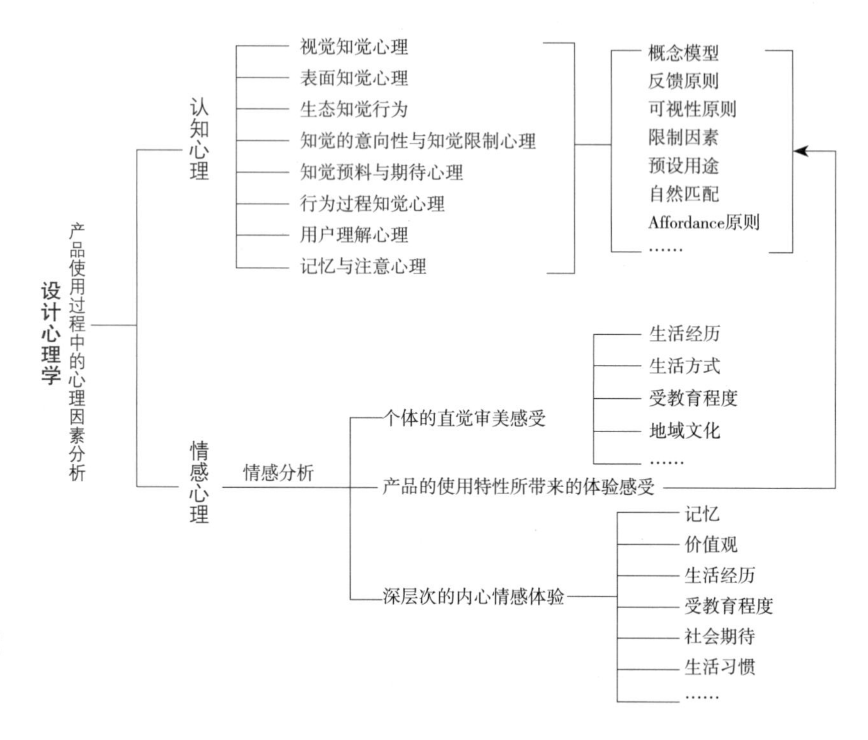

图 1–5
设计心理学研究内容框架图

1.2.2 设计心理学研究的意义

1.2.2.1 新的设计研究方法的应用

设计心理学在设计中的应用可以从两个层面阐述。

首先是作为设计过程中求解的方法。设计是为了解决人们在人类活动过程中所遇到的问题。最初，人们可以通过最表象的问题来进行最原始的设计。比如在农业时代，为了解决灌溉农田的问题而发明了桔槔、翻车、筒车等。虽然具体形式有所不同，但解决了引水灌溉的问题，就事设物，立竿见影。这种设计方法在今天也还是很重要的设计方法之一。但是另一方面，设计发展到今天，很多时候已经不仅仅是解决基础工具的问题了。设计往往需要更深层次地去发现使用者的内心体验感受，需要对整个社会心理的正确引导担负一定的责任，需要正确的科学认识论和方法论的指导。因此设计心理学作为一门设计方法学指导现代设计的展开。

其次，设计心理学是对设计结果进行验证和评估的工具。设计如果单纯作为人类感性思维的产物，那就同艺术一般无法有一个明确的验证方法。在很多情况下只能以“仁者见仁，智者见智”来理解评估结果的分歧。现代设计需要新的设计方法和科学体系为设计提供更科学、更合理的设计方法和评估体系，设计心理学作为现代学科之一填补了其中的部分需求。

1.2.2.2 科学性在设计领域的体现

科学是反映自然、社会、思维等客观规律的知识体系。心理学纳入科学的学科范畴，也就意味着其与自然科学、技术科学一样。心理学研究对象的客观性问题就得到了肯定：它不是凭借个人想象，也不是以个体的意志为转移。设计心理学也正是因为具有一定的客观普遍性、能为感性的艺术提供科学依据而发展起来。因此它具有艺术设计领域不可替代的特性：比如艺术永远无法采用的数据性。设计将不再仅凭设计师个体的“感觉”进行，而同时也依据实实在在的数据来设计和评价作品。因此，艺术设计是可以验证的“科学作品”。在设计实践中，无论感性的设计灵感还是理性的科学求证，都只是设计的一种方法而已。根据具体的课题决定需要采用什么样的设计方法展开。

1.2.2.3 设计细节的提升

设计心理学研究的结果很多往往体现在细节设计上。进行了心理学研究方法的设计也许没有明显的特征，但是在用户使用过程中会显得非常贴心、非常符合用户的心意。

一篇名为《无印良品秘笈：拼的不是设计，而是冷酷的用户洞察》的文章非常准确地描述出设计心理学在无印良品品牌设计理念中的应用：MUJI 实施“观察”的开发计划，开发团队会直接拜访消费者，观察其日常生活，并对房间内每一个角落，乃至每件商品一一拍照，照片随后被提交讨论分析，以此挖掘潜在的消费需求；再者提出让产品尖叫的原点是“使用便利性”。比如 MUJI 现今电子产品销量冠军、深泽直人所设计的壁挂式 CD 机，早年即由金井发掘。不同于一般 CD 机永远“平躺”的设计，深泽直人所设计的 CD 机如同方形换气扇置于墙上，开关并非是惯常的按钮，而是垂下的绳子。连顾客的购物习惯也考虑得相当周到，例如：文具区所有笔盖都必须朝向同一个方向；美容护肤品类的各类瓶子的瓶盖和标签也必须朝向统一；被挂在高处的搓澡棉、浴花必须由店员用纸板作为尺子规整，保持同一水平高度。

无印良品正是通过研究设计心理学领域中的用户情感、用户认知成就了自身品牌以追求无止境的、强大的细节为一个重要的设计理念。也正是这样的设计理念，让无印良品在没有 Logo、没有广告、没有代言人、没有繁复的颜色与样式的同时，业绩却一飞冲天：2010 ~ 2012 年，其全球净销售额从 1697 亿日元（约 107.8 亿元人民币）增至史无前例的 1877 亿日元（约 119.2 亿元人民币）。

1.2.3 设计心理学研究与实践方法

心理学的研究过程是“事实——描述——解释——理论”。事实是指心理学研究的求真和证伪都必须从事实出发，以事实为依据。事实是人们关于事物的客观认识，是可以观察和重复的事件；描述就是就研究对象的状态作出说明。对于事实或研究对象的分类和概念化归纳应该是最基本的描述性科学研究。从概念上说，“设计凳子”、“设计供休息的道具”以及“坐的方式”都是不同的概念。所以对设计对象的定义描述要有想象力，能够扩张和发散。解释就是关于研究对象之间的“关系”。这种“关系”也许是因果关系，也许是一种“相关性”关系，也许是定性的关系，也许是定量的关系，也许是直接的关系，也许是间接的关系。理论是实验实践成果转化为理论的过程。一个理论可以为许多事件提供解释，不同的解释可以归纳上升成一个理论结论。心理学的理论，如果达到了预期的结果，就是为理论提供了支持，而不是理论被证实。一个理论受到的支持越多就越会被接受。理论之间的争论是科学发展的必然过程。

设计心理学的研究过程也是从观察用户的行为这个事实开始，对用户的认知和情感心理进行描述，然后解释这些行为事实和心理之间的关系，最后形成一个可以提供给设计作参考的结论。具体的步骤包括：提出问题、查阅文献、形成假设、制订研究方案、搜集数据和资料、数据和资料的统计处理、结果分析、作出结论。前三个步骤是选题过程，主要任务是提出假设和考虑选择验证假设的途径和手段，考察选题的合理性和科学性；中间两个步骤是围绕着验证假设制订研究方案，确定自变量、因变量及其操纵和记录的方法，并对无关变量加以控制，然后搜集论证假设的证据；后三个步骤主要是运用逻辑方法、统计方法和其他方法对搜集到的数据资料进行加工整理，对研究中的现象和变化规律作出解释，说明获得的结果与假设的符合程度、形成结论；最后以论文的形式反映该项研究的成果。

设计心理学的研究方法包括实验法、观察法、调查法、测验法、档案法等。

在对用户进行情感心理分析时，也可以运用感性工学研究方法，将定量的方式和理性的思维对“物”的感性意象进行定量、半定量的表达。在设计实践中，根据所研究问题的性质、目的以及研究过程各阶段的要求来选择具体的研究方法。

【思考和练习题】

1. 设计心理学研究的内容是什么？
2. 设计专业人士学习设计心理学的目的是什么？

第二章　设计心理学实验

【学习目的与要求】

实验心理学是心理学的基础和重心，设计心理学也不例外。本章从心理学实验的基本原则入手，对设计心理学实验的方法、设计心理学实验设备、设计心理学实验如何展开以及设计心理学实验报告如何撰写展开讲解。本章内容中的有些理论略显枯燥，但是对于设计心理学课程来说是必不可少的。只有扎实地学习和理解本章的内容，在接下来的课程中才能展开具体的实践，否则一切都是纸上谈兵。

2.1　设计心理学方法

设计心理学属于应用心理学，其最主要的研究方法就是实验。

设计心理学中实验的目的是收集各类影响“人”心理的行为材料或感性素材，通过一系列的假设来发现人们对于美、对于产品使用需求等问题的心理规律；通过大量的实验发现规律，并由此弄明白行为和心理之间的因果关系；通过研究弄明白哪些因素改变会发生哪些现象变化、会产生哪些结果。这些规律、因果关系、变量因素最终就为设计师提供了设计的依据和评估的标准。

心理现象的复杂性决定了无论运用哪一种方法，都要根据研究对象、研究条件、研究目的来确定。有时要综合好几种方法对感性材料作出全面的、深刻的、相互联系的理性分析，防止片面的、孤立的、静止的研究心理现象。

一般来说，设计心理学实验可分为实验室实验和自然实验两种。

实验室实验是在实验室运用仪器设备进行有控制的观察。实验室实验可以提供精确的实验结果，常用于对感知、记忆、思维、动作和生理机制方面的研究。例如眼动仪实验、多导生理仪分析实验、行为观察分析仪实验等。

自然实验是指对被试者在原有环境中进行有控制的观察。例如在原有的工作条件和环境下，研究机器操作对工人工作效率的影响；在游乐场观察小朋友们游戏活动的互动行为；在厨房观察家庭主妇使用微波炉的操作界面测试实验等。

设计心理学实验研究一方面是为了了解用户的行动特性，其中包括：了解用户行动的目的是什么，采取了怎样的预期计划，是如何展开实施的，最终对行动结果的自我评价是什么，用户的操作困惑是什么，用户操作出错节点在哪里，用户在操作时存在的学习负担是什么，用户在操作时存在的认知问题有哪些用户是否可灵活中断操作，是否可返回，用户如何实施具体操作，用户如何评价操作结果，用户需要什么反馈，用户出错后的状况是什么，有哪些非正常情景，需要什么引导等一系列的问题。

设计心理学的实验研究另一方面是为了了解用户的情感特征，其中包括：了解用户群体的核心价值观念是什么，用户群体追求的生活方式是什么，用户群体的审美观念是什么，用户群体对生活的期待具体表现在哪些方面，用户群体追求的生活方式是什么，与外国文化影响之间的关系是怎样等一系列问题。

设计心理学实验可以通过观察法、访谈法、有声思维、用户心理实验、用户回顾记录、情景分析、用户语境分析、问卷调查、认知预演 、用户评价可用性调查、专家评价调查等用户研究方法展开。

2.1.1 观察法

观察法是指研究者根据一定的研究目的、研究提纲或观察表，用自己的感官和辅助工具去观察被研究对象，从而获得资料的一种方法。科学的观察具有目的性、计划性、系统性和可重复性。观察者利用眼睛、耳朵等感觉器官去感知观察对象，有时可以借助照相机、录音机、显微录像机等仪器来辅助记录观察。

2.1.1.1 观察法的四种方式

● 自然观察法：自然观察法是指调查员在自然环境中（比如超市、展示地点、服务中心等）观察被调查对象的行为和举止。

● 设计观察法：设计观察法是指调查机构事先设计模拟一种场景，调查员在一个已经设计好的并接近自然的环境中观察被调查对象的行为和举止。所设置的场景越接近自然，被观察者的行为就越接近真实。

● 掩饰观察法：掩饰观察法就是在不被观察人、物，或者事件所知的情况下监视他们的行为过程。

● 机器观察法：在一些特定的环境中，机器可能比人员更便宜、更精确，并更容易完成工作。如图 2-1 所示为行为观察分析系统。

2.1.1.2　观察法应用要注意的原则

● 应尽量以多方面、多角度、不同层次进行观察，每次只观察一种行为；

● 所观察的行为特征应事先有明确的说明，做好详细的观察记录，不遗漏偶然事件；

● 必须遵守法律和道德原则。

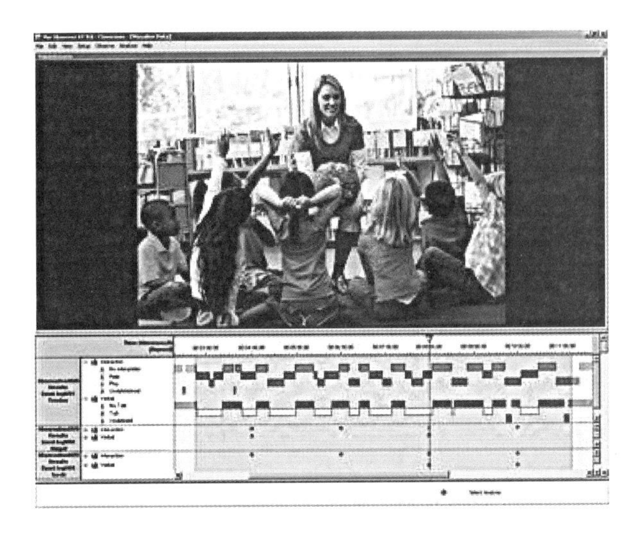

图 2–1
行为观察分析系统

2.1.1.3　观察法的优点

● 观察的资料比较真实；

● 观察的资料比较生动；

● 观察能捕捉到正在发生的现象，具有即时性。

2.1.1.4　观察法的缺点

● 受时间限制。

● 受观察对象限制。

● 受观察者本身限制。一方面，人的感官都有生理限制，超出这个限度就很难直接观察；另一方面，观察结果也会受到主观意识的影响。

● 观察者能观察外表现象和某些物质结构，但不能直接观察到事物的本质和人们思想意识。

● 观察法不适应于大面积调查。

2.1.2　访谈法

访谈法是指通过与受访人面对面地交谈来了解受访人的心理和行为的研究方法。

访谈可以分成专家访谈、新用户访谈、电话访谈、多人专题访谈等各种类型。专家访谈借助于专家丰富的、掌握可用性方面的系统经验，了解行业情况、用户需求、产品研发、设计制造过程、产品使用的评价问题、未来概念产品的预测等全局问题；新用户是一类毫无使用经验、毫无使用预期的用户，因此通过新用户访谈可以更多地了解产品是否容易被接受、是否容易学习、哪些地方容易出错等问题。

访谈有正式的，也有非正式的，有逐一采访询问的个别访谈，也可以开小型座谈会进行团体访谈。访谈可以按定向的标准程序进行，通常是采用问卷或调查表，也可以是没有定向标准化程序的自由交谈。设计调查中常用的方法是访谈和问卷调查，一般先进行访谈，根据访谈的结果设计问卷进行问卷调查。

2.1.2.1　访谈目的

● 大致了解行业信息：国内外行业状态、所服务的企业情况、技术配套情况。

● 熟悉所要设计的产品的情况：该产品是干什么用的，是必需品还是奢侈品；产品的制造是什么工艺；产品有怎样的设计历史；产品的技术发展状况和改进趋势是怎样的；什么人群需要该产品。

● 理解设计任务：产品定位；设计中要解决的问题；操作使用问题；结构问题；成本问题；是创新还是改良。

● 了解用户需求；了解用户的使用目的、使用过程和思维过程；了解用户对该产品有哪些审美观念；在造型、颜色、表面处理、结构、操作、信息显示等方面需要改进的因素。

● 通过访谈知道应该如何进行自己的设计；通过访谈知道该怎样设计调查问卷。

2.1.2.2　访谈注意事项

● 确定访谈目的，根据这些目的寻找访谈对象，创设恰当的谈话情境；

● 不使受访人感到有压力；

● 应具备正确的预备知识，编写访谈提纲，列出访谈的基本问题；

● 应具备细致的洞察力、耐心和责任感；

● 不对受访人进行暗示和诱导；

● 对相同的事情会从不同的角度提问；

● 能如实、准确地记录访谈资料，不曲解受访人的回答。

2.1.2.3　访谈的技巧

● 谈话要遵循共同的标准程序，避免只凭主观印象判断。避免谈话者和调查对象之间毫无目的、漫无边际地交谈。要准备好谈话计划，包括关键问题的准确措辞以及对谈话对象所作回答的分类方法。也就是说要事先做对谈话进行的方式、提问的措辞及其说明、必要时的备用方案、规定对调查对象所作回答的记录和分类方法作好准备。

● 尽可能收集被访者的材料，对其经历、个性、地位、职业、专长、兴趣等有所了解；要分析被访者能否提供有价值的材料；要考虑如何取得被访者的信任和合作。另外，在访谈时要掌握好发问的技术，善于洞察被访者的心理变化，善于随机应变。

● 所提问题要简单明白，易于回答；提问的方式、用词的选择、问题的范围要适合被访者的知识水平和习惯；谈话内容要及时记录。记录也可以用表格整理谈话材料。

● 要善于沟通，消除误会隔阂，形成互相信任融洽的合作关系。

研究者要注意自己的行为举止，以诚相待、热情、谦虚、有礼貌。

优秀的访谈类节目主持人往往具备上述良好的访谈素质，在轻松和谐的氛围下能够有针对性地完成预先设定的采访任务。图 2–2 所示为“黑珍珠”哈莉·贝瑞参加《杰·雷诺深夜秀》的访谈节目；图 2–3 所示为著名访谈节目主持人柴静在访谈现场。

图 2–2（左）
杰·雷诺访谈哈莉·贝瑞
图 2–3（右）
柴静访谈

2.1.3 有声思维法

有声思维法又叫“有声思维资料分析法”（TAPs，Think–Aloud Protocols），是将大脑里进行的思维活动有声化。要求受试者在进行试验任务时，尽可能地说出大脑的思考内容，研究者用录像机等仪器记录下来，然后将受试者的话整理成书面文本展开进一步分析。

2.1.3.1 有声思维准备工作

- 确定这个实验中要解决的具体问题；
- 确定受试者的人数、类型（有经验或无经验）；
- 准备适合实验的环境；
- 准备问题，包括中间过程中的一些必要问题、临时出现的问题以及整理回顾报告时的问题；

2.1.3.2 有声思维的实验过程

- 向受试者说明实验过程以及受试者须配合的情况；
- 实验开始，实验者通过仪器等设备记录过程，同时对受试者的行为要进行观察；
- 任务完成后对受试者进行访谈，写出任务过程的回顾报告。

2.1.3.3 有声思维的优点

- 能减轻被试者短时间记忆负担，对任务完成的过程影响较小；
- 能够揭示一些在其他研究活动中无法观察到的大脑思维活动。

2.1.3.4 有声思维的缺点

- 被试者只能反映注意到的、有意识的认知和心理部分，不能够充分、完整报告大脑活动的全部信息；
- 有声思维会影响受试者的活动行为。

用户操作语境也是有声思维的一种形式。用户操作语境是指用户在操作产品过程中，大脑的思维环境、认知环境以及对界面的操作环境的表达。用户操作语境分析的目的是通过解读用户的语言，来发现人机界面的问题、发现用户需要的操作方式、检验产品的可用性。用户操作语境分析主要运用于了解用户的认知特性、根据具体操作语境了解用户的期待符号、按照用户任务把界面元素分类组合以建立用户熟悉的操作环境，设计出能为用户认识并与用户进行交流的图标等。

2.1.4 情景分析法

情景分析法又称脚本法或者前景描述法，是在假定某种现象或某种趋势将持续到未来的前提下，对预测对象可能出现的情况或引起的后果作出预测的方法。通常用来对预测对象的未来发展作出种种设想或预计，是一种直观的定性预测方法。

2.1.4.1 情景分析方法的特点

- 需要在了解内部环境的基础上进行；
- 是定性分析加定量分析的研究方法；
- 需要一定的主观想象力，但又必须具有一定的客观性；
- 结果具有多样性的可能。

2.1.4.2 情景分析方法的步骤

- 主题的确定；
- 主要影响因素的选择；
- 方案的描述与筛选：将关键影响因素的具体描述进行组合，形成多个初步的未来情景描述方案；
- 模拟演习：邀请实验测试者进入描述的情景中，面对情景中出现的状况或问题采取对应策略。

2.1.4.3 情景分析方法适用的方面

- 未来分析：从定性分析到定量规划，预测未来发展和变化趋势；
- 差距分析：预测发展，找到现状与未来的差距，分析填补差距的解决方案；
- 目标展开：提出需要，实现需要而展开的目标设计。

2.1.4.4 情景分析法的注意原则

情景分析法的前提是要对分析的对象有一个清晰的认识。例如对于一个设计课题，首先要了解设计的目标定位、设计团队的最终设计意愿等问题；另外就是了解分析团队的文化理念，包括每个成员的个体价值观与集体认同感；还有就是在做情景分析时保持客观态度。如果不坚持这些原则，很可能团队为了自圆其说，朝着自定的设计目标展开情景分析，最终得到一个不切实际的结果。这样的话非但对设计起不到什么作用，还会影响设计团队的判断。

2.1.5 问卷调查

问卷调查是一种最普遍、最常用的调研方式。所谓问卷调查就是以书面提出问题的方式搜集资料的一种研究方法。研究者将所要研究的问题编制成问题表格，以邮寄方式、当面作答或者以追踪访问方式填答,从而了解被试者对某一现象或问题的看法和意见。问卷法的运用，关键在于编制问卷、选择被试者和结果分析。

问卷调查的有效性很大程度上取决于问卷设计得合理与否。问卷设计是很有讲究的一门学问。图 2–4 所示为问卷调查过程。

2.1.5.1 问卷设计原则

- 问卷上所列的问题应该都是必要的，可要可不要的问题不要列入。
- 所问问题是客户所了解的，不应是被调查者不了解或难以答复的问题。在“是”或“否”的答案后应有一个“为什么”。
- 在询问问题时不要转弯抹角。
- 注意询问语句的措辞和语气。首先，问题要提得清楚、明确、具体；其次，要明确问题的界限与范围，问句的字义（词义）要清楚，否则容易造成误解，影响调查结果；再者，避免用引导性问题或带有暗示性的问题，诱导人们按某种方式回答问题，使你得到的是你自己提供的答案。最后，避免提使人尴尬的问题。对调查的目的要有真实的说明,不要说假话。要注意给回答问题的人足够的时间，讲完他们要讲的话。为了保证答案的准确性，将答案向调查对象重念一遍。不要对任何答案作出负面反应。如果答案使你不高兴，不要显露出来。

2.1.5.2 设计调查问卷遵循的要求

- 问卷不宜过长,问题不能过多,一般控制在 20 分钟左右回答完毕；
- 能够得到被调查者的密切合作，充分考虑被调查者的身份背景，不要提出对方不感兴趣的问题；

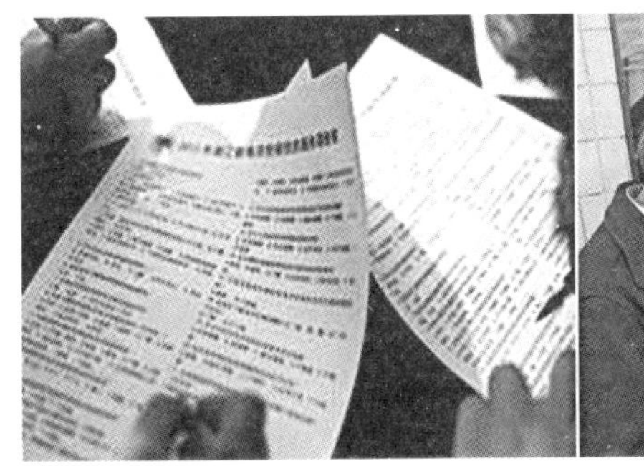

图 2–4　问卷调查

● 要有利于使被调查者作出真实的选择，因此答案切忌模棱两可，使对方难以选择；

● 不能使用专业术语，也不能将两个问题合并为一个，以至于得不到明确的答案；

● 问题的排列顺序要合理，一般先提出概括性的问题，逐步启发被调查者，做到循序渐进；

● 将比较难回答的问题和涉及被调查者个人隐私的问题放在最后；

● 提问不能有任何暗示，措辞要恰当；

● 为了有利于数据统计和处理，调查问卷最好能直接被计算机读入，以提高统计的准确性。

2.2 设计心理学实验设计

2.2.1 设计心理学实验设计概述

首先，让我们来看两组非常有趣的社会心理学实验。

2.2.1.1 美国社会心理学家米尔格拉姆（Stanley Milgram）的著名实验

实验命题：服从

实验方法：实验小组在报纸上刊登广告并寄出许多广告信，招募参与者前来耶鲁大学协助实验。实验地点选在大学的老旧校区中的一间地下室，地下室有两个以墙壁隔开的房间。广告上说明实验将进行约一小时，报酬是 USD$4.50（大约为 2006 年的 USD$20）。参与者年龄从 20 ~ 50 岁不等，包含各种教育背景，从小学毕业至博士学位都有。参与者被告知这是一项关于“体罚对于学习行为的效用”的实验，并被告知自身将扮演“老师”的角色，以教导隔壁房间的另一位参与者——“学生”，然而“学生”事实上是由实验人员所假冒的。参与者将被告知，他被随机挑选为担任“老师”，并获得了一张“答案卷”。实验小组并向他说明隔壁被挑选为“学生”的参与者也拿到了一张“题目卷”。但事实上两张纸都是“答案卷”，而所有真正的参与者都是“老师”。“老师”和“学生”分处不同房间，他们不能看到对方，但能隔着墙壁以声音互相沟通。有一位参与者甚至被事先告知隔壁参与者患有心脏疾病。“老师”被给予一具据称从 45 伏特起跳的电击控制器，控制器连接至一具发电机，并被告知这具控制器能使隔壁的“学生”受到电击。“老师”所取得的答案卷上列出了一些搭配好的单字，而“老师”的任务便是教导隔壁的“学生”。老师会逐一朗读这些单字配对给学生听，朗读完毕后老师会开始考试，每个单字配对会念出四个单字选项让学生作答，学生会按下按钮以指出正确答案。如果学生答对了，老师会继续测验其他单字。如果学生答错了，老师会对学生施以电击，每逢作答错误，电击的伏特数也会随之提升。参与者将相信，学生每次作答错误会真的遭到电击，但事实上并没有电击产生。在隔壁房间里，由实验人员所假冒的学生打开录音机，录音机会搭配着发电机的动作而播放预先录制的尖叫声，随着电击伏特数提升也会有更为惊人的尖叫声。当伏特数提升到一定程度后，假冒的学生会开始敲打墙壁，而在敲打墙壁数次后则会开始抱怨他患有心脏疾病。接下来当伏特数继续提升一定程度后，学生将会突然保持沉默，停止作答，并停止尖叫和其他反应。

电压“学生”的反应：75V——嘟囔；

120V——痛叫；

150V——说他想退出试验；

200V——大叫：“血管里的血都冻住了。”；

300V——拒绝回答问题；

超过 330V——静默。

到这时，许多参与者都表现出希望暂停实验以检查学生的状况。许多参与者在到达 135 伏特时暂停，并质疑这次实验的目的。一些人在获得了他们无需承担任何责任的保证后继续测验；一些人则在听到学生尖叫声时有点紧张地笑了出来。若是参与者表示想要停止实验时；实验人员会依以下顺序这样子回复他：请继续。这个实验需要你继续进行，请继续。你继续进行是必要的。 你没有选择，你必须继续。如果经过四次回复的怂恿后，参与者仍然希望停止，那实验便会停止。否则，实验将继续进行，直到参与者施加的惩罚电流提升至最大的 450 伏特并持续三次后，实验才会停止。

实验预期结果：在进行实验之前，米尔格拉姆曾对他的心理学家同事们做了预测实验结果的测验，他们全都认为只有少数几个人——10% 甚至是只有 1%，会狠下心来继续惩罚直到最大伏特数。

实验结果：结果在米尔格拉姆的第一次实验中，65%（40 人中超过 27 人）的参与者都达到最大的 450 伏特惩罚——尽管他们都表现出不太舒服；每个人都在伏特数到达某种程度时暂停并质疑这项实验，一些人甚至说他们想退回实验的报酬。没有参与者在到达 300 伏特之前坚持停止。后来米尔格拉姆自己以及许多全世界的心理学家也做了类似或有所差异的实验，但都得到了类似的结果。

图 2-5 所示为人类对于权威的服从实验。

2.2.1.2　美国心理学家罗森塔尔（Rosenthal）实验

实验命题：有关期望和信心对人的影响的实验。

实验方法：他来到一所乡村小学，给各年级的学生做语言能力和

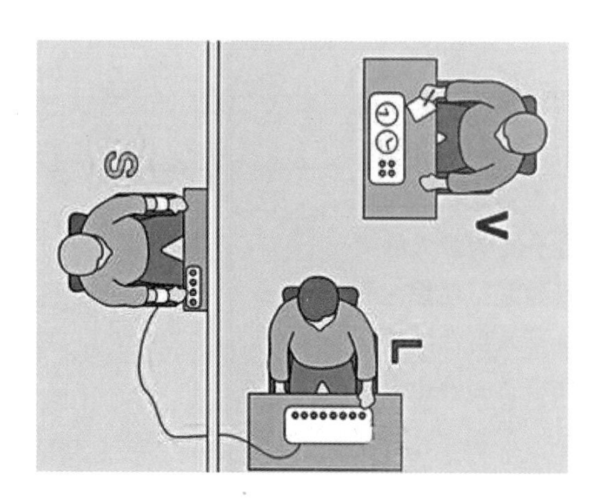

图 2–5
人类对于权威的服从实验

推理能力的测验。测完之后，他没有看测验结果，而是随机地选出 20%的学生，告诉他们的老师说这些孩子很有潜力，将来可能比其他学生更有出息。8 个月后，罗森塔尔再次来到这所学校。奇迹出现了，他随机指定的那 20%的学生成绩有了显著提高。

实验结论：老师的期望起了关键作用。老师们相信专家的结论，相信那些被指定的孩子确有前途，于是对他们寄予更高的期望，投入更大的热情，更加信任、鼓励他们；反过来，这些孩子的自信心也得到增强，因而比其他 80%的孩子进步得更快。罗森塔尔把这种期望产生的效应称之为“皮格马利翁效应”。皮格马利翁是希腊神话中的一位雕刻师，他耗尽心血雕刻了一位美丽的姑娘，并倾注了全部的爱给她。爱神被雕刻师的真诚打动了，使姑娘的雕像获得了生命。这个实验告诉我们,你对他人的期望会间接地产生多么巨大的效果。我们以积极的态度期望别人，别人可能就会朝着积极的方向改进;相反，我们对他人的偏见也能产生消极的结果，尤其对那些缺乏自知和自控能力的未成年人。

实验意义：1966 年，美国心理学家罗森塔尔通过实验，研究了教师对学生的期望对学生成绩的影响。他在实验中发现的“皮格马利翁效应”，不仅影响了人们的教育观念，而且对人们的其他社会性行为都具有深远的意义。

类似上述这样有趣的社会心理学实验案例还有很多。无论是社会心理学还是设计心理学，都是要为论证一个命题而展开实验的。社会心理学揭示的是人类个体或群体的社会心理现象，而设计心理学揭示的是用户使用产品过程中的心理现象，比如某些用户选择使用某产品是否是受了周围朋友的影响，某产品材质的改变是否导致用户使用过程中产生操作失误或是引起心理情绪变化，某产品指示灯的安装模式是否导致用户操作行为的变化，产品图案或标识的变化是否导致用户的理解变化等。

一个好的心理学实验是需要经过设计的。

实验设计是指团队根据课题的具体内容和预设目标，设定实验命题，根据命题的需要分析出一系列可测试的假设因素，最后选择实验测试者展开实验。假设因素设定得是否客观、科学是实验成功与否的关键。

实验设计是心理学的魅力所在，也是难点和重点。真正要掌握实验设计的能力和技巧，需要不断积累的经验、广博的知识等多种综合素质。

不同的实验设计者因为不同的思维模式、不同的理解层次往往会设计出很不相同而别具趣味的实验，因此也会得出一些出乎意料的结论。请看下面一段小短文：

埃利斯小姐的实验作业很有名，那个周末，她又给学生布置了一个。在她的课上，每个人都必须设计出能够帮助理解的实验，她的学生很喜欢这种教学形式。她的许多实验都与科学、化学有关，而其他实验——那些最出名的实验——则与人及其行为有关。这次实验作业就有个很难的主题：自由。你怎样才能做一场关于“自由”的实验呢？通过实验又能展现出“自由”的什么内容呢？

回家的路上，学生们讨论着这些问题和其他类似的问题。不过，他们在以前的其他实验课上都表现得很出色，这次也不例外。到了周一，大家带着各自的实验构思返校，并逐一进行了阐述。所有构思都趣味盎然，但为了避免故事太过冗长，埃利斯小姐只让我给大家讲讲她最喜欢的三个实验，即阿曼达、查利以及安德烈娅的实验。

阿曼达拿出五个颜色各异的盒子，让埃利斯小姐从中选一个。埃利斯小姐欣然拿起粉色的那个盒子，笑逐颜开。接着阿曼达又拿出五个黄色的盒子，请查利挑一个。查利有些生气，随便拿了一个。埃利斯小姐被逗乐了，问阿曼达这个实验叫什么名字。

“我称它为‘选择’。你必须在不同选项中作出抉择，这样才存在‘自由’。这就是查利为什么会有点生气的原因。当所有的盒子颜色都一样时，其实并没有给你选择的自由。而埃利斯小姐很开心，是因为她能选择自己中意的颜色。”

查利准备的实验又是另一番模样，比之前的实验更生动。他挑了两名同学：聪明伶俐但优柔寡断的男孩卢卡斯和班上学习最差的保罗。查利让他俩走到教室前面和埃利斯小姐一起站到黑板前。然后，他将全班同学分成三组。

查利对第一组说：“我要问你们一道难题。你们可以从黑板前的这三个人中选一个来帮你们回答。回答正确者将赢得一大包糖果。”第一组同学集体选了埃利斯小姐。

接着，查利对第二组说：“我要问你们同样的问题。不过在开始之前，你们应该知道，我已经给了保罗一张纸条，我的问题和答案就写在上面。”伴随着第一组同学的抱怨声，第二组一致选了保罗。

然后，查利对最后一组说：“现在轮到你们了。其实我跟第二组撒了谎，我把纸条给了卢卡斯。”在一片嘘声和零零散散的哄笑声中，保罗张开了空空的手心，而卢卡斯则让大家看到他确实拿着一张写着题目及答案的纸条。而且，卢卡斯是唯一能答对这道难题的人。

当获胜组的人给每个同学分发糖果时，查利解释说："这个实验叫作'自由建立于真相之上'。它告诉我们，你如果了解整个实情，才能够自由选择。第一组和第二组有权随意挑选他们想选的人，可由于他们不知道内幕，所以选择的时候并非拥有真正的自由。他们要是早知道的话，就会选别的了。"

安德烈娅的实验与众不同。她来上课时，带来了她的小仓鼠雷洛以及几片奶酪和面包，准备做几个各不相同的实验。在第一个实验中，她用玻璃杯罩住一块奶酪，并在旁边放了一片没被罩住的面包。等她放出雷洛，小仓鼠便直奔奶酪而去，鼻头"砰"的一声撞上了玻璃杯。雷洛折腾了好半天试图吃到奶酪，但都没有成功，只得将就吃面包。

安德烈娅继续做了几个类似的实验，虽然有点残忍，但很有意思。在这些实验里，可怜的雷洛永远够不着奶酪，只得选面包。最后，安德烈娅在桌上放了一大块奶酪和一大片面包，两样都没用玻璃杯罩住。这回，厌烦了的雷洛直接冲过去吃掉了面包。

大家都非常喜欢这场实验。埃利斯小姐拿奶酪慰劳雷洛的时候，安德烈娅在一旁解释说："这场实验名叫'限制'。它告诉我们，无论我们是否察觉，我们的自由总是有限制的。而且这些限制并不总是都来自外界，也可能存在于我们的内心，比如雷洛，它以为自己永远得不到奶酪了。"

那天还进行了许多妙趣横生的实验，可能的话，今后我们再慢慢聊。但显而易见的是，上完这堂课，埃利斯小姐的学生们对自由的理解比许多大人都多了很多。

图 2-6 所示为对自由的不同理解。

图 2-6　对自由的理解

2.2.2　设计心理学实验设计基本原则

在进行设计心理学实验设计讲解之前，很有必要先了解一些心理学的术语以及基本原则。

2.2.2.1　变量

心理学实验的基础原则是改变一个变量，然后观察另一个变量。

什么是变量？变量就是一些以不同形式出现的事物。世界上所有的事物都在不停地发生变化，所以可以说世界上任何事物都可以成为变量。进行心理学实验的目的是通过实验，发现是什么变量导致了什么结果的发生。

社会心理学研究的是在这个万变的世界中，去发现众多社会现象的因果关系，由此可以改进人类的社会关系。设计心理学研究的是人与物之间的关系，研究物的变化引起人的哪些认知和情感变化。

在设计心理学中，我们学习两个基本的变量。

第一个变量是实验者有目的地进行改变的，这个变量 Peter Harris 在《design ang reporting experiments in psychology》中称它为原因变量或自变量（independent variable，IV）。

第二个变量是由于原因变量的变化而发生相应变化的变量，Peter Harris 称它为效应变量或因变量（dependent variable，DV）。也就是说，在排除其他外力因素的前提下，如果原因变量的变化引起了效应变量的变化，那么就可以得出相应的论断，认为这两种变量间存在因果关系。

原因变量是实验人员可以控制并且是可以设置的，效应变量要从参与者身上得出，因此效应变量的准确性是无法控制的。为了可以将心理变化成为可计算的值，效应变量应有单位。

在前面讲述第一个米尔格拉姆“服从”案例中，原因变量是扮演“学生”的实验人员在假装受到电击后的反应：75V、120V、150V、200V、300V、超过 330V 等；对应的效应变量是“教师”身份的受测试者在上述几个变量发生变化时的不同反应。这组实验可以通过每组参与者施加电击的平均强度（以伏特 V 为单位）来测算。

通过控制原因变量观察效应变量的改变状态，是实验设计的最基本逻辑。逻辑是心理学实验设计关键的因素之一。图 2-7 所示为实验设计逻辑关系图。

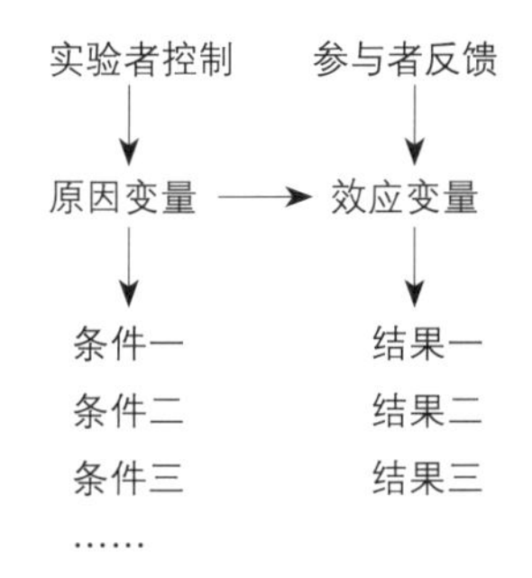

图 2-7
实验设计逻辑关系图

2.2.2.2　不可控因素

在实验中，我们对原因变量进行控制，然后考察这种控制对效应变量的影响。为了这个因果推论的客观成立，我们必须确保假定的这个原因变量是实验中唯一被改变的参数。但是正如我们前面所讲述的，这个世界无时无刻不在变化中，因此除了实验者假定的原因变量，无形中还会存在大量影响实验效果的混淆变量。不可能存在如上述简单一对一逻辑关系的实验设计。那么这就需要实验者在实验状态下，尽可能确保改变的因素只有原因变量。

在上述“服从”案例中，如果实验参与者被告知在电击室的是他的亲人，那么同样的实验就无法取得相同的实验判断结果。因为中间还夹杂了实验参与者的个人感情因素；在“公共场所人们对提供休息的物件形态的自然选择”实验中，如果物件的材料有区别，那可能就会因为实验者对材料的偏爱而作出有悖于实验初衷的选择；在对某产品的使用操作进行实验时，可能还与测试者当天的情绪、状态等都有关系。

当不可控因素达到一定程度时，实验就无法展开。现实中有很多这样的案例。比如我们想研究“信号辐射是否影响儿童行为”这个命题。如果要完成这个实验，我们可能要组织两批儿童，在一段比较长的时期内，其中一批要不断施与信号辐射，另一批隔离信号辐射，然后比较两组参与儿童的行为问题。但这样做是不现实、不道德的。所以不可能展开这样的实验，我们只能通过搜集现有儿童的相关数据来分析上述命题的可能性。

在心理学实验设计中，为了尽可能达到理想化的状态，可以在实验中注意下面几个环节。

1. 被测试人员尽可能采用同一批实验人员，在实验中称为使用相关样本。这样的选定一方面可以减少需要参与实验的人员；另外，选用同一批实验人员的测试可以减少个体差异。比如说，我们对一款新设计的自行车进行实验测试。可以有两种测试方法：第一种是采用无关样本，一半的人骑普通自行车，另一半的人骑被测试车，然后比较他们的成绩；第二种方法是采用相关样本，让参与者分别骑普通车和被测试车参加，比较成绩。很显然，用第二种方式的实验效果会更加有说服力，因为采用相关样本，被测试者的体能、技能等额外变量得到了控制。如果是采用无关样本，存在参与者本身身体素质差异、心理素质差异等各种额外变量。

2. 但是采用相关样本的实验存在一个顺序问题。一组实验变量如果让相同参与者进行多次测试，会出现因参与实验的人员熟悉部分环节而引起心理暗示的情况，或者受试者因为重复实验在后期测试中产生疲劳等影响测试结果的因素。因此在某些特定的情况下，可以选择无关样本同步展开实验。实验参与人员的选择主要根据实验的实际要求和实验目的来决定。无论采用哪种样本，对于实验参与人员尽量做到在各方面的公平，包括饮食、睡眠等生活因素，保持公正、无诱导、无刺激，以免影响测试结果。

3. 实验效度：实验存在外部效度和内部效度。外部效应（external validity）是指实验结果能够向外推广的程度。外部效度是指在实验条件以外的状况下，实验结果的实用性。外部效度高的实验有高外推性的结果。也就是说，结果可以推广到实验之外的一个大范围的人群、时间和环境中。内部效应（internal validity）是指能在多大程度上将因变量的变化归结为对自变量的操作。也就是说，一个不含混淆变量的、设计完善的实验具有很高的内部效度，这类实验可以使我们做出明确的因果推论。将实验尽可能地设置成理想状态是保证实验有效性的重要条件。

2.2.2.3 实验伦理

在实验设计的时候，应该认真考虑参与者的尊严以及报酬；要考虑实验可能对参与者产生的影响。所以整个实验程序、访谈措辞、问卷调查或者其他实验方法中，要考虑到实验的问题是否会让参与者敏感，是否会引起参与者的尴尬或者紧张等。如果会有这方面的顾虑，那就要及时调整实验的细节。

一般来说，实验伦理应该遵循下列一些原则。

1. 知情权：也就是说要告诉实验参与者实验的具体内容，让他们在知情的情况下决定是否参与实验。英国心理学会伦理原则中就明确规定：心理学实验应该使用参与者容易理解的语言来告知参与者实验研究的性质，告知他们在实验中是自由的。也就是说，可以选择参与或者拒绝，或者中途退出等方式；要告知实验过程中可能会影响到他们参与意向的一些不利因素；允许参与者对实验其他方面的询问等。参与者知情同意原则非常重要，根据实验的实际情况随机应变地来进行说明和解释。主要是要告知参与者对他们要参与实验的内容进行详细解释，以便让他们作出决定。但是，另外一些对于参与者是否参与实验并不重要而且又会影响实验结果的内容，最好不要告诉参与者，这叫作不告知实验假设。不告知实验假设还包括鼓励参与者暂时不对实验研究作出评论。这不是瞒骗，在心理学实验中，瞒骗是指故意误导参与者相信实验是对另外一些无关内容进行研究。

2. 事后解释：在实验结束之后，对那些希望了解实验的参与者进行讨论叫作事后解释。这也是实验的组成部分之一。要详细、诚实地回答参与者的问题，讨论他们感兴趣的实验目的和团队的实验想法。

3. 数据的机密性：原始实验数据包括很多个人信息，例如问卷调查、反应记录、访谈等，都会牵涉到参与者的信息。所以要保证这些数据安全、可靠和保密也是实验小组的工作之一。

2.2.3 统计与分析

即使原因变量对效应变量没有影响，我们也会不可避免地发现，相同条件下的效应变量之间存在差异。因此，我们需要找到一种方法，将原因变量引起的差异和仅仅由随机变异引起的差异区分开。

效力（power）是指实验能够检测到原因变量对效应变量产生效应的程度。不同实验的效力不同。实验的效力越大，它能检测到的最小效应就越小。通过高效力的实验，我们可以发现原因变量对效应变量的效应。

可以通过一些方法增加实验效力，比如增加参与者的数量是增加效力的一种直接方法，尤其是使用不同批实验参与者的实验，用足够多的参与者来检测原因变量对效应变量的效应大小；还有，如果使用相同实验参与者进行分组测试，可以增加实验效力。使用相同实验参与者可以减少背景变异干扰原因变量对效应变量的效应，增加实验对效应的检测能力，也就增加了效力。

无论效力大小怎样，首先是要得到实验数据信息。

选择合适的统计方法，是准确找出数据信息的关键。在实践中可以根据实验研究的类型、获得数据的性质以及想通过这些数据解决什么样的具体问题等，来决定选用哪一种统计方法。

下面简单介绍几种有效的统计方法和应用软件。

2.2.3.1 描述性统计分析方法（descriptive statistics）

所谓描述性统计分析就是对一组数据的各种特征进行分析，以便于描述所测量样本的特征及其代表整体的特征。描述性统计分析项目很多，常用的有平均数、标准差、中位数、频数分析、正态或偏态程度等。这是一种比较方便和简单的基本统计方法。

1. 平均数（Average）是指在一组数据中所有数据之和再除以数据的个数。平均数是表示一组数据集中趋势的量数，它是反映数据集中趋势的一项指标。解答平均数应用题的关键在于确定“总数量”以及和总数量对应的总份数。在统计工作中，平均数（均值）和标准差是描述数据资料集中趋势和离散程度的两个最重要的测度值。在心理学研究中，通常把所测样本的平均数作为总体趋势的估计值。

2. 中位数（Medians）是指将统计总体当中的各个变量值按大小顺序排列起来，形成一个数列，处于变量数列中间位置的变量值就称为中位数，用 Me 表示。当变量值的项数 N 为奇数时，处于中间位置的变量值即为中位数；当 N 为偶数时，中位数则为处于中间位置的两个变量值的平均数。中位数是以它在所有标志值中所处的位置确定的全体单位标志值的代表值，不受分布数列的极大或极小值影响，从而在一定程度上提高了中位数对分布数列的代表性。用 Me 表示。

3. 众数（Mode）是一组数据中出现次数最多的数值，叫众数，有时众数在一组数中有好几个。用 M 表示。众数是样本观测值在频数分布表中频数最多的那一组的组中值，主要应用于大面积普查研究之中。用众数代表一组数据，可靠性较差，不过，众数不受极端数据的影响，并且求法简便。在一组数据中，如果个别数据有很大的变动，选择中位数表示这组数据的“集中趋势”就比较适合。由于可能无法良好定义算术平均数和中位数，因此当数值或被观察者没有明显次序（常发生于非数值性资料）时特别有用。

4. 全距是用来表示统计资料中的变异量数 (Measuresofvariation)，其最大值与最小值之间的差距；即最大值减最小值后所得之数据。全距（R）可反映总体标志值的差异范围。

5. 标准差（Standard Deviation），也称均方差（Mean Square Error），是各数据偏离平均数的距离的平均数，用 σ 表示。标准差能反映一个数据集的离散程度。平均数相同的，标准差未必相同。标准差是一组数据平均值分散程度的一种度量。一个较大的标准差，代表大部分数值和其平均值之间差异较大；一个较小的标准差，代表这些数值较接近平均值。所有数减去其平均值的平方和，所得结果除以该组数之个数（或个数减一，即变异数），再把所得值开根号，所得之数就是这组数据的标准差。

$$\sigma=\sqrt{\frac{1}{N}\sum_{i=1}^{N}(x_i-\mu)^2}$$

6. 方差分析（ANOVA）

方差分析 (Analysis of Variance，简称 ANOVA)，又称“变异数分析”或“F 检验”，是 R.A.Fisher 发明的，用于两个及两个以上样本均数差别的显著性检验。 由于各种因素的影响，研究所得的数据呈现波动状。造成波动的原因可分成两类，一类是不可控的随机因素，另一类是研究中施加的对结果形成影响的可控因素。方差分析的基本思想是：通过分析研究不同来源的变异对总变异的贡献大小，从而确定可控因素对研究结果影响力的大小。

方差分析的基本原理是认为不同处理组的均数间的差别基本来源有两个：

- 随机误差。如测量误差造成的差异或个体间的差异，称为组内差异，用变量在各组的均值与该组内变量值之偏差平方和的总和表示，记作 SSw，组内自由度 dfw。

● 实验条件。即不同的处理造成的差异，称为组间差异。用变量在各组的均值与总均值之偏差平方和表示，记作 SSb，组间自由度 dfb。

总偏差平方和 SSt = SSb + SSw。组内 SSt、组间 SSw 除以各自的自由度 (组内 dfw =n−m，组间 dfb=m−1，其中 n 为样本总数，m 为组数)，得到其均方 MSw 和 MSb，一种情况是处理没有作用，即各组样本均来自同一总体，MSb/MSw ≈ 1。另一种情况是处理确实有作用，组间均方是由于误差与不同处理共同导致的结果，即各样本来自不同总体。那么，MSb>>(远远大于) MSw。

2.2.3.2　SPSS 统计分析软件

SPSS (Statistical Product and Service Solutions)，“统计产品与服务解决方案”软件。SPSS 是世界上最早的统计分析软件，由美国斯坦福大学的三位研究生 Norman H. Nie、C. Hadlai (Tex) Hull 和 Dale H. Bent 于 1968 年研究开发成功。SPSS 是世界上最早采用图形菜单驱动界面的统计软件，它最突出的特点就是操作界面极为友好，输出结果美观漂亮。它将几乎所有的功能都以统一、规范的界面展现出来，使用 Windows 的窗口方式展示各种管理和分析数据方法的功能，对话框展示出各种功能选择项。用户只要掌握一定的 Windows 操作技能，粗通统计分析原理，就可以使用该软件为特定的科研工作服务。SPSS 采用类似 EXCEL 表格的方式输入与管理数据，数据接口较为通用，能方便地从其他数据库中读入数据。其统计过程包括常用的、较为成熟的统计过程，完全可以满足非统计专业人士的工作需要。输出结果十分美观，存储时则是专用的 SPO 格式，可以转存为 HTML 格式和文本格式。对于熟悉老版本编程运行方式的用户，SPSS 还特别设计了语法生成窗口，用户只需在菜单中选好各个选项，然后按“粘贴”按钮就可以自动生成标准的 SPSS 程序。极大地方便了中、高级用户。

SPSS for Windows 是一个组合式软件包，它集数据整理、分析功能于一身。用户可以根据实际需要和计算机的功能选择模块，以降低对系统硬盘容量的要求，有利于该软件的推广应用。SPSS 的基本功能包括数据管理、统计分析、图表分析、输出管理等。SPSS 统计分析过程包括描述性统计、均值比较、一般线性模型、相关分析、回归分析、对数线性模型、聚类分析、数据简化、生存分析、时间序列分析、多重响应等几大类，每类中又分好几个统计过程，比如回归分析中又分线性回归分析、曲线估计、Logistic 回归、Probit 回归、加权估计、两阶段最小二乘法、非线性回归等多个统计过程，而且每个过程中又允许用户选择不同的方法及参数。SPSS 也有专门的绘图系统，可以根据数据绘制各种图形。

图 2-8　SPSS 软件图标

SPSS for Windows 的分析结果清晰、直观、易学易用，而且可以直接读取 EXCEL 及 DBF 数据文件，现已推广到多种各种操作系统的计算机上，它和 SAS、BMDP 并称为国际上最有影响的三大统计软件。在国际学术界有条不成文的规定，即在国际学术交流中，凡是用 SPSS 软件完成的计算和统计分析，可以不必说明算法，由此可见其影响之大和信誉之高。最新的 12.0 版采用 DAA（Distributed Analysis Architecture，分布式分析系统），全面适应互联网，支持动态收集、分析数据和 HTML 格式报告。图 2-8 所示为 spss 软件图标。

在设计心理学实践设计实验中，很多时候未必会用到很复杂的统计分析方法，学生可以根据具体的要求有针对性地对统计分析方法进行学习。

2.3　设计心理学实验设备

在上述章节中提到实验方法有很多，比如观察法、访谈法、有声思维、用户心理实验、用户回顾记录等。在这些实验方法的实施过程中，一方面是通过实验人员的经验、分析等主观测试获得；另外就要通过一些仪器和设备来辅助完成。

设计心理学实验经常会用到的仪器和设备包括摄像机、眼动仪、生理多导仪、Psytech 工程心理专业实验系统、动觉方位辨别仪、立体镜、数字式皮阻皮温计、镜画仪以及许多测试量表等。

下面对常用的一些仪器作一些讲解。

2.3.1　眼动仪

2.3.1.1　眼动仪介绍

有研究表明，人们通过眼睛获取 80% ~ 90% 来自外界的信息。眼动具有一定的规律性，通过眼睛的规律活动可以探究人们对视觉对象的认知加工心理。

眼动仪就是记录人在处理视觉信息时的眼动轨迹特征和研究有关心理过程的专用仪器。它可以记录快速变化的眼睛运动数据：包括注视点、注视时间、眼跳方向、眼跳距离和瞳孔直径、注视顺序和回视次数等眼动指标，并自动生成眼动轨迹图、注视密度图、回放注视轨迹视频等图形和视频，直观而全面地反映眼动的时空特征。

目前眼动仪的开发主要采用电流记录法、电磁感应法和光学记录法三种技术。目前不同厂家开发出多种型号的眼动仪，如 EyeLink 眼

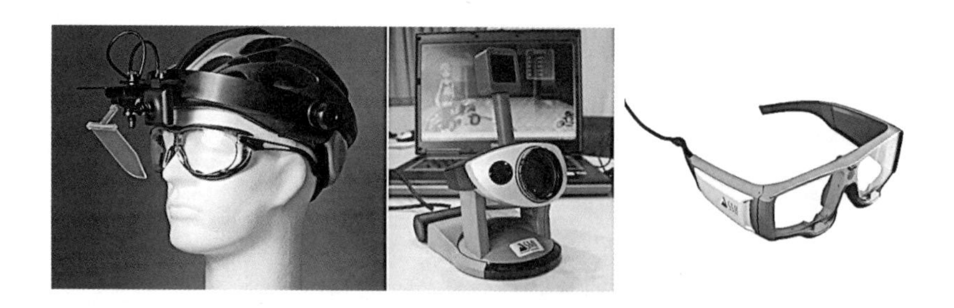

图 2-9
不同型号的眼动仪

动仪、EVM3200 眼动仪、faceLAB4 眼动仪、EyeTrace XY 1000 眼动仪等。如图 2-9 所示为不同型号的眼动仪。

眼动仪已经被广泛应用于视觉信息加工的心理机制研究、阅读的眼动研究、图画观看视觉搜索和模式识别的眼动研究、运动心理学、互联网用户研究、人机交互研究、交通安全测试、展示设计、软件和网页的可用性研究、广告有效测试研究、动机与态度的研究、工效学研究、航空心理学研究、体育心理学方面的研究、人机界面评估等众多领域。

在眼动研究项目中，常用的眼动指标有以下几个。

1. 注视轨迹：记录被试者在整个体验过程中的注视轨迹，从而可知被试者首先注视的区域、注视的先后顺序、注视停留时间的长短以及视觉是否流畅等；

2. 注视热点图：用不同颜色来表示被试者对界面各处的不同关注度，从而可以直观地看到被试者最关注的区域和忽略的区域等；

3. 兴趣区分析：考察被试者在每个兴趣区里的平均注视时间和注视点的个数，以及在各兴趣区之间的注视顺序。

2.3.1.2　眼动仪在各领域的应用

1. 在软件和网页可用性测试方面的研究

眼动仪在软件和网页测试方面是应用得比较成熟的领域。在网站页面的测试上可以完整地还原被试者对整个页面浏览的注视轨迹；分析被试者对各版块内容的关注度以及被试者的眼动注视轨迹是否流畅；注视点分布是否合理以及有无明显的兴趣区或疑惑区等。比如企业网站首页的广告，策划意图是希望用户能够第一时间关注，并且长时间关注及点击，通过后台数据库的统计可以知道有多少人曾经点击过这个链接。对其他问题就可以通过眼动仪的测试来完成。眼动仪可以测试出用户打开这个页面时，视线首先关注的地方是哪里；然后视线转移去哪里；最后视线在每一个区域停留了多长时间；在哪里停留的时间最长等。通过这些实验记录，就可以非常清楚刚才我们关心的网站首页广告是否得到了用户关注的问题。也可以对几个方案进行对比实验，就可以评估出符合策划者意图的最佳方案了。

● 页面设计方案评估：将多种设计方案进行测试，并与设计师的策划预期值展开对比。可以观察到哪一种设计方案与理想预期值接近或者存在偏差，并且可以得到存在哪些方面差异的信息。最后结合用户访谈来获得合理的、符合用户需求的设计方案。

● 广告有效性测试：可以测试出页面中插入的广告是否引起了用户的兴趣。如果没有引起用户的兴趣，那么又是其他什么因素成为用户的关注点而忽略了广告内容。结合用户访谈可以得知是什么原因导致用户没有点击链接。

● 信息关注层次测试：可以测试出用户在一个页面中信息浏览关注的顺序，以及信息关注度的高低。

● 其他细节处理：可以根据设计者的需求期望展开各种细节测试。比如，不同字体的按钮对用户的使用理解度的影响、不同色彩的字体对用户的认知速度的影响、不同图片对用户的关注影响等。

2. 在广告心理学方面的研究

眼动仪在广告领域的应用是最早、最普遍的，其基本原理和网站页面的应用差不多。通过实验可以获知测试者对平面媒体所传达各种信息的关注度是否符合设计者的预期；信息传达的层次是否满足广告宣传的意图；信息量是否均衡等。结合访谈、问卷等调查对测试者进行信息接受度、理解度等调查就可以非常明确广告是否达到预期效应。人在愉悦或者惊恐的时候，瞳孔会变大，而在烦恼或者厌恶的时候，瞳孔会变小。比如，在看到血淋淋的交通事故场面时，通常会先受惊吓然后产生厌恶情绪，此时瞳孔直径就会先变大然后迅速变小。通过眼动记录的信息可以发现用户在看到广告画面时情绪。

3. 在航空心理学领域的研究

眼动仪在航空心理学领域的应用主要是研究航空环境中飞行员的行为特点和航空设备设计中人的因素问题。

● 研究航空环境中飞行员的行为特点；

● 研究飞行器设计与使用者的人机关系问题；

● 研究和训练飞行员的方法。

4. 在体育心理学领域的研究

在体育运动过程中，视觉信息的提取是其基本的心理支持。视觉信息提取的不同模式反映了高水平运动员与一般水平（或新手）运动员之间的运动能力差异。所以记录不同水平运动员在运动训练或比赛过程中的眼动模式，有利于提供对新手进行有效训练的模式和策略。有些项目，如篮球、足球、乒乓球、冰球、高尔夫球、网球、台球、铅球、板球、体操、击剑、自行车和职业国际象棋等都可以利用眼动仪进行研究。

5. 在交通心理学领域的研究

眼动在交通心理学的研究主要是驾驶舱内的表盘设计问题，道路建设及路标设置问题以及驾驶者在驾驶过程中的视觉信息搜索及其培训问题等。根据观察驾驶员的行为获取眼动模式来推测驾驶员的行为意向，如注意路上的汽车情况、检查车的当前位置等。这个分析系统具有实际应用价值，可以为智能汽车系统提供有用信息。

6. 在工效学领域的研究

眼动的工效学，就是利用眼动指标来探测人机交互作用中视觉信息提取及视觉控制问题，使设计符合人的身体结构和身心特点，实现人—机—环境之间的最佳匹配。

7. 发展心理学领域的研究

通过记录不同年龄的儿童、青少年在各种不同条件下的眼动信息，可以探测其信息加工能力、学习能力的发展水平等数据。将眼动分析应用于学科问题解决的研究，则可以探究、比较不同学生在解决各种问题时对外部信息的提取，并由此推断其表征问题的过程和机制。

8. 动机与态度的研究

在相同情境下记录被试的眼动信息，可以探测到被试对信息的选择取向，从而研究不同个体在相同情境下的动机与态度取向。比如对不同商品的注视时间等可以反映被试者的兴趣、志向和消费动机。

9. 人机界面评估领域

眼动在人机交互 HCI（Human-Computer Interaction）的应用。眼动追踪可以帮助研究人员了解使用者在做什么、使用者的表现情况、关注点范围、兴趣区和解决问题的方法等。这些数据可以帮助人们进行界面调整，如滚动页面、缩放的中心点、高亮的标题事件等。眼动在用户界面中的运用非常多，可以结合其他，如鼠标、键盘、感应器等工具一起使用。

眼动追踪可以应用在智能学习环境交互过程中评估学生的认知行为，或者在手机电话会议系统中眼动能表示出参会者和手机方会议者的眼光接触情况。

Tobii 公司有两个案例。一个是电脑游戏中如何了解到他们自己或别人的眼睛注视点。两个技能高低不同的游戏者在两台电脑上同时玩俄罗斯方块游戏，他们可以看到对方的方块和注视点位置。研究人员发现，技能更好的游戏者经常给技能稍差的游戏者注视点进行提示。另一个案例是学生们在学习作为一个航空交通管理员如何控制飞机方向。他们用一个模拟器进行练习，同时眼动情况被眼动仪记录下来。当练习完成后，他们可以回看自己的表现，眼睛注视点位置和模拟器的交互情况，让他们更好地理解应该怎样更改自己的行为，以便更好地控制航空交通。

2.3.2 生理多导仪

人的生理数据虽然不可见并难以理解，但是却能控制人的决定。生理多导仪的目标是记录实验者的生理状态，并将这些信息与其他可见的行为数据一起分析。这就意味着那些不能通过直观感知的生理数据可以被检测并分析。当外界刺激作用于人的神经系统时，人脑会对这些刺激信号进行加工，会出现一些生理指标的变化。多导生理仪可用于测量生物电、血压、呼吸、肌张力、体温、肺功能、血液流速流量、有创和无创心输出量、细胞电位、皮肤电阻、脉搏容积、血氧饱和度、氧气或二氧化碳气体浓度等生理指标；实验者的潜意识或潜意识行为可以用以下传感器进行检测：皮肤导电率传感器、ECG 心电传感器、BVP 血压脉搏传感器、EEG 脑电传感器、体温传感器、EMG 肌电及肌肉活动传感器、呼吸传感器、手指脉搏传感器、EOG 眼动电波传感器等。

生理多导仪已经被广泛应用在很多领域，比如犯罪心理学中进行测谎测试、进行睡眠监视分析、结合行为观察进行分析等，也可应用于进行心理学的相关研究。

图 2-10 所示为生理多导仪设备，图 2-11 所示为用生理多导仪进行睡眠监测。

2.3.3 行为观察分析系统

荷兰 NOLDUS 公司的 Observer 系统是研究被测试者行为过程的标准工具。它可用来记录、分析被研究对象的各种活动，例如吃、喝、睡、卧、行走、奔跑、攀爬、追逐、打斗等；记录被研究对象各种行为发生的时刻、持续时间和发生次数，然后进行统计处理，得到分析报告。

图 2-12 所示为行为观察分析设备，图 2-13 所示为系统输出的软件分析界面。

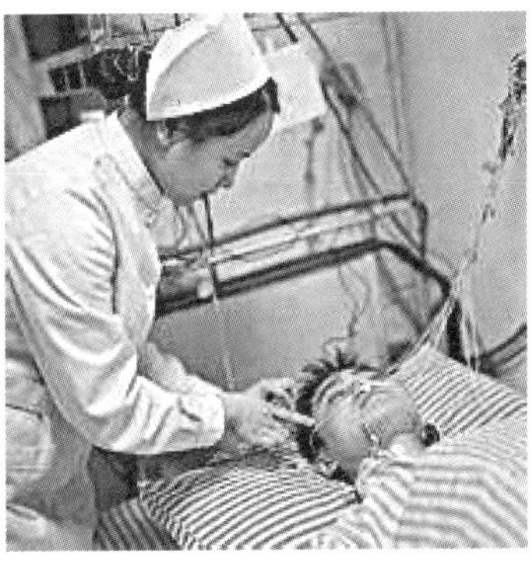

图 2-10（左）
生理多导仪设备
图 2-11（右）
用生理多导仪进行睡眠监测

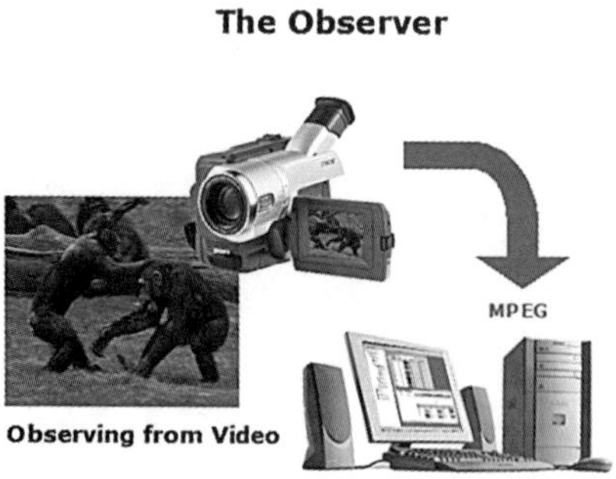

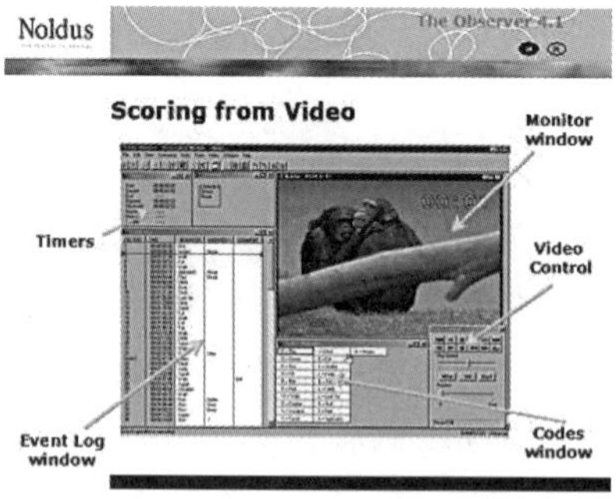

图 2-12（左）
行为观察分析设备
图 2-13（右）
系统输出的软件分析界面

Observer XT Basic 系统是一套行为记录分析软件，研究人员事先将被研究对象的行为进行编码，行为发生过程中研究人员将观察到的行为按编码输入计算机，软件通过编码识别各种行为后进行分类整理统计分析，从而得到行为报告。

Observer XT Mobile 行为观察分析系统由一套行为分析软件和一个手持式数据输入器 Psion Workabout MX 构成。研究人员事先将被研究对象的行为在手持式数据输入器上进行编码，将在实验过程中看到的被研究对象的行为输入数据输入器，然后将数据输入器中的行为数据传输到计算机，用 Observer XT 软件对此行为数据进行分析。

Observer XT Video 行为观察分析系统采用音频视频记录设备。将被研究对象的各种行为活动摄录下来，通过 MPEG 编码器转换成 MPEG4 视频文件存储在计算机中。Observer XT 行为分析软件可以打开此 MPG 文件进行录像进行回放。研究人员首先将被研究对象的行为进行编码，然后回放录像，通过观看录像并将录像中记录的行为按编码输入计算机，得到按时间顺序排列的行为列表，输入过程中可以进行编码修改。软件通过编码识别各种行为后进行分类整理统计分析，从而得到行为报告。

数据分析时可以设定边界条件，即选择所要分析的行为类别、具体行为以及时间段等，软件根据研究人员设定的条件选择数据进行分析。通过分析可以得出各种行为第一次发生的时间、总计发生的次数、频率、每次发生的时间、总的持续时间、总的持续时间在全部观察时间中所占的百分比、最短的持续时间、最长的持续时间、平均的持续时间、总持续时间、持续时间的标准差、持续时等数据。图 2-14 所示为行为观察分析数据分析界面截图。

2.3.4 测量量表

在心理学实验中会用到很多的测量量表，比如认知方式测量量表、塞斯顿性格量表、明尼苏达多项个性测量表、人格测量量表、个性测量量表等。这些量表可以帮助人们了解用户的个性、人格等心理因素。需要应用怎样的量表应根据具体的课题而定。

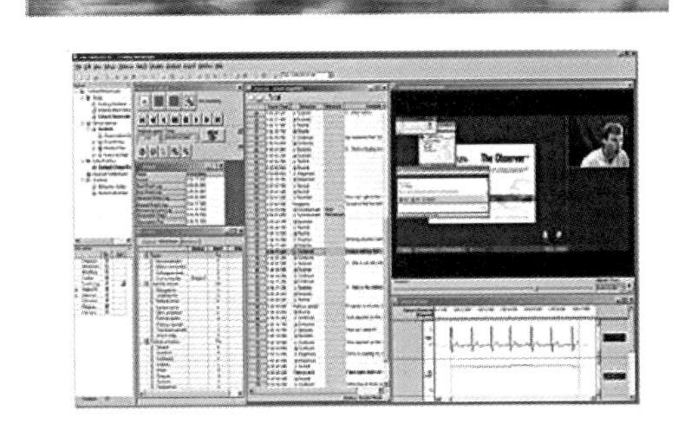

图 2-14　数据分析界面

下面以爱德华个人偏好量表为例作简单讲解。

爱德华个人偏好量表（Edwards’ Personal Prefrence Schedvle）是爱德华以莫瑞（H.A.Murry）的 15 种人类需要理论为基础编制的，简称 EPPS。

莫瑞（H.A.Murry）的 15 种人类需要是:成就（ach)、顺从（def)、秩序(ord)、表现(exh)、自主(aut)、亲和(aff)、省察(int)、求助(suc)、支配（dom)、谦卑（aba)、慈善（nur)、变异（chg)、持久（end)、异性恋（het)、攻击（agg)。

爱德华个人偏好测验是由 15 个需要量表和一个稳定性量表组成。整个测验共有 225 道题，每道题含有一对叙述，其中有 15 个题目重复两次。答题时，被试者必须对每道题都作出选择。完成整个量表评定约需 40 ~ 50 分钟。根据该测验的结果能较快地了解到人的一般性格特点与需要特点，能对从事不同职业的人加以区分，还可以对特定工作中的人员作出可能成功与失败的估价。这个测验还可以作为一种提醒，告诉被试者目前这一阶段要求什么，同时又忽略了什么。隔一段时间重测，结果的差异也会对被试有很大启发。

很多时候，实验人员自己根据实验的要求和目的设计一些量表，这种量表的设置不是简单、想当然的，而是要经过科学的、长期论证的。

图 2-15 所示为爱德华个人偏好测量表。

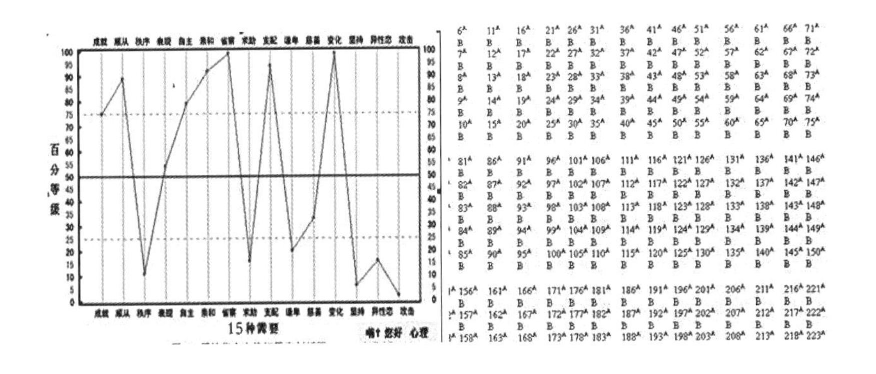

图 2-15
爱德华个人偏好测量表

2.3.5 认知测试仪器

还有很多认知心理测试仪器，比如深度知觉测试仪、记忆广度测试仪、手指灵活测试仪、注意分配仪、动作稳定测试仪等，都能够帮助设计团队了解用户在产品认知上的能力倾向。

注意分配仪：注意分配就是在同一时间内把注意力分配到不同对象上。注意分配同时进行几种活动，需要了解这些活动之间的关系，需要有熟练的技能技巧。注意分配仪用于检验被试者同时进行两项工作的能力。可用于研究动作、学习进程和疲劳状况。注意分配仪可分别结合随机呈现声、光刺激，根据被试者的判断、应答、所用的时间及正确次数作为测试的结果。在设计一个需要进行多个操作同时进行的产品时，可以用注意分配仪先进行测试。

手指灵活性测试仪：它是测定手指尖、手、手腕、手臂的灵活性以及手和眼协调能力的仪器。通过长期动态的对被测试者这方面的实验，可以对被试者提出职业选择的参考资料。这种测试方法在就业指导和咨询上正得到越来越广泛的应用。仪器计有块有 100 个直径为 1.6mm 的小孔的手指灵活性插板。被试用镊子钳住 ϕ1.5 针插入手指灵活性插板起始点时，计时器开始计时。然后依次用镊子按照从左向右、从上向下的顺序钳住直径 1.5mm 的针直至插满 100 个孔。计时器停止并显示被试者做完这一试验所用总时间。在产品设计领域，我们可以通过测试用户的这种能力来判断产品设计的操控难易程度是否适合用户。

图 2-16 所示为注意分配仪，图 2-17 所示为手指灵活性测试仪。

深度知觉测试仪：深度知觉是指人对物体远近距离的知觉。它的准确性是对于深度线索敏感程度的综合测定。单、双眼观察时深度知觉准确性因视觉线索不同而不同。在外界对象离眼一定距离时，人眼能感受到的深度知觉是受刺激差异程度影响的。

深度知觉主要可以从几个方面来获得。

- 单眼视觉线索：包括遮挡、线条透视、空气透视、明暗和阴影、运动极差、结构极差；
- 双眼线索：包括水晶体的调节和双眼视轴的辐合两种；

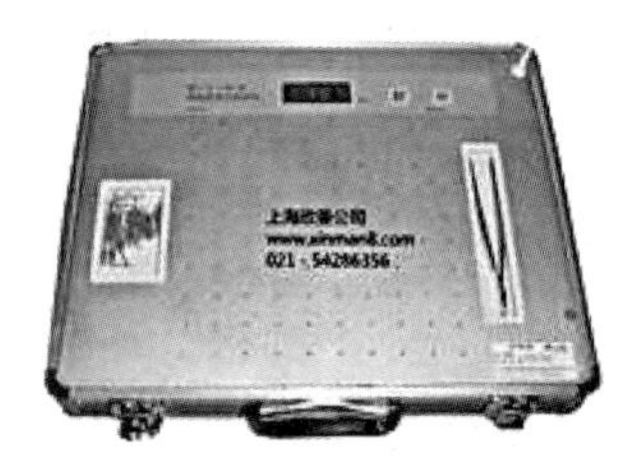

图 2-16（左）
注意分配仪
图 2-17（右）
手指灵活性测试仪

● 双眼视觉线索的双眼视差。

最早的深度知觉实验是 Hvon Helmholtz 于 1866 年设计的三针实验。后来 H. J. Howard 于 1919 年设计了一个深度知觉测量器。他测定了 106 个被试者，结果发现，双眼的平均误差为 14.4mm，其中误差仅 5.5mm 的有 14 人；误差有 3.6mm 的有 24 人。但单眼的平均误差则达到 285mm，单眼和双眼平均误差之比为 20∶1。这足以表明双眼在深度知觉中的优势。

记忆广度测试仪：记忆广度测试仪适用于数字记忆广度实验和提高记忆力的训练。并具有同时测量被试视觉、记忆、反应速度三者结合能力的功能，是一种常用的心理学测量仪器。记忆广度测试仪由控制器与键盘输入盒等组成：被试面板装有一位大数码管显示记忆材料；键盘输入回答信息；主试面板上装有六位数码管实时显示计分、计错、计位、计时。

心理学的实验仪器和设备非常的多，每一个实验根据不同的实验目的和需求进行选择和学习。

2.3.6 实验样本模型

实验样本模型是设计专业根据实验需要制作的、让实验参与者进行模拟操作的实验道具。实验样本模型可简单、可复杂：有些复杂的样本模型需要对操作、对控制等能力进行测试，需要加入机械、电子配件等零件；有些只需要检测一些体积、表面材质等的感知能力，那么样本模型就可以是很简单的一些局部。

样本模型的数量、复杂程度都不一定，根据具体的实验要求制作。图 2-18 所示为扳手改良设计用户测试实验中提供给测试者使用的扳手

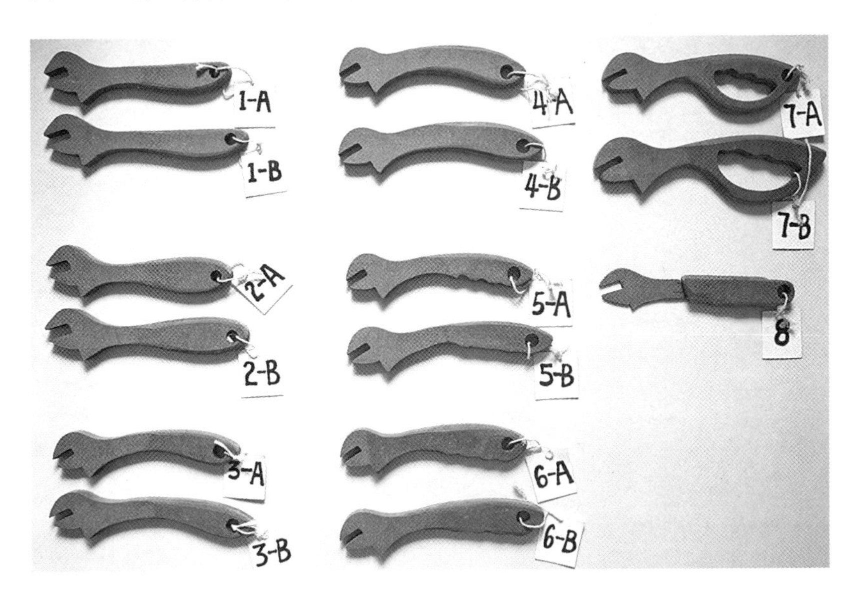

图 2-18
扳手实验样本模型

实验样本模型。

制作怎样的实验样本由于实验的要求和目的，不同的实验设计者的经验和思考模式不同，所以设计的实验样本会不同。而实验样本设计得是否合理直接影响到实验结果。设计团队在样本的设计和制作上需要花费很多的努力。

比如晴盲群体声音方位识别能力实验。实验目的是通过测试获知晴盲这两个群体在相同距离内对于同平面发声源在上、下、左、右、中五个方位的辨别能力以及两者的区别。实验方法是将磁板五块分别缝制在上述 50cm × 50cm 布袋内，同时将五个带门铃系统的响声端也分别缝制在布袋内，将 3m 长绳系在飞镖上，将布袋悬挂在墙身，按照中间、上、下、左、右的排列，让受试者站在 3m 线外，按其中一个门铃，受试者将镖投向相应响铃的布袋。依次对 10 个受试者测试并记录。如此循环测试。在这个实验中需要的道具有沙包袋、磁板、门铃系统、飞镖、长绳等。图 2-19 所示为设计团队自己改装和制作的实验模型样本，实验提供者为李本献、王琦。

在有些时候，实验只是为了测试某个影响因素，因此只需要制作一些单片样本就可以。比如在晴盲共游的纸牌设计中，为了获知晴盲群体对纸张厚度的触觉认知能力以及视障者群体对于具象、抽象图案的感知能力，只需要制作一些小样本即可。图 2-20 所示为实验样本模型，实验者为陈龙、方超、姚正茂。

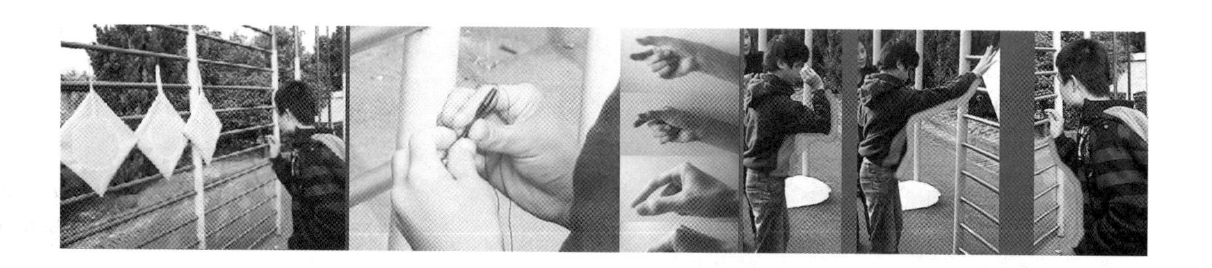

图 2-19
晴盲群体声音方位识别能力实验模型样本

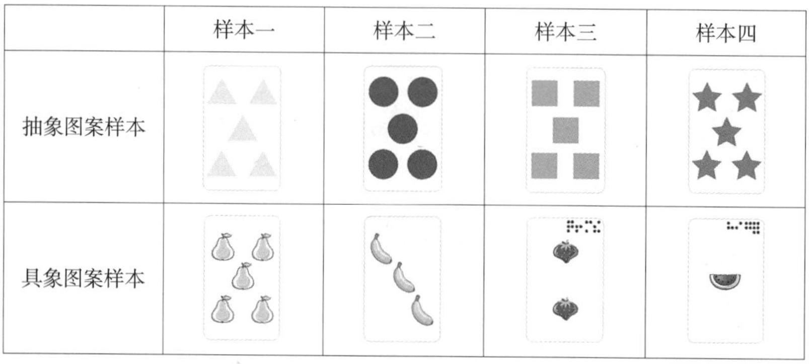

	样本一	样本二	样本三	样本四
抽象图案样本				
具象图案样本				

图 2-20　实验样本模型

2.4 设计心理学实验报告

2.4.1 实验报告内容

一份设计心理学实验报告包含标题、摘要、导言、方法、结果、讨论、参考文献与附录等几个部分的内容。实验报告必须清晰明了，让不了解的非专业人士能够很清楚地读懂。

标题和摘要让读者一看就知道研究报告的大致内容；导言部分告诉人们实验做了什么，为什么这么做；方法部分告诉人们实验是怎么做的，告知设计者、参与者、参与的仪器与材料及怎样的展开程序等内容；结果部分用数据和分析告诉人们实验发现了什么；讨论部分要告诉人们实验发现的结果及实验说明了什么问题。

2.4.1.1 标题和摘要

标题和摘要是实验报告中至关重要的一部分内容。通过标题和摘要读者不必参阅文章中的其他内容就完全能够理解并知道报告的大致内容。因此标题和摘要能够简明扼要地概括整个研究，尽可能表达得有吸引力。

标题是文献检索过程的第一步，因此标题中要提供充分的信息，在其长度限制内涵盖尽可能多的信息。摘要是文献检索过程的第二个阶段。摘要是实验报告中最难写的部分之一。在摘要中要把研究的问题、参与者、实验研究方法、结果、结论等表达清楚。而一般摘要的字数控制在 150 字以内。研究的问题尽可能用一句和标题不重复的话说明；参与者信息包括说明参与者相关特征以及选择参与者的方法等信息；实验研究方法指具体采用的实验器材以及数据搜集过程等测试程序；最终阐述本研究的意义或适用性。

2.4.1.2 导言部分

导言是报告的开篇，主要内容大致有回顾和研究相关的背景材料、研究要解决的问题以及展开的研究方法、研究展开的实验预期等内容。导言部分要简洁明了，紧扣主题。从已有的研究成果、存在的问题、本研究着手的问题、本研究展开的方法等一步一步地引出自己的研究工作。导言可以分为以下两部分。

第一部分是回顾研究背景。要指明本研究和该领域中前人研究成果之间的关系。前期研究也只涉及和本研究相关程度最大的发现和结论部分。要引导读者循序渐进地步入所要研究的主题，而不是直接展开研究的细节。要表明本研究是如何建立在先前研究基础之上，如何填补此领域的研究漏洞的。也就是说其实在作具体研究的时候，团队已经进行了大量的前期文献阅读，并且是在这个过程中发现问题并设计研究的。

第二部分是开始介绍要展开的研究。主要是简单介绍研究的中心问题；针对这个问题本研究会采用什么方法来验证和解决；研究小组对于实验假设的预期结论是什么；实验是如何来验证这个预期结果的。

2.4.1.3　方法部分

方法部分是实验报告撰写的第二部分内容。这一部分由大致四块内容组成。

1. 实验设计描述：用规范的术语来描述实验设计的要素。也就是阐述清楚原因变量是什么、效应变量是什么、测量单位是什么、其他的原因变量、实验参与者采用相关样本还是无关样本等问题。

2. 参与者描述：描述所选用参与者的相关特征。这个实验参与者不包括实验团队的人员，而是指在实验中被分配在原因变量不同水平的人，他们提供原因变量的数据。实验参与者的描述包括数量、性别、年龄、职业、实验选择参与者的方式、参与者分配的原则是随机或者非随机等要素。

3. 仪器与材料：描述实验中所用到的相关仪器或和材料。心理学实验所用的材料和仪器很多，有简单、有复杂。有时候一支笔、一张纸就可以完成实验，而有时候需要很多很昂贵的器材来监控以及收集数据。材料是指纸、笔、卡片等事物，仪器是指计算机、摄像机、眼动仪等器材。

4. 实验程序：详细而准确地描述实验的过程以及如何指导参与者等问题。这一部分按照实际的实验顺序详细说明对参与者说了什么、做了什么，不需要去描述一个实验。根据这部分内容，人们可以精确地复制实验。这部分内容以参与者反应信息输入的完成为结束，也可以提及这些数据将用在何处，但不用提及实验者对这些数据作的分析。

这四个部分主要描述实验做了些什么事情。其中描述了参与者的情况、实验告知参与者做什么、如何呈现材料给参与者、实验操作的程序等内容。这些描述必须详细而诚实，因为除了让阅读报告的人能够清晰了解这个实验之外，还有很重要的一点，是来自于科学的心理学的要求。如前面所述，我们实验的主要目的是为了操纵一个变量并同时考察它对于另外一个变量的影响，最终弄清楚这两个变量之间的关系。所以说这个原因和结果应该是可信的、科学而有价值的。如果每次重复相同的实验得到一个相对恒定的可保持的结果，那么我们就可以说我们的实验结果是可信的、科学而有价值的。相反，如果每次重复相同的实验都得到明显不同的结果，那么我们说实验是无效的、没有价值的。因此详细而诚实地记录实验的程序，一方面是实验团队在实验验证阶段的参照；另外一方面是对于其他研究者对本次实验推论再验证的依据。

2.4.1.4　结果部分

结果部分就是实事求是、不加任何解释、不做任何评论地对实验的结果进行阐述。主要包括数据描述和数据分析两部分内容。

原始数据是在实验条件下得到的、未经处理的参与者的数据。这些数据很多、很杂乱，一般情况下很难从这些数据中获得关键特征的信息。因此我们在结果部分的数据描述中，不是描述这些最原始的数据。我们会用到一种能够总结出这些数据的主要特征的方法，叫作描述性统计（descriptive statistics）。统计的描述性分析一般包括均值、中位数、众数、方差、四分位表、峰度、偏度、频数等。一般什么数据都可以作描述性分析，没有数据类型限制。具体内容在统计与分析章节讲述。这里的数据描述结果最好以表格的形式呈现，这种表格是一种规范的、适当标注、信息量大、有标题的表格。通常包括集中趋势、离差等测量数据以及每种实验条件下的参与者数目。报告描述性统计量的数值时小数点后至多保留两位。

数据进行描述性统计后，我们应该对这些数据进行分析并向读者呈现分析结果。这些分析应包括了解且惯用的推论性统计，如卡方检验、t 检验、方差分析（ANOVA）等。关键是要清晰、准确地告诉人们你是如何分析数据的、分析结果是什么以及这一结果的意义。

分析数据中明确的指导准则包括：清晰的陈述数据分析的方法；统计量的精确值；提供包括自由度、参与者数或观测量的附加信息；在适当的地方报告与所统计量相对应的精确概率；报告所得数值在统计上是否显著；明确报告所得结果关于数据的信息，也就是结合相应的描述统计报告推论性结果；在结果部分严格要求仅描述结果，如何以最好的方式来解释这些结果应放在讨论部分。

2.4.1.5　讨论部分

实验研究目的是为了发展理论或解决实际问题，因此需要对结果进行解释。一般在讨论部分对结果进行三个层次的解释：从研究中发现了什么结果，结果意味着什么，结果的意义是什么。

讨论部分首先描述结果以及数据与预期之间的相符程度如何。如果出现统计上不显著的结果，需要思考在实验中是否存在某些因素，使我们检测不到自变量的效应。无法达到统计上的显著性，可能是实验效力的问题，而非自变量对因变量有无影响的问题；如果结果与预期矛盾，不要轻易地否定结果。一般情况下，要相信实验的结果，除非在实验设计或程序中找到可以质疑其效度的某个因素；如果结果符合预期，也不应该无视实验中存在的问题，各个方面都可能潜藏着混淆变量。

如果实验设计合理，那么在这个过程的最后，实验应该能说明实验条件之间的差异，有多大可能是由于实验对自变量的操纵而引起的，或者实验条件之间不存在差异在多大程度上能表明自变量与因变量之间没有因果关系。

讨论最后部分也是最核心的部分是评估实验对于导言部分提及的研究的意义。在这个阶段可以提出现在需要处理的问题以及问题的解决之道。如果研究结果不能说明自变量和因变量之间的关系，则应该指出将来关于这一主题的实验要以什么方式克服遇到的困难。所有的研究在普遍性上都有局限性。普遍性是指在多大程度上，我们可以将实验结果外推到该研究直接评估的情境之外。很多因素都会影响到一项研究结果的普遍性：采用的实验设备、招募的参与者、使用的程序以及指导语的措辞等。

2.4.1.6 参考文献和附录

研究报告中一般有两种写参考文献的格式：一种是仅仅简单列举你写报告时用到的一系列资源是一本书或一篇文章；另外一种参考文献的格式是一个准确的列表，包括了文中所有引文的来源以及那些单独出现的文献。一般来说，参考文献应该从第一作者的姓氏开始，以此按照字母顺序排列。作者的个人专著应该放在出版物之前。同一作者的多个出版物要按年代排序。当我们引用网络资源时，在参考文献部分要尽可能地准确表达。因此需要提供一个能够直接链接到具体文献的网址。对待网络资源，要像对待印刷版的文献那样，在正文中提供所引用文献的作者以及获取文献时该文献最后更新的年份。引用文献的具体部分时，要提供引述部分的细节，如章节、图表号码、页码或段落号。附录的目的是详述那些在文章主体部分中以简化形式出现的信息。附录中应包括：完整的指导语、研究中所用的问卷的复写本、实验刺激示例、词语列表等。

2.4.2 实验报告案例

标题：视障青少年对数字的触摸式认知能力测试

本案例改编自刘丽珍、陈晓蕙论文《基于通用设计理念的“晴盲共游”玩具设计之探讨》

摘要：数字是生活中的应用无处不在，视障青少年丧失了获取信息的视觉渠道，触觉成为他们认知的最重要的感觉器官。视障者提高数字的触觉认知对于其融入正常群体的生活有很大的帮助。本次实验主要是为了初步了解视障青少年对于数字认知能力，包括对于数与数之间的间距、单个数字的粗细度、数字大小以及字体种类差别几个方面的认知。本次实验参与者是由浙江省盲校的视障学生组成，从初、高中的学生（年龄 17 ~ 22 岁）中选择 8 位懂盲文与数字的青少年参加实验测试。实验结果表明：视障者不能接受太过于烦琐的事物，也就是说没笔锋的数字要比有笔锋的数字更易辨认；数字以一个食指腹可以按压到的情况为最佳大小；7.8mm（30 号字）最易辨认，也就是 26 ~ 30 号大小；数字在越小的情况下，容易产生判断错误；数字在 1.8 ~ 3mm 间距的时候辨识最佳；物体的高度在 0.6~0.8mm 的时候就可以清楚地辨认和识别。

导言：研究表明，视障者在几何图案、图表和三角函数的认知上尤为薄弱。日本学者佐藤泰正指出触觉只能把握到伸手可及的范围，对于过大或微小的事物，是无法单靠触觉来认知的。不仅如此，在生活中也有很多事物是不能触摸的，比如很烫的水、烈火等。因此，视觉缺陷对于个体生活、智力的发展以及概念形成都会造成极大的影响。视障者因为视觉上的缺陷，触觉成为他们与外界接触最重要的感官通道。相比较视觉而言，触觉在质感上获取信息有更好的表现，但是在搜索物体表面特征的关系时反而是一种干扰，并且无法注意到对象物体形状的部分与整体的关系。触觉是借由触摸到的特征来辨识事物，这仅限于将所触摸到的特征作单纯的排列、组合想象，而无法辨识物体的完整形态，也就是说只是单纯地分析特征而已。视障者因为缺少视觉这个重要的信息接收通道，仅凭触觉来触知这个世界，导致很多方面与常人不同。由于数字在生活中运用的重要性，研究者希望在视障青少年中能普及数字的运用，使得他们可以更加贴近正常人的生活。

方法：本次实验主要是为了初步了解视障学生数字的认知情况。本研究将根据实验需要制作一系列的样本进行实验。预期获知视障青少年对于数与数之间的间距、单个数字的粗细度、数字的大小以及字体种类差别的理解和认知。本次实验参与者是由浙江省盲校的视障学生组成。由于学前班学生年龄较小，不具备盲文、数字认知基础，而且在实验中很难管理，且实验者很难与其沟通，因此从初、高中的学生（年龄 17 ~ 22 岁）中选择 8 位受测者（懂盲文与数字）。由于视障学生课程和学校管理原因，每次实验不能召集太多的受测者，实验只能得出小部分的样本。表 2-1 所示为实验参与者基本资料表。

本次实验制作了四套样本：分别是数字大小测试样本、数字间距测试样本、字体粗细样本以及各种字体样本。样本统一以有机玻璃为材料，在上面雕刻数字，每组 0 ~ 9 数字都为打乱的数字，字体厚度都为 1mm。在样本每组数字最左和最右边距离首尾数字 5mm 的相同位置都设置一个圆形基准点。

样本①：3 组数字，每组数字字体、间距、厚度都相同，Arial 100% 字符间距，字体大小分别为 30、28、26。图 2-21 所示为样本

实验参与者基本资料表 **表2-1**

编号	姓名	性别	年龄	视障程度	视障状况	数字学习
1	张*	男	19	弱视	先天盲	已学习
2	胡**	男	21	弱视	先天盲	已学习
3	梁*	男	18	弱视	先天盲	已学习
4	吴**	男	19	全盲	先天盲	已学习
5	邵*	男	22	全盲	先天盲	已学习
6	韩**	男	20	弱视	后天盲	已学习
7	石**	男	17	弱视	后天盲	已学习
8	钟**	女	20	全盲	后天盲	已学习

①实验模型。

样本②:5 组数字,每组数字大小、字体、厚度都相同,Arial 30 号字,字符间距分别为 100%、80%、60%。图 2–22 所示为样本②实验模型。

样本③ :2 组数字,每组数字大小、间距、厚度都相同,30 号字 100% 字符间距,字体种类分别为 Arial、方正粗宋简体。图 2–23 所示为样本③实验模型。

样本④ :2 组 0 ~ 9 数字,每组数字大小、间距、厚度都相同,30 号字 100% 字符间距,字体种类分别为黑体、方正大黑简体。图 2–24 所示为样本④实验模型。

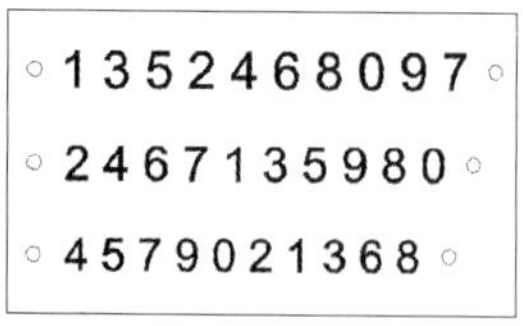

1352468097
2467135980
4579021368

图 2–21 样本①实验模型

5320178946
4891023675
2789103564

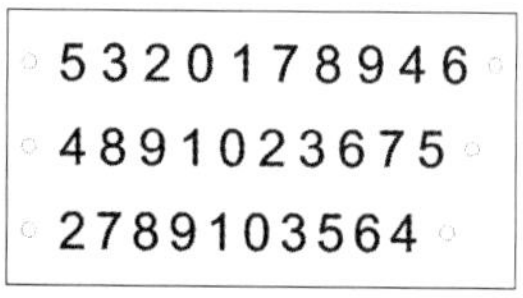

图 2–22 样本②实验模型

3790812564
4687130259

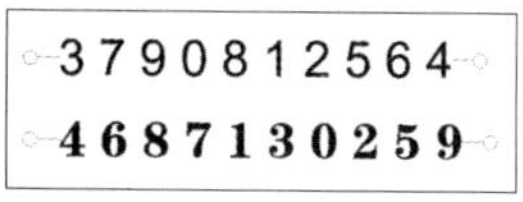

图 2–23 样本③实验模型

2486093715
1359204867

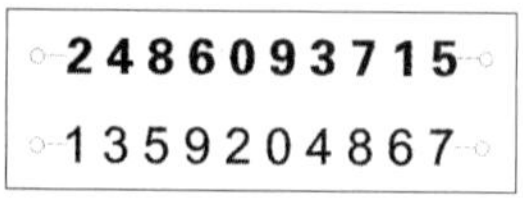

图 2–24 样本④实验模型

实验的测试程序如下。

①测试前准备 : 实验摄影器材、实验样品、实验记录表格、计时器等;

②触摸练习 :在受测者就定位后,开始实验项目解说及样本解说 ;

③触摸实验任务 :在实验中记录辨识时间与辨识错误次数 ;

④实验后交谈 :与受测者交流实验过程的缺失,倾听他们的意见。

实验结果 :测试是获知视障学生对于数字的间距、粗细度、大小、字体种类差别理解度。结果显示实验参与者识别样本① ~ ④的时间分别是 13.2 秒、14.5 秒、16.8 秒和 16.0 秒 ;相对于样本选择来说,数字在 1.8 ~ 3mm 间距的时候辨识最佳,7.8mm(30 号字)最易辨认,字体在粗细的选择上也很明显,无笔锋的数字比有笔锋的字更容易辨认。表 2–2 所示为此次实验测试结果统计表。

针对基准刻度线的设计,只有 2 名受测者发现此点设计。在实验检测过程中研究者发现,受测者都通过数字就可以做对齐测试。从研究过后的交谈中得知,受测者因为需要盲文阅读的能力,以前就做过直线训练,因此通过数字对齐对于她们来说就显得较为简单。

实验讨论 :从实验交谈中获知,视障学生因为有先天盲和后天盲,

实验测试结果统计表　　　　表2-2

规格 任务	因子	选择人数	因子	选择人数	因子	选择人数	因子	选择人数
	30mm	0	35mm	1	40mm	5	35<X<40	2
盲文间距	合适	3	太大	0	太小	5		
对齐	能	8	不能	0				
基准线	能	2	不能	6				
盲文提示	能	2	不能	6				
数字	太大	0	太小	8	太粗	5	太细	0

对于没有接触过的材质很难形成直观的印象，所以会理解度不够，难以辨识。而数字相对于材质而言，即便视障者没有学过也可以将数字转化为图形的概念，既简单又容易辨认。盲文具有方向性问题。

设计者以银行卡作为初步预实验的样本着手了解视障者于数字触摸的认知特性。测试发现，视障者根本不能读取银行卡上的数字，因为数字太小，而且数字的间距太窄。如果视障者有很多张银行卡的话，而每张卡上的数字在根本不能读取，他们通过什么来区分卡与卡的不同？还是说找别人鉴定？

本次实验结果正如研究者所预期的一样，视障者不能接受太过于烦琐的事物，也就是说没笔锋的数字要比有笔锋的数字更易辨认。实验显示数字在正好以一个食指腹可以按压到的情况下为最佳大小，也就是 26 ~ 30 号大小，只是数字在越小的情况下，容易产生判断错误。而经研究发现，物体的高度在 0.6 ~ 0.8mm 的时候就可以清楚地辨认和识别。视障学生对于 Arial 字体，数字 5、6、9 判断错误尤其多，对 3、4、8 也判断错误率很高，因此在后续设计中使用这些数字的时候需要对字体加以改良。数字在 1.8 ~ 3mm 间距的时候辨识最佳，7.8mm（30 号字）最易辨认，字体在粗细的选择上也很明显。

视障学生由于视觉上的缺陷而与社会显得很难亲近。本实验的结果可以为视障者独立处理一些社会事务提供依据，比如可以自己在 ATM 机上取款，也能学会开密码锁，这样他们在旅行中也会更加安全，也可以自己使用 POS 机消费。

【思考和练习题】

1. 设计心理学实验设计方法。
2. 设计心理学实验设计。
3. 设计心理学统计分析方法的应用。
4. 设计心理学实验报告撰写。

第三章　用户的认知心理

【学习目的与要求】

本章从认知心理学知识体系中提炼出视觉知觉心理、表面知觉心理、生态知觉行为、知觉的意向性与知觉限制心理、知觉预料与期待心理、行为过程知觉心理、用户理解心理、记忆与注意心理等和设计相关的心理特征，在对这些认知心理特征进行理论讲解的基础上结合设计实践给出实验命题和相关案例。通过本章的学习，学生能够基本掌握认知心理学的一些特征并能结合设计展开应用。本章的重点是充分理解人类的认知特征，减少人与物之间的障碍。

认知心理学是20世纪50年代中期在西方兴起的一种心理学思潮，它运用信息加工观点来研究认知活动。其研究范围包括注意、感知觉、表象、记忆、思维和语言等心理过程或认知过程以及儿童的认知发展和人工智能等内容。

信息加工观点就是将人脑与电脑进行类比：将人脑看作类似于计算机的信息加工系统、将计算机作为人的心理模型，对人的心理和计算机行为作出某种统一的解释，发现一般的信息加工原理。

认知心理学强调人的行为受其认知过程的制约，是一种带有强烈理性主义色彩的心理学理论。美国认知心理学家诺曼的观点认为将人等同于计算机符号系统是不够的，有生命的系统具有目的、愿望和动机，能够选择有趣的任务以及与目的有关的行为，可以控制心理资源的分配。诺曼的认知观点把人的情绪等提升为影响认知过程的因素。

在产品使用过程中，用户使用行为体现了使用者对产品的认知过程。这个认知过程显现出产品的使用方法是否明了，产品操作是否简单容易、是否容易被学习，产品操作是否安全等信息。因此，设计心理学的学习从研究用户的行为分析用户的认知心理。

认知是指通过形成概念、知觉、判断或想象这些心理活动获取知识。人对客观事物的认知是从感知开始。如果一个人没有自我的感知活动，那么，就不可能产生出认知；反过来，这种感知也是人类特有的认知形式。

感知是指客观事物通过感官在人脑中的直接反应，是感觉与知觉的统称。

知觉和感觉不同。

感觉是指实际刺激产生的生理反应，如冷热、软硬、痛痒以及对色彩的定性经验。感觉感受到的是对象的属性和品质，比如直接对色彩红、黄、蓝、绿的判断，对材料软、硬的感觉。

知觉是指外界环境经过感觉器官被转变成对象、时间、声音、味道等。知觉是心理较高认知过程，涉及对感觉对象含义的理解、经验、记忆和判断。比如看见某种材料，除了软硬的感觉之外，根据个人的体验经验还有舒适、温馨、幸福等心理；听到一首歌曲除了听觉的声音之外，心中还会泛起甜蜜、幸福、辛酸等感觉；闻到一种花香，除了嗅觉的味道之外，还包含各种对花香曾经出现过的场景、人物、事件的回忆等心理过程。这些就是知觉。

人的感官包括听觉、触觉、嗅觉、味觉、视觉。知觉是各种感觉综合作用而产生的，知觉是一个系统，而不是孤立的。人的知觉能力包括搜索、发现、区别、识别、确认、记忆搜索这六个处理过程。

3.1 视觉认知特征

3.1.1 视觉经验造型心理

眼睛是心灵的窗户。在设计中，通过对用户眼睛的观察可以了解用户知觉和思维，了解用户的意图方向、是否遇到操作困难等问题。在认知过程中，视觉的凝视不仅仅是眼睛的一个固有生理特性，而是和大脑的认知活动密切相关：眼睛的观察方向反映了用户的意图方向；大脑在思考时眼睛会停顿凝视;思考时间越长、眼睛停顿的时间也增长;由此可以推断出用户在操作产品时的认知负荷；闪动的形象容易引起眼球注意；这些认知原则都可以对设计起到很好的改进作用。

视觉能力是知觉系统中发挥最重要作用的角色。在通用设计研究领域，针对缺失了视觉感官的人群，对他们各项认知能力的测试与训练是一个非常具有挑战性的研究课题。

视知觉在心理学中是一种将到达眼睛的可见光信息解释，并利用其来计划行动的能力。视知觉包含视觉接收和视觉认知两大部分。简单来说，看见了、察觉到了光和物体的存在，是与视觉接收好不好有关，但了解看到的东西是什么、有没有意义、大脑怎么作解释，是属于较高层的视觉认知的部分。

视知觉不是被动反映，而是有目地通过大脑对视觉所获信息进行再造型。所以设计不是单纯地制造“视觉冲击”，而是提供用户知觉经验所需要的造型信息。

英国视觉心理学家格利高里说：“对物体的视觉包含许多信息来源。这些信息来源超出了我们注视一个物体时眼睛所接受的信息。它通常包括由过去经验所产生的对物体的认识。这种经验不限于视觉，可能还包括其他感觉，例如触觉、味觉、嗅觉，或者还有温度觉和痛觉。”

阿恩海姆在《艺术与视知觉》一书中指出：“眼前所得到的经验，从来都不是凭空出现的，它是从一个人毕生所获取的无数经验当中发展出来的最新经验。因此，新的经验图式总是与过去所知觉到的各种形状的记忆痕迹相联系。”

也就是说，我们眼睛看到的“物”的造型不仅是由刺激眼睛的“物”的形状决定，还取决于用户的经验。

用户经验中的“物”首先取决于视觉记忆。就是把现在看到的东西和以前的经验作比较，加以分类、整合再储存在大脑中。例如：妈妈一开始指着狗告诉小朋友这是狗。小朋友看到狗有四只脚的特征，日后只要看到四只脚的就会说这是狗。直到记忆累积越来越多，分类越来越细，就能进一步发展出分辨各种四条腿动物的能力。也就是说具有图形分辨能力，经过认知思维配对就能分出物品之间特征的异同点。另外，还可以通过辨认东西的颜色、质地、大小、粗细来识别物体。即使形状大小、位置、环境改变了，我们也可以认出物体的特征。例如：杯子被东西挡住一半或是翻倒在桌上，虽然形状不完整或放的位置不对，人们还是可以认出那是杯子。

格式塔心理学解释了视觉这个认知特征。“格式塔”是德文“Gestalt”一词的音译，意思为“形式”、“形状”，在心理学中用这个词表示任何一种被分离的整体。格式塔也被译为“完形心理学”。

视觉认知具有下列组织规律。

3.1.1.1　相近规律（Proximity）

视觉习惯把距离相近的形状自然组成一个整体看待。如图 3-1 所示，A 图与 B 图同样是由 20 个圆点组成的方阵，如果单单从各个圆点去看，它们之间不容易找出可供分类组织的特征。但如果仔细观察，两图中点与点之间的间隔距离不相等；A 图中两点之间的上下距离较其左右间隔为接近，因此在视觉习惯上人们把这 20 个点自动组成四个纵列。B 图中两点之间的左右间隔较其上下距离为接近，在视觉习惯上人们把这 20 个点自动组成四行。

3.1.1.2　相似规律（Similarity）

视觉习惯把相似特征组成一个整体看待的知觉经验心理倾向。在知觉场地中有多种物同时存在时，各刺物之间在大小、形状、颜色等方面的特征如果有相似之处，在知觉上会将之归属于一类。如图 3–2 所示，在方阵中圆点与斜叉各自相似，很明显地被看成是由斜叉组成的大方阵当中另有一个由圆点组成的方阵。

3.1.1.3　封闭规律（Closure）

人们运用自己的经验主动地补充或减少视觉所看见物体之间的关系，从而增加它们的特征，以便有助于获得有意义的或合于逻辑的知觉经验。如图 3–3 所示，图中有不规则的黑色碎片和部分连接的白色线条。但人们会看到一个白色立方体和一些黑色圆盘，或者白色立方体的每一拐角上有一个黑色圆盘。这就是人们的视觉经验把不闭合的三块黑色、无规则的图片看成一个完整的黑色圆盘或者把不闭合、不连接的白色线条闭合而成一个白色立方体。

3.1.1.4　连续规律（Law of continuity）

知觉上的连续法则所指的“连续”不是事实上形状的连续，而是指心理上的连续。知觉上的连续法则在绘画艺术、建筑艺术以及服装设计上广泛应用。以实物形象上的不连续使观察者产生心理上的连续知觉，从而形成更多的线条或色彩的变化，借以增加美的表达。听知觉也会有连续心理组织倾向。如图 3–4 所示，一般人总是将它看成是一条直线与一条曲线多次相交会而成；没有人会看成是由多个不连接的弧形与一条横线构成。

3.1.1.5　整体规律

视知觉所感受到的物体的形状虽然是零散的，但所得到的知觉经验仍然是整体的。如图 3–5 所示，这个图形是由一些不规则的线和面所堆积而成的，但是我们看到的却是由两个三角形重叠，而后又覆盖在三个黑色方块上所形成的。图中间第一层的三角形虽然在实际上都没有边缘，没有轮廓，可是，在知觉经验上却都是边缘最清楚、轮廓最明确的图形。这种刺激本身无轮廓，而在知觉经验上却显示“无中生有”的轮廓，称为主观轮廓。这种现象应用在绘画与美工设计上，使不完整的知觉刺激形成完整的美感。

3.1.1.6　图形背景感知规律

在视觉认知过程中，有些对象突现出来形成图形，有些对象退居到衬托地位而成为背景。一般说来，图形与背景的区分度越大，图形就越可突出而成为我们的知觉对象。例如，我们在寂静中比较容易听到声音，在绿叶中比较容易发现红花。反之，图形与背景的区分度越小，就越难以把图形与背景分开。比如军事上的迷彩服伪装，一些动物进化过程中表现出来的伪装色。要使图形成为知觉的对象，不仅要具备突出的特点，而且应具有明确的轮廓。如图 3–6 所示为木雕

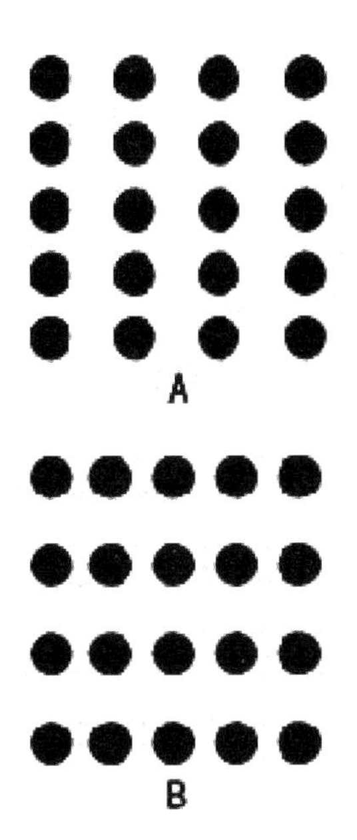

图 3–1　相近规律

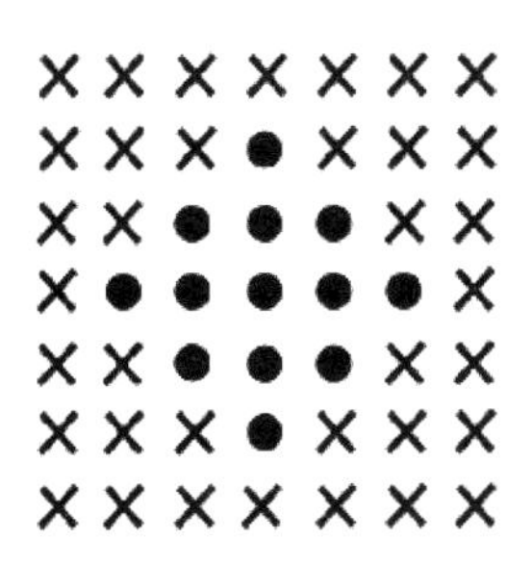
图 3–2　相似规律

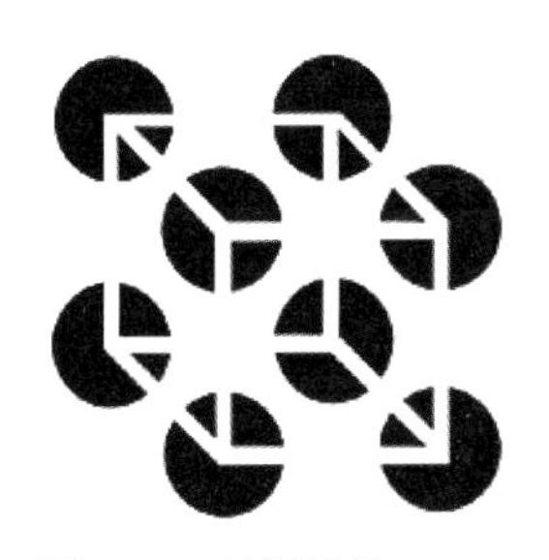
图 3–3　封闭规律

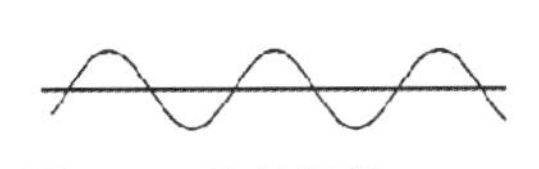
图 3–4　连续规律

图 3-5（左）
整体规律
图 3-6（右）
图形背景感知规律

艺术家艾契尔（M.C.Escher）在 1938 年创作的一幅著名木刻画《黎明与黄昏》，假如先从图面的左侧看起，你会觉得那是一群黑鸟离巢的黎明景象；假如先从图面的右侧看起，就会觉得那是一群白鸟归林的黄昏；假如从图面中间看起，你就会获得既是黑鸟又是白鸟，也可能获得忽而黑鸟、忽而白鸟的知觉经验。图底关系在现代设计中得到非常广泛的应用：比如在广告设计中利用明暗和冷暖的不同对比来突出广告主体形象或广告语；在标志设计中将完整和简洁单纯的标志造型放在较大面积的背景上；报刊版面设计中，文章报道标题周围留出较大的空白，与周围较大面积、排得相当紧密文字形成明显差别。图底关系还广泛应用于三维立体设计：比如时装表演明亮的 T 形台区相对于展厅暗空间背景形成全场观众注视的焦点图形；在室内设计中家具、陈设、装饰壁画、灯具相对于地面、墙面、顶棚成为图形，而地、顶棚成为背景。

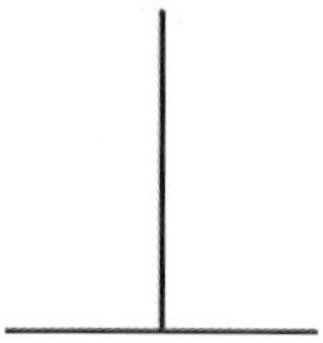

图 3-7　横竖错觉

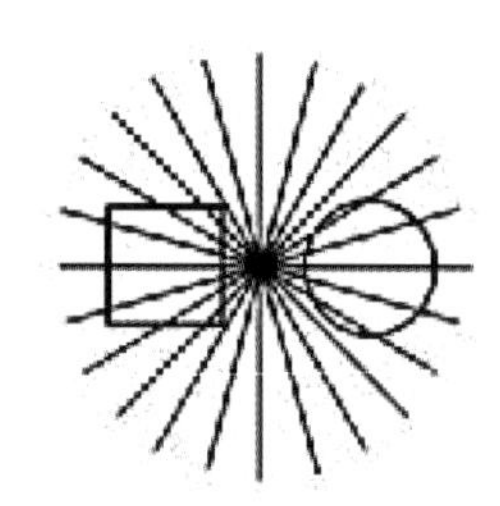

图 3-8　奥尔比逊错觉

3.1.1.7　错觉规律

不符合刺激本身特征的、失真的、扭曲事实的知觉经验称为错觉。错觉是比较普遍存在于日常生活中的一种视觉现象。视觉、听觉、味觉、嗅觉等所构成的知觉经验都会有错觉。在我们日常生活中随时会感受到错觉现象。例如坐在未开动的火车上，由于邻近火车的移动而觉得自己的车厢已经开动。注视电扇转动时，会觉得忽而正转、忽而倒转，甚至有时会有暂时停止不转的感觉。这种现象称为移动错觉。

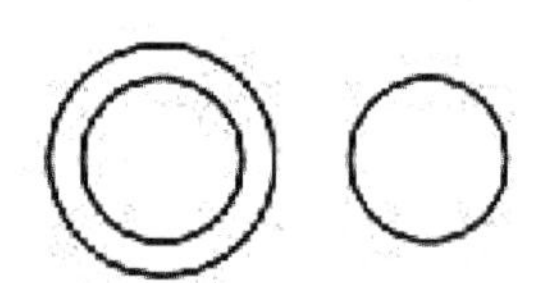

图 3-9　德勃夫错觉

- 横竖错觉（horizontal-vertical illusion）：如图 3-7 所示，图中横竖两等长直线，竖者垂直立于横者中点时，看起来竖者较长。
- 奥尔比逊（Orbison illusion）：如图 3-8 所示，图中圆形看起来并非正圆，方形看起来并非正方。其实圆者为正圆，方者为正方。
- 德勃夫错觉（Delboeuf illusion）：如图 3-9 所示，图内的小圆与右图的圆相等，但两者看似不等；居右者看起来较小。
- 海林错觉（Hering illusion）：如图 3-10 所示，两平行线为多方向的直线所截时，看起来失去了原来平行线的特征。

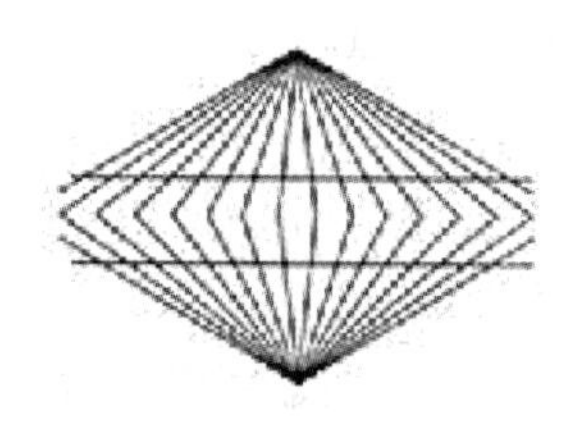

图 3-10　海林错觉

- 楼梯错觉（Staircase illusion）：如图 3-11 所示，注视此图形

数秒钟，发现有两种透视感；有时看似正放的楼梯，有时看似倒放的楼梯。

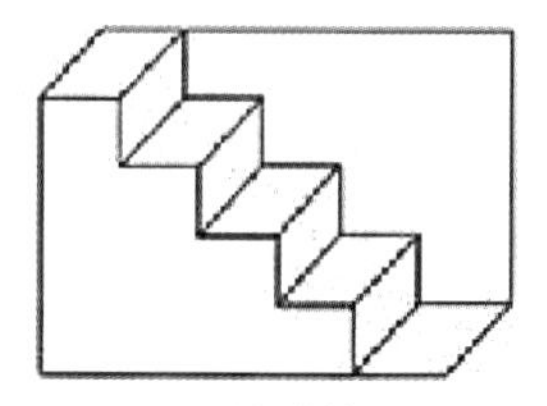

图 3-11　楼梯错觉

● 松奈错觉（Zöllner illusion）：如图 3-12 所示，当数条平行线各自被不同方向斜线所截时，看起来即产生两种错觉；其一是平行线失去了原来的平行；其二是不同方向截线的黑色深度似不相同。

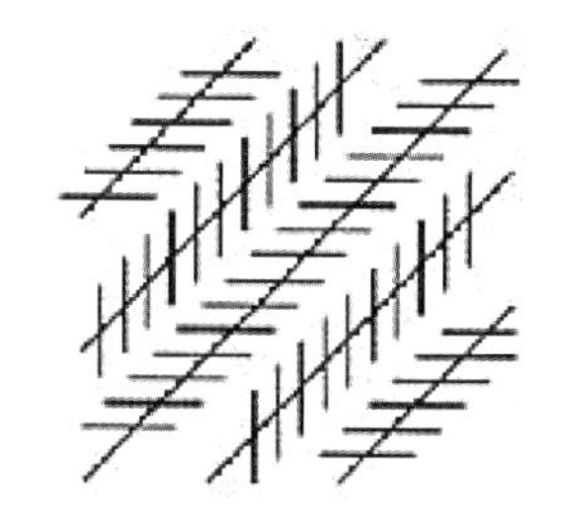

图 3-12　松奈错觉

● 缪勒莱尔错觉（Müller-Lyer illusion）：如图 3-13 所示，图中两条横线等长，唯因两端所附箭头方向不同，看起来下边的横线较长。

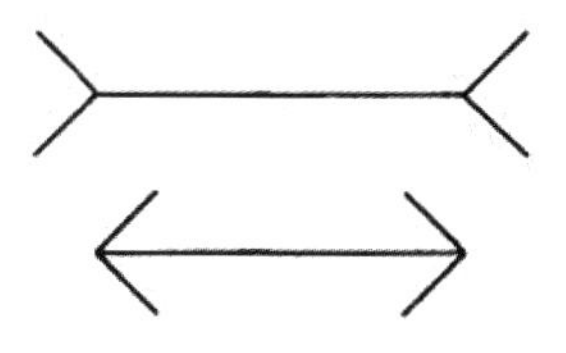

图 3-13　缪勒莱尔错觉

● 似动错觉：是指引起运动知觉经验的刺激物其本身并未移动，但观察者在主观意识上则觉知它是在移动中。严格地说，似动现象的产生既非由于物体的真实移动，也非由于个人与物体之间的相对移动，而是一种假的移动。如图 3-14 所示。

3.1.1.8　理解规律

人在感知某一事物时总是依据既往经验去解释它究竟是什么，这就是知觉的理解性。人们的知识经验、需要、期望不同，对同一知觉对象的理解也不同。知觉的理解性是积极主动的。如图 3-15 所示的一些黑色斑点，乍一看分辨不出是什么，但是由于我们知觉经验存在“狗”的形象，所以慢慢地这些斑点会显示成一条“狗”的轮廓。

3.1.1.9　知觉定势

人们当前的活动常受前面曾从事过的活动的影响，倾向于带有前面活动的特点。当这种影响发生在知觉过程中时，产生的就是知觉定势。它一般由早先的经验造成。知觉者的需要、情绪、态度和价值观念等也会产生定势作用。如人的情绪在非常愉快时，对周围事物也可产生美好知觉的倾向。定势具有双向性，积极作用使知觉过程变得迅速有效；消极作用则使定势显得刻板，妨碍知觉或引起知觉误导，如图 3-16 所示，当我们从左往右看时，总是把图中间的符号看成是字母“B”，但如果是从上往下看时，我们总会把图中间的符号看成是数字“13”。

了解了上述这些视觉认知特性与规律，重点是要学会应用。在标识设计、海报设计、室内设计、建筑设计、景观设计、网页设计以及

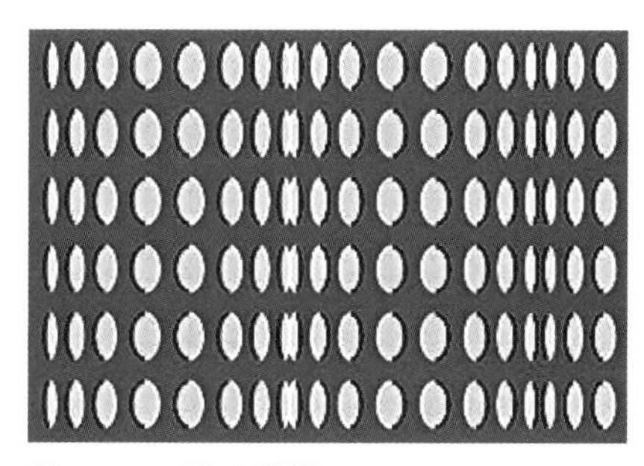

图 3-14　似动错觉

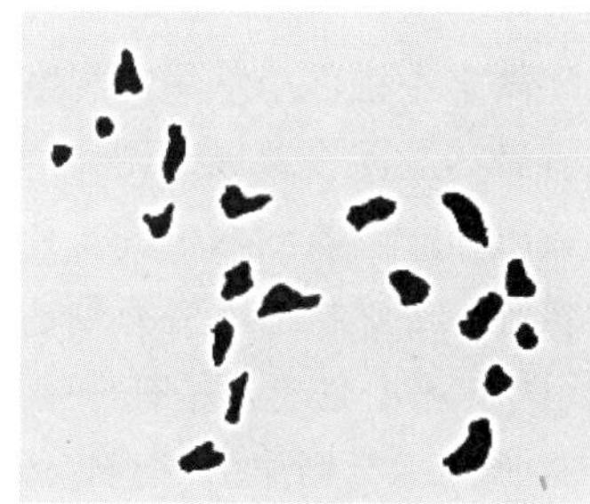

图 3-15　理解规律

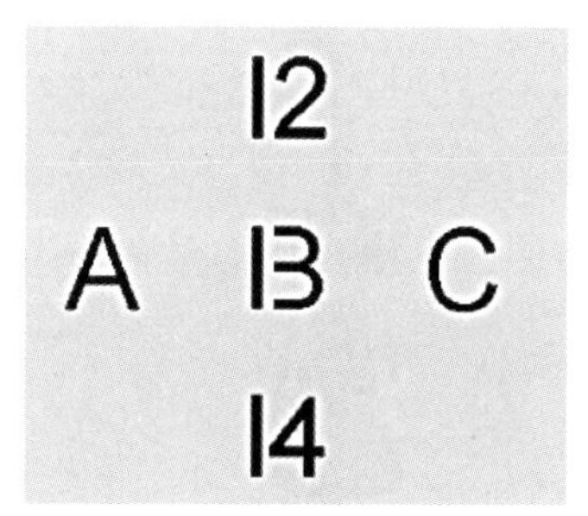

图 3-16　知觉定势

图 3-17　海报设计

图 3-18　楼梯设计

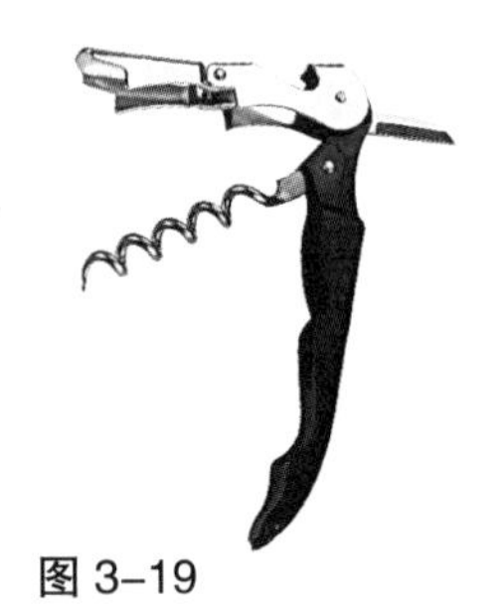
图 3-19

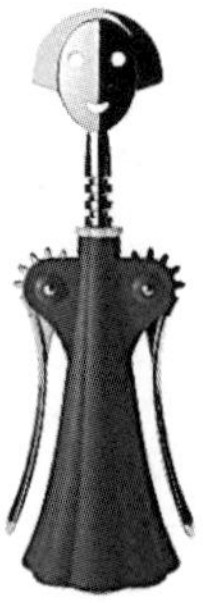

图 3-20

产品界面设计等领域，都会广泛应用到这些基础的视觉认知规律。图 3-17 所示为日本错觉设计师福田繁雄 1992 第二届联合国环境与发展大会的海报作品；图 3-18 所示为 Atmos Studio 工作室让人产生错觉的木头楼梯设计。

3.1.2　可视性认知心理

可视性认知心理是用户在产品使用过程中很重要的一个认知心理。也就是说在产品设计时，希望用户去碰触的产品操作键、按钮等操作部位应该显而易见，能向用户传达出正确的信息，并且让用户看得见、感觉得到每一个操作动作的结果。这样用户在产品使用过程中就会增加自信、减少错误使用以及不会使用的概率，提高物品的易用性。产品操作的行为过程直接关系到用户判断操作计划的执行情况，因此这个过程的透明和可见也是用户正确、快速完成任务的必要条件。产品的可视性包括外观结构、运行过程以及结果的可视。

1. 机械类产品的外观结构通常都是直接和操作方式有关，因此这一类产品的外观结构应该具有可视性。如图 3-19 所示的红酒启瓶器，尖锐的螺纹状结构引导人们可将它旋转入红酒木塞内，但是接下来的操作结构非常不明确，很多时候非经验用户不能够进行有效的任务完成。图 3-20 所示的阿莱西“安娜”启瓶器，其外观设计隐含着巧妙的可视结构设计——安娜的两只手臂肩关节的齿轮结构引导人们进行上下操作。这个操作一方面可以将隐藏在装饰衣裙下的螺纹状结构伸出；另外也可以在人们把螺纹旋转入红酒木塞后，将手臂压下，使瓶塞开启。

2. 产品的运行状态过程能被感知。也就是说产品在工作时，用户能够感知到这种工作的状态。比如日常生活中常见的冰箱、洗衣机、微波炉、消毒柜等就经常会出现这样的问题：冰箱的温度调控没有一个可视性的反馈，所以人们根本不知道在冰箱的温度调节后会产生什么后果。只有一段时间后出现了冷冻的结果，才能对之前的操作进行正确与否的评价；洗衣机的桶口基本上用透明材料制作，能够看见洗衣机工作的运行状态。图 3-21、图 3-22 所示的两款加湿器，撇开其他设计因素不说，单从用户观察产品运行状态过程的透明性这点来讨论。前者加湿器设置成透明，用户能够感知到里面水转化成水汽并从出口溢出，能够看到水位的变化状态，而后者不能使人感知到机器的工作状态。虽然机器本身有到达一定低水位自动关机的装置，但是用户使用起来在心理上总是有一些担心和疑惑。

3. 产品运行结果的可视性体现在操作反馈信息的设计上，将在本章第四节中讲述。

在设计实践中可进行的一些实验课题如下。

（1）不同产品的可视性位置测试：观察测试机器的开关的位置，放在哪里是用户能看得见并且可理解的。

（2）观察电视机、洗衣机、冰箱等一些操作按键的位置、形状、色彩是否可见、易识别、易理解。

（3）公共场所导引系统的可视性测试。

（4）可视性对用户操作的影响：将手机开关按钮或者是标识作为原因变量，制作样本模型让实验参与者操作完成手机“开与关”的任务。选择各种能力层次不同的参与者，以完成时间作为结果参数。

（5）过程不透明对用户操作的影响。

（6）各类产品可被感知的结构以及行为过程整理。

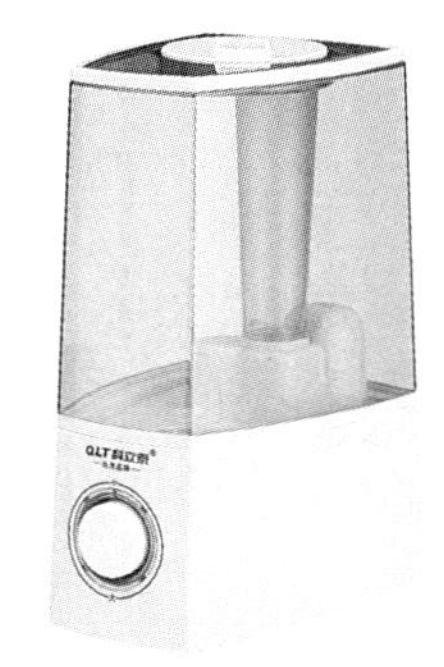

图 3–21

图 3–22

3.2 表面知觉心理

知觉过程中所感受的信息最直观的来自于物体的表面。物体表面包括形状、色彩、材料等因素。物体形状特征、表面材料特性和色彩特征是人们识别一个物体的重要因素。

物品表面信息反馈到用户的感知系统，被用户认为他所看到的“物”能有什么用途就是表面知觉心理。特定的形状构造、材质肌理会被人们认为具有特定的性能。物体不同的色彩和材质会引起用户不同的视觉反应和审美心理。

3.2.1 材料知觉心理

人对材料刺激的主观感受是人的感觉系统因生理刺激对材料作出的反映或由人的知觉系统从材料的表面特征得出的信息，是人们通过感觉器官对材料产生的综合的印象。

人们的使用经验使他们对物品材料的特定功能和用途具有定性思维：比如塑料通常轻巧、不易碎、便于携带；钢材坚固强硬，可用于支撑；支架有支撑作用；玻璃透明、容易砸碎；木头坚硬、不透明等。

有材料显示，英国铁路局调查发现用强化玻璃筑起来的旅客候车棚经常被砸碎，于是就用三合板代替强化玻璃作为候车棚的建筑材料。尽管砸碎三合板和砸碎强化玻璃费的力气差不多，但是被砸行为就很少发生了。而更加有趣的是，三合板做成的候车棚上涂鸦多了起来。这正是人们对材料的知觉心理起了作用：玻璃制品易碎的特性容易引起一些情绪失控者的破坏心理，而不透明的三合板材料在人们认知心理中具有书写涂鸦的特性。

不同材料带给人们不同使用方式的认知心理，在设计实践中可以进行一些材质心理研究。材料特有的质感在不改变产品形态的前提下，可以丰富产品的外观效果，具有较强的感染力，能使用户产生更加丰富的心理感受。不同材料的综合运用可丰富人们的视觉和触觉感受。材料的合理配置与质感的和谐应用是成功设计的重要因素。

表现产品的材质美要合理地、艺术地、创造性地使用材料；根据材料的性质、产品的使用功能和设计要求正确地、经济地选用合适的材料；借助于材料本身的不同色彩、肌理、质地来增加产品的艺术造型效果；秉承可持续发展理念使用新材料和新工艺，对传统的材料创造性地赋予其新的运用形式。

金属、合金、玻璃、塑料、布匹、陶瓷等每一种材料都具有其物理特性以及带给人的情感属性。但具体到不同的产品、不同的材质带给用户的感受又将会有所区别。因此可以进行“材质属性感性数据库”的实验课题。如图 3-23 所示，造型基本相似的椅子采用不同的材料，带给用户很大差异的使用心理和体验。

在设计实践中可进行的一些实验课题如下。

1. 不同材质带给人们不同的心理体验；材质赋予不同产品的心理体验。

2. 物体表面材料特性对用户使用心理的影响：在造型、色彩不变的条件下，将不同的材质作为原因变量，观察用户的选择以及使用方式。比如用不同材质的材料做成一些可供人倚靠、浅坐的公共设施，参与者在不知情的情况下会做出怎样的动作和选择；用不同材质的材料做成一球状玩具或者方形玩具，小朋友会选择滚、抛、扔、坐等哪种方式。

图 3-23　不同材料的椅子

3.2.2 色彩知觉心理

色彩心理学是一门十分重要的学科。色彩在客观上是对人们的一种刺激和象征，在主观上又是一种反应与行为。色彩心理透过视觉开始，从知觉、感情到记忆、思想、意志、象征，其反应与变化是极为复杂的。色彩的应用是由对色彩的经验积累而变成对色彩的心理规范。

波长长的红光和橙、黄色光有暖和感；波长短的紫色光、蓝色光、绿色光有寒冷的感觉。但这种冷暖感觉，不是物理上的真实温度，而是人们的色彩知觉心理。

色彩的冷暖色系具有明显的知觉心理。冷色与暖色除了在温度上带给人不同的感觉外，还会带来其他的一些心理感受，比如重量感，湿度感等。暖色偏重，冷色偏轻；暖色有密度强的感觉，冷色有稀薄的感觉；冷色的透明感强，暖色则透明感较弱；冷色显得湿润，暖色显得干燥；冷色比较遥远，暖色则有迫近感。

色彩的明度与纯度也会引起人们对色彩物理印象的错觉。比如颜色的重量感主要取决于色彩的明度：暗色给人以重的感觉，明色给人以轻的感觉。纯度与明度的变化给人以色彩软硬的印象：淡的亮色使人觉得柔软，暗的纯色则有强硬的感觉。

在色彩心理学研究中有关于色彩的感性研究：比如黑色象征权威、高雅、低调、执着、冷漠；白色象征纯洁、神圣、善良、信任与开放；深蓝色象征权威、保守、中规中矩与务实；天蓝象征希望、理想、独立；红色象征热情、性感、权威、自信；粉红色象征温柔、甜美、浪漫；黄色具有警告效果，象征信心、聪明、希望；淡黄色象征天真、浪漫、娇嫩；绿色象征自由和平、新鲜舒适；黄绿色象征清新、有活力、快乐；紫色象征优雅、浪漫等。

在实际的产品设计应用中，这些象征并不能准确表达出产品传达给用户的色彩心理信息。因为具体到不同用途的产品，不同色彩所赋予产品的意义会有所差别。色彩会因为赋予物的不同而引起人们不同的心理反应。因此在实践设计课题研究中，对于用户的色彩喜好调研不能很抽象地用色彩样品作为调研样本，而是应该和具体的产品结合在一起。如图 3-24 所示，红色赋予不同的产品会带给用户不同的视觉心理。在抽象色彩心理研究中，红色象征热情、性感、权威、自信；在具体设计应用中，红色手表则更多地传递出青春、运动的信息；椅子更多地传递出温馨；礼服传递出成熟、热情的信息；红色锅子透露出年轻家庭的气息；用来纳凉的电风扇则过于红火，估计在高温的时候不是太能够满足用户清凉的心理需求。

图 3–24
各类产品的同类色彩应用对比

3.2.3 造型知觉心理

美国心理学家詹姆斯·吉布森（James Jerome Gibson）于1977年最早提出“物在外观上展示给用户的视觉造型”的概念，把它称为“Affordance”。他认为人的感官不是无目的的随意感觉，而是受动机意图的指引；人们对知觉不是被动接受外界刺激，而是主动收集符合目的需要的信息。人有目的地通过感官从环境中去观察并寻找那些可以给自己的行动提供条件的信息，即提供行动的“有利造型”。这种认知思维就好比我们回到原始社会，在什么都没有的情况下，人们想要画画时就会寻找能作画的工具，比如树枝和砂地；想要休息就会去寻找可供休息的物件，比如想坐下就找个树桩、想睡觉就会找个洞穴；如果渴了就会寻找可以盛纳水的东西，无论是一片树叶或是一个贝壳等。

这个理论告诉我们，用户是从自己的行动目的出发寻找符合行动的条件的。

也就是说其实当人们想要打开抽屉，在心理上并不是在寻找我们所谓的“手柄”，而是下意识的寻找那些提供“抓握”条件的器具；当人们累了需要休息时，也不是在寻找“凳子”，而是在注意哪里有提供“坐”的条件的物件。

“Affordance”功能可供特性是独立于人的物体的属性。其知觉意向性的程度和用户的个人能力、专注程度、文化等程度、社会经验等都有关系。比如在不熟悉的环境中想要到达一个目的地，经验用户以及有相应能力的用户会下意识地寻找标识系统，通过标识系统的指引到达目的地。而没有此类能力的用户因为不知道标识系统的存在或者看不懂标识系统，就无法达成自己的意愿。

日常生活用品的设计很多沿袭了传统使用方式，并且在人们使用的过程中发展优化。也有很多物品为了开创新的使用方式而偏离了“Affordance”原则。所以在设计实践中，可以好好地反思人们到底采用什么样的使用方式，需要什么样的造型语言。图 3–25 所示为各种公

图 3-25　公共休息道具

共场所的休息道具，它们的“Affordance”到底是怎样的，还有待课题展开研究。

在设计实践中可进行的一些实验课题如下。

1. 物体表面色彩对用户使用的影响：在产品造型、材质不变的条件下，将不同的色彩作为原因变量，观察用户的选择以及使用方式。

2. 抽象色彩与具体应用色彩在用户色彩知觉心理上的差别测试。

3. 人们希望用于短暂休息物件的“Affordance”造型：在材质、色彩、大小等其他因素不变的情况下，把造型作为可控制的原因变量。制作各种造型的道具放置在公交车候车亭，观察、记录候车者的选择。或者在室内实验，让实验参与者选择自己直觉最想要的供短暂休息时倚靠的道具。

4. 儿童对于抛掷玩具的“Affordance”造型；在材质、色彩、大小等其他因素不变的情况下，把造型作为可控制的原因变量。制作各种造型的道具，给小朋友设定“扔”等不同任务，观察小朋友的选择及使用方式。

5. 生活中各类“Affordance”造型研究：比如门厅雨伞搁置架“Affordance”造型等。

3.3　知觉限制原则

在设计实践中，根据能力程度不同的用户需求，在设计上采用限制原则来增强产品的可用性。限制原则就是将产品的安装、使用功能用唯一性原则来自然引导用户的操作。比如：螺栓的直径和孔深限定了匹配操作选择；螺帽和垫圈的特定大小决定要搭配的螺栓和螺钉等。换句话说，也就是不给用户过多的选择，唯一可选择即最佳选择。用户在这种被迫式的引导下顺利达成个人的需求目的。

限制原则主要可以从下面几个方面来思考。

3.3.1　物理量和化学量知觉的能力限制

涉及诸如时间、长度（距离、深度、宽度）、角度、位置坐标、速度、加速度、质量、重量、面积、体积、温度、硬度、电压、电阻、亮度、色调、频率、响度、强度等物理量以及化学量的问题时，人们的认知能力是有一定限度的，因此在设计时要根据人们生理的适应度来衡量。

3.3.2　知觉习惯限制

人们的知觉习惯会因为生理条件不同、文化背景不同而有很大差异。针对这些不同知觉习惯的用户群，要展开实验获知具体参数。知觉习惯限制设计也可以理解为对某知觉习惯限制的同时，对其他知觉习惯进行拓展。尤其针对某些知觉通道缺失的人群来说很重要。比如盲校的建筑设计：因为盲童缺失视知觉，因此在听觉、触觉和嗅觉方面会有比常人更优势的补偿。因此盲校建筑走廊基本以回廊方式设计。一般设计得不宽敞，并在走廊两侧都有一些特征性标识。这是因为基于他们视知觉习惯上的弱点进行一些方面的限制，同时在触知觉习惯上进行拓展，便于他们以建筑墙为标志建立空间记忆。这个记忆不是通过视知觉而是通过触知觉完成。图 3–26 是浙江省盲校校园建筑，图 3–27 是武汉盲校校内走廊。

3.3.3　物理结构限制因素

物理结构限制因素就是将可能的操作方法限定在一定范围内，用户不需要经过专业培训，利用这种限制可以进行正确的操作。图 3–28 所示为组装家具或拼装玩具，给用户提供唯一可选择的组装接口；台式电脑后面板接口的设计也遵循物理结构限制原则，接口具有唯一可

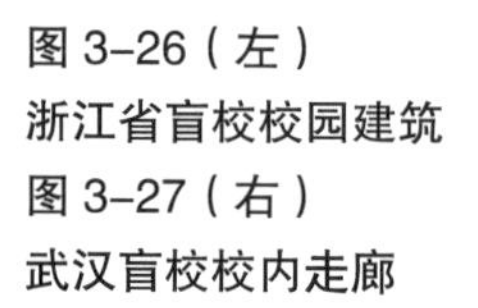

图 3–26（左）
浙江省盲校校园建筑
图 3–27（右）
武汉盲校校内走廊

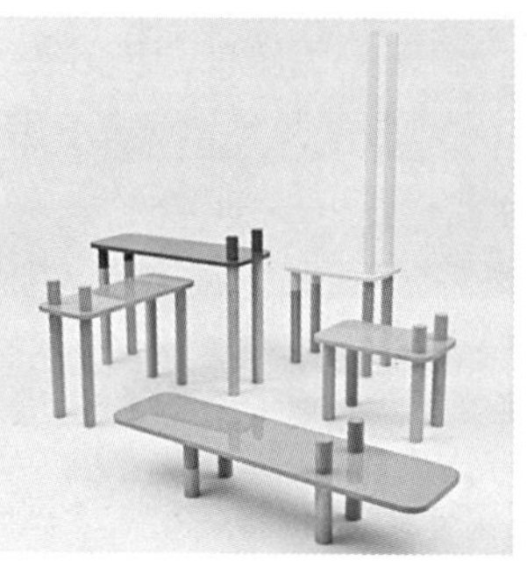

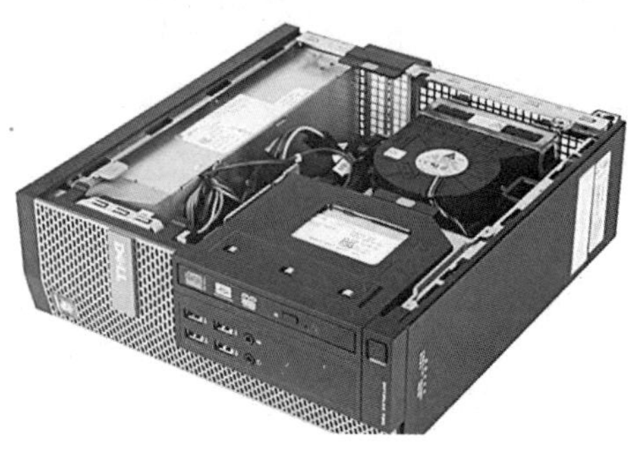

图 3–28
组装家具或拼装玩具（左）
台式电脑后面板接口（右）

选择性，就算用户没有经过专业的培训，在进行一些简单的组装时，也能够顺利完成。

图 3–29
烟灰缸缺口的设计

3.3.4 语意限制因素

这里阐述的语意限制原则是指在形态语言基础上利用某种特定的含义来限定可能的操作方法。这种限制依靠我们对现实情况和外部世界的理解，可以提供非常有效而且重要的操作线索。如图 3–29 所示的烟灰缸，几个规则的缺口和香烟的直径相仿，当需要搁置香烟时，这种缺口的语意会让人们很自然地把香烟放过去。如图 3–30 所示的勺子在末端的一个弯钩设计，这种语意设计很自然地让用户在使用结束后会将其挂起来。

图 3–30
勺子末端的弯钩设计

3.3.5 文化限制因素

用已被人们接受的文化惯例来作为限定物品的操作方法。世界上每个民族、每个国家都有自己独特的文化，民族文化是民族身份的重要标志。文化是一个非常广泛的概念。文化是一种社会现象，是人们长期创造形成的产物，同时又是一种历史现象，是社会历史的积淀物。文化是指一个国家或民族的历史、地理、风土人情、传统习俗、生活方式、文学艺术、行为规范、思维方式、价值观念等。

具体地说，文化包括衣、食、住、行、娱几个方面的规范准则，如餐饮文化、服装文化、建筑文化、工艺品文化、艺术文化等。文化包含诸如春节回家看望父母、给小孩红包等人际关系的遵循原则；养金鱼、养盆栽、修水利等人与自然关系的准则；中医对人体、动植物、矿物药的认知准则；占星、观天象、算卦等认知自然界的准则；中国人喜欢用文字进行信息处理，而西方人喜欢用图像和结构进行信息处理的思维准则等。

每个国家或民族特有的文化提供了指导他们行动的准则价值观念。在现实中，如果不了解特定的文化而展开设计，可能会遭遇尴尬。比如一家美国公司为了表示对环境的关注和友好，作为形象宣传将绿色棒球帽作为礼品分发给消费者。这一做法在美国促销时颇有成效。但这家公司以同样的方式在中国台湾促销时，却遭遇了失败。因为对台湾人来说，带绿色的帽子意味着妻子或丈夫的不忠。这家公司不但没有实现促销的目的，还失去了一些可能的贸易机会。

对不同文化的禁忌保持足够的文化敏感性，并相应地调整设计策略很重要：印度人视牛为神，美国麦当劳公司根据这一文化禁忌，在印度仅销售鸡、鱼和蔬菜汉堡包，而不供应牛肉汉堡包，同样取得了良好的业绩；在马尼拉，人们常常将紫色与死亡相联系；在日本白色用于哀悼，所以在色彩运用上要避开这些忌讳；在泰国与人谈判双腿交叉或者鞋底对着对方都是极不礼貌的；在科威特等阿拉伯国家谈判时，拒绝对方提供的咖啡会影响生意的成交。

了解这些普遍的社会文化，并在产品设计中应用得当，就非但不会发生不必要的尴尬，而且能让人眼前一亮。比如在我国的螃蟹文化中，用餐时服务员会端上一大碗“菊花汤”、“茶叶汤”或“香菜汤”用来洗手，因为香菜和茶叶水可以去螃蟹的腥气。如果人们不了解这种文化，就会以为这是一道可饮用的汤水而造成难堪的局面。如果在盛放汤水的器具设计上作一些限制，限制人们将其当作一道汤去饮用，那就是一个很好的文化限制设计。

3.3.6 逻辑限制因素

自然匹配应用就是逻辑限制因素。自然匹配是指利用物理环境类比和文化标准理念，用户一看就明白产品的使用方式。例如控制器上移物体也上移，一排灯开关排序和灯的排序一致。很多自然匹配是根据人的感知原理对控制器和信息反馈进行分组和分类。物品组成部分与其受影响事物之间没有物理或者文化准则可言，而是存在着空间或者功能上的逻辑关系。如图 3–31 所示六炉头灶具的设计，对于开关和炉头到底是怎样的匹配关系，用户一定存在很多疑惑。

在设计实践中可进行的一些实验课题如下。

1. 物理结构限制对于用户操作的影响：在其他因素不变的条件下，制作两套组装道具，其中一套进行物理结构限制，交给能力相同的两组人完成组装任务，以完成时间作为结果参考数据。

2. 不同的知觉习惯限制测试：选择不同文化背景的实验参与者，设定相同任务来考察记录他们不同的知觉习惯。可以进行长期的实验积累，得出一个不同文化背景下不同知觉习惯数据库。

3. 逻辑限制因素对于用户操作的影响：在其他因素不变的条件下，制作两套道具，对其中一套进行逻辑限制，交给能力相同的两组人完成任务，以完成时间作为结果参考数据。

4. 针对不同课题对不同的产品展开限制因素调研。

图 3–31
六炉头灶具的开关和炉头的匹配关系

3.4 知觉预料与期待心理

知觉预料是指用户在长期生活中积累了大量的行动经验，在进行一项任务时会根据以往的经验来判断可以展开哪些行为，下一步将会出现什么状况，每一步行动会产生什么样的后果，每一步操作要注意什么等心理活动。这些经验用户对于行动会有预料和期待，这就是知觉的预料和期待心理。满足用户的知觉预料、了解用户的期待心理可以从以下几个方面入手。

3.4.1 产品、设计师、用户使用心理模型

产品、设计师、用户三者之间是一个相互联系的系统。产品由设计师设计，由用户使用。产品自身的工作原理、设计师对产品的理解心理、用户的实际操作使用这三者之间形成一个关联的体系。设计师在这个体系中成为一个关键的核心。设计师首先必须充分了解产品的工作原理，然后经过大量的用户调查对用户的操作有一个系统的了解，最后设计师建立该产品的最终产品模型。这个最终产品模型是既和用户的行动经验匹配，又符合产品工作原理的一种设计心理模型，如图 3–32 所示。

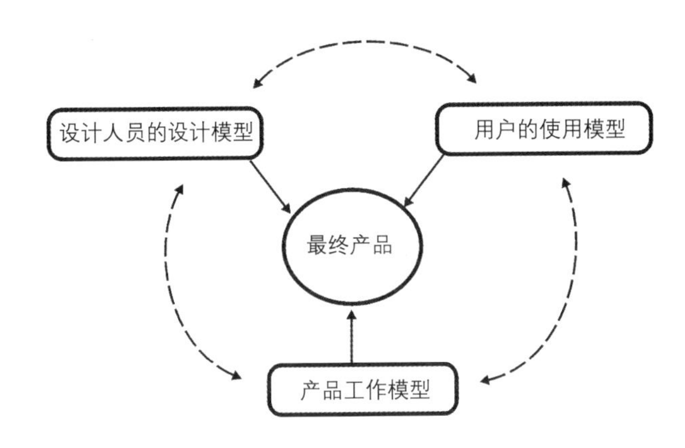

图 3–32
产品、设计师、用户使用心理匹配模型

3.4.2 信息反馈

信息反馈是指由控制系统把信息输送出去，又把其作用结果返送回来并对信息的再输出发生影响，起到制约作用，以达到预定的目的。在产品操作中是指用户进行了一个动作或命令，产品相应地产生的反应。比如，按一个按钮，显示灯亮了；再按，显示灯灭了。这就是操作的信息反馈。产品设计中的信息反馈，能够帮助用户判断他们的知觉预料和预期心理的正确性。

图 3-33　驾驶舱信息反馈系统

图 3-34　驾驶员能够感知到操作的正确性

图 3-35　微波炉门一般用透明材料制作

信息反馈可以通过视觉信息和听觉信息来完成。

声音可以提供有用的反馈信息。声音信息反馈在设计中是很重要的一种手段，比如洗衣机、微波炉等机器工作结束后的提示声，车门锁好的声音，相机工作的“咔嚓”声等都是一种反馈信息。声音可以告诉我们看不见的东西：可以提示物体的材料、内部结构；可以判断是否有撞击、滑动、破裂、撕开等状况发生。

信息反馈具有针对性、及时性和连续性的特点。信息反馈必须真实，尽量缩短反馈时间，并且要广泛全面、多信息、多渠道反馈。如图 3-33，驾驶舱内的仪表盘作为信息反馈媒介将信息反馈给用户。在电子信息产品的界面交互设计中，信息的反馈设计显得尤为重要。

3.4.3　结果感知

在无法通过视觉感知的机器操作中，通过让用户在操作过程中感知平衡、安全、可控性等因素得到反馈信息。比如在汽车驾驶过程中，不可能通过观察来获得反馈，大多数情况下驾驶员能够感知到操作的正确性，比如脚踩刹车，能够感知到刹车片的弹性，身体能够感知到汽车在减速。如果没有这些感知，驾驶员会作出刹车出故障的判断，如图 3-34 所示。

电脑在运行时发出一些轻微的噪声、有指示灯闪烁表明电脑工作在正常进行；如图 3-35 所示微波炉在工作运行的时候有时间显示，而且微波炉的门一般用透明材料制作，用户能够很清楚地看到里面的食物的状况，对于自己操作结果的预期有一个判断的依据。

这种感知是建立在经验用户基础之上对“行动”与“结果”的感知：什么样的操作会导致什么样的结果；行为程度与结果的关系是什么；曾经有过的失败的负面经验等信息。

在设计实践中可进行的一些实验课题如下。

1. 了解用户对某类产品的知觉预料与期待心理是什么。

2. 信息反馈对用户操作的影响：实验参与者进行两组仪器的操作。其中一组有信息反馈提示，另外一组没有信息反馈提示。

3.5 含义与理解

除了上述的一些认知因素，在产品设计中还有一个很重要的和用户进行沟通的媒介，那就是标识。标识是指被设计成文字或图形的用来传递信息或吸引注意力的符号。用户使用家用电器、机床、遥控器等工具时，通过按键或语音信息进行操作。按钮上一般有各种符号向用户传递相关信息。生活中，我们被无处不在的符号包围。

符号有很多类型，具体如下所示。

3.5.1 Icon

Icon 指写实的符号，与表达对象相似，勾勒出最重要的反映特征含义的轮廓，可以是简笔画、白描、图形符号或是示意图。一般用户根据自己的生活经验都可以很轻松地识别出这些 Icon 的含义。如图 3–36 所示。

图 3–36 Icon

3.5.2 Sign

Sign 是比写实图画更加抽象的语言符号或数学、物理、化学符号，也指所有符号的总称。经过一定的学习训练，用户能够识别这些 Sign。如图 3–37 所示。

3.5.3 Symbol

Symbol 用写实对象或者图形表示，但是这些图形的含义要经过解释，它可以表达实体对象、概念、价值、宇宙观等，比如太极图的含义、国旗的含义等。如图 3–38 所示。

图 3–37　Sign

图 3–38　Symbol

图 3–39　Index

3.5.4　Index

Index 索引指示用来提示或指示，比如指示牌、路标牌、书本后面的关键词索引等。如图 3–39 所示。

图 3-40　Signal（左）
图 3-41　Allegory（右）

3.5.5　Signal

Signal 指信号，如交通信号灯、机器设备信号等。如图 3-40 所示。

3.5.6　Allegory

Allegory 指带有寓意的一些符号，如图腾、纹样等。如图 3-41 所示。

上述符号有些是按照国家或国际惯例通用、不能随意篡改的，比如信号、国旗等。而很多图标、标志是需要设计的。因此我们也经常会遇到一些这样的状况：当使用某产品时，对着上面的一堆图标符号发呆，不知道到底代表什么意思。如图 3-42 所示是我们常见的电视遥控器，上面有各种功能的按键，按键上有各种功能指示符号。对于这些符号，真正使用的时候有多少用户是理解的？图 3-43 所示为大众车电子锁三个简单直观的图形符号，一看就能明白上锁、开后备厢、开锁三种含义。

为了能够设计让用户明白的图标，就要了解用户在进行一项任务操作时的思维和行动过程。这个过程可以理解为：

1. 确定任务，在机器上寻找符合自己行动思维的操作符号。

2. 执行这个操作并观察反馈信息。

3. 用户根据反馈信息进行判断，如果没有得到心理预期结果，则会重新返回第一步；如果结果达到目的，则结束操作。

也就是说，用户在需要符号来引导行动操作的任务中，寻找符号是行动的第一步。因此符号的可视与可识别是行动成功与否的关

图 3-42（左）
电视遥控器上的功能指示符号
图 3-43（右）
大众车电子锁的三个图形符号

键步骤。

设计的符号代表了什么含义，用户是怎样理解的，这是设计师需要解决的问题。只有当“设计的符号含义 = 用户的理解”时，符号才有意义。

在编者住所附近有一个大型综合性购物广场。广场的设计、布局都很豪华，吸引了大量的居民都逗留。但是广场的标识系统出现了非常大的错误。对于非经验用户，都会不同程度地迷失在车库，根本找不到自己的车。广场的标识系统如图 3–44 所示，是电梯口的楼层整体排布示意图。在这张示意图中，BM 后面标注的是“下沉式广场”，但在顶端处写着“你所在位置是地下夹层”。图 3–45 所示是走进电梯后楼层显示为：–1、A、1、2、2A、3、3A、4。和刚才在图 3–44 所示楼层指示：B1、BM、L1、L2、2M、L3、3M、L4 是完全不一样的。而电梯内顶端的液晶屏显示到达提示居然是和电梯外的标注一样，如图 3–46 所示。最后，对每一层停车库的中文叫法是不一样的。所以，人们前几次来都会忘记自己的车子到底是停在 –1 还是 BM；到底是电梯口排布示意图上写着“B1 山姆会会员店”，还是车子开进车库时你看见的地下一层停车库的标牌。直到你出错 N 次，最终才成为一个“经验用户”。

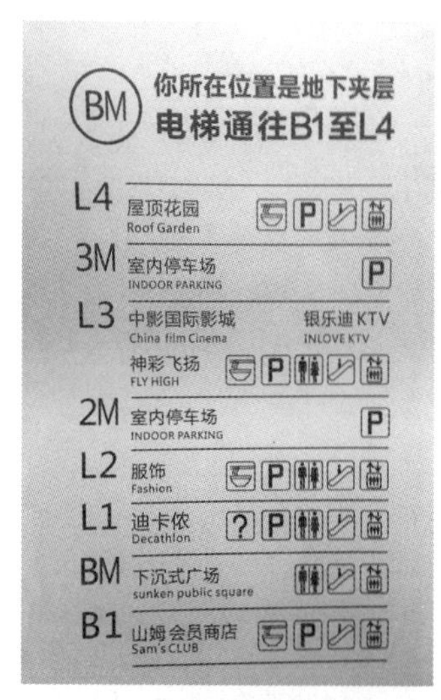

图 3–44　楼层整体排布示意图

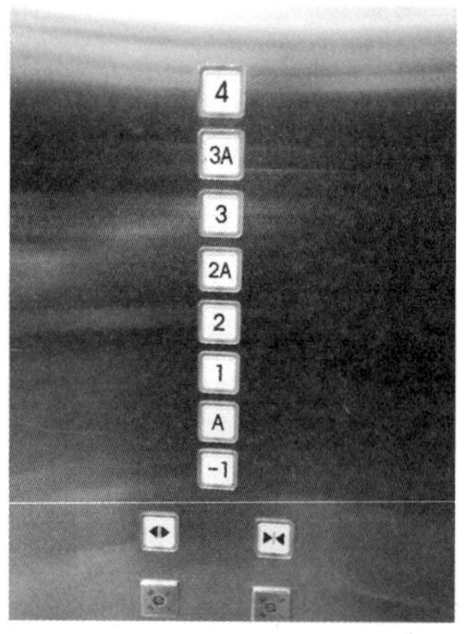

图 3–45　走进电梯后的楼层显示

图 3–46　电梯内顶端的液晶屏显示

怎样做才能使设计的图标和用户的理解尽可能地吻合？这需要设计师经过大量深入的用户调查和分析去了解用户的“理解”。一般来说，可以进行下面一些工作：

1. 进行深入细致的用户调查，将设计的操作命令和标有符号的操作面板给用户尝试使用；

2. 注意用户操作出错的命令和符号，做好记录并观察和询问他们当时的思维过程和理解方式；

3. 不凭借设计师个人的想象和爱好生造图标；

4. 理解一些隐含操作的表达方式；

5. 理解用户的文化差异和能力差异。

在设计实践中可进行的一些实验课题如下。

1. 根据具体设计课题，对需要设计的图标进行整理，并由此展开用户调查：用户对这些任务的理解，对此类符号的理解。

2. 根据产品设计一些图标进行用户实验，观察、记录用户的操作过程：分析出错原因，了解思维过程和理解方式。

3. 找出自己在生活中认为设计合理和不合理的图标，进行分类整理并作出分析。

3.6　记忆与注意心理

3.6.1　记忆心理

记忆是人类心智活动的一种，属于心理学或脑部科学的范畴。记忆代表着一个人对过去活动、感受、经验的印象累积。记忆是认知的一个重要组成部分。

人们的记忆包含两个必需的步骤：第一步是“记”，也就是储备信息内容的过程，是将内心集结的信息资料以某种格式保存在记忆的仓库里；第二步是“忆”，也就是使用信息资料的过程，是自我在内心通过回忆来重温过去的感觉。

记忆的对象不仅是有知识信息的实在内容，还有感性的情感内容。

记忆作为一种基本的心理过程，是和其他心理活动密切联系的。在知觉中，人的过去经验有重要的作用，没有记忆的参与，人就不能分辨和确认周围的事物；在解决复杂问题时，由记忆提供的知识经验，起着重大的作用；人们要发展动作机能，如行走、奔跑和各种劳动机能，就是必须保存动作的经验；人们要发展语言和思维，也必须保存词和概念；记忆联结着人的心理活动，是人们学习、工作和生活的基本机能。图 3-47 所示为大脑记忆区。

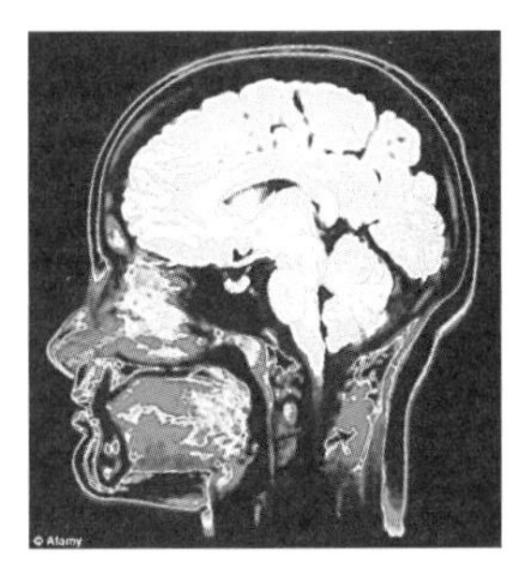

图 3-47　大脑记忆区

记忆不像感知觉那样反映当前作用于感觉器官的事物，而是对过去经验的反映。

用户使用产品也是一个记忆的过程，尤其在一些较复杂的界面操作任务中。用户的记忆能力是操作顺利与否的关键。在人性化的设计中，应该尽量减少记忆负荷、减少学习记忆操作的要求。如：过去 UNIX 系统采用 MS-DOS 操作，要求用户必须记住命令，在操作中对那个命令进行回忆。因此造成计算机使用和普及的极大困难。而现在的 Windows 系统在屏幕上用菜单显示操作命令，把“回忆命令”改成“识别命令”，大大减低对用户记忆的要求，减少用户的记忆负荷。图 3-48 为 UNIX 操作界面，图 3-49 为 Windows8 操作界面。

图 3-48　UNIX 操作界面

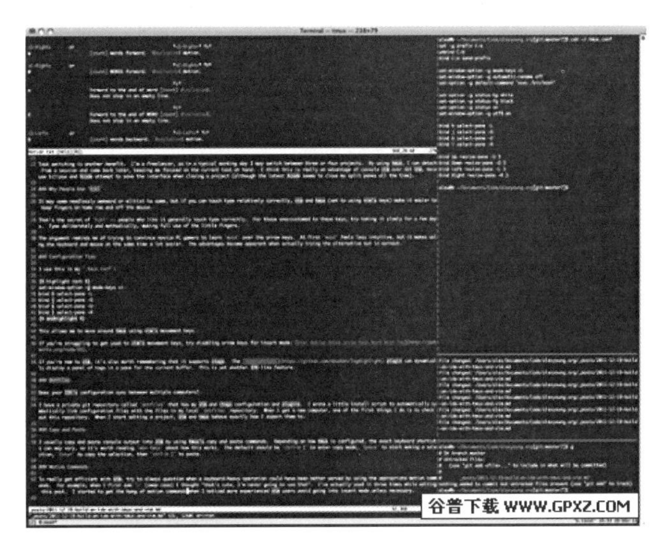

针对不同记忆能力的用户，在设计上可以有差异。比如手机设计中，针对一般用户可以有很多的功能选择。但针对老年群体，就应该减少功能、减

图 3–49
Windows8 操作界面

少页面跳转等，减少他们的记忆负荷。在很多日用电器的设计上，用户往往也不愿意花太多时间去学习，不愿意把记忆放在这些地方，因此太多的功能选择以及太复杂的操作方式对他们来说也是一种记忆负担。如图 3–50 所示，如此复杂的操作功能选择按钮，一般来说用户在使用过程中很少会全部用上，基本上是选择一些常用的，其他的功能基本是浪费的。

在设计实践中可进行的实验课题包括：针对特定产品，对用户的操作进行观察和记录，进行记忆负荷测试。

3.6.2 注意心理

注意是有选择地加工某些刺激而忽视其他刺激的倾向。它是人的感觉（视觉、听觉、味觉等）和知觉（意识、思维等）同时对一定对象的选择指向和集中，是对精神的控制支配、意识的聚焦或专注，以便有效处理其他事情的一种心理活动。注意伴随感知觉、记忆、思维、想象等心理特征。

注意有两个基本特征。一是指向性，是指心理活动有选择地反映一些现象而离开其余对象。指向性表现为对出现在同一时间的许多刺

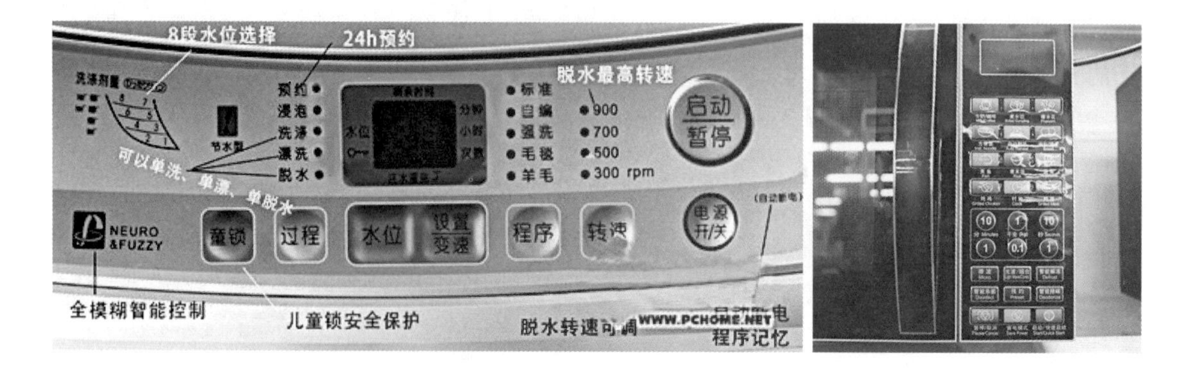

图 3–50
家用电器操作面板

激的选择。二是集中性，是指心理活动停留在被选择对象上的强度。集中性表现为对干扰刺激的抑制。它的产生及其范围、持续时间取决于外部刺激的特点和人的主观因素。

人的行动有四种形式的注意，在产品设计时都会要求用户使用其中一种或几种。

3.6.2.1 选择注意

是指在嘈杂、复杂环境或者大量信息同时显示时，人们会下意识地进行选择注意，只注意当前情况下最危急、最急迫、最需要的那件事情。通常我们所说的都是选择性注意。

人在注意着什么的时候，总是在感知着、记忆着、思考着、想象着或体验着什么。人在同一时间内不能感知很多对象，只能感知环境中的少数对象。而要获得对事物的清晰、深刻和完整的反映，就需要使心理活动有选择地指向有关的对象。人在清醒的时候，每一瞬间总是注意着某种事物。通常所谓“没有注意”，只不过是对当前所应当指向的事物没有注意，而注意了其他无关的事物。

很多产品在使用过程中，用户因为发现了一些问题而急于解决当下的问题，因此选择性注意就忽略了其他很多问题：比如在煎药的时候因为汤药溢出来把火扑灭了，这时候一般人会急着把药罐的盖子掀起，甚至是把整个药罐拿起来，而忘记了药罐的温度，因此发生烫伤事故。因此在设计的时候应该设法把这些会被忽视的因素突出表现出来或者是采取强迫性功能。比如通往地下室的门用内拉开方式的栏杆围住，这样在遇到火灾等紧急状况时，人们冲到这里不会盲目往下走下去。如图 3–51 所示。

3.6.2.2 聚焦注意

是指全部注意力聚焦在一个事物或过程上。比如：用显微镜进行实验观察；医生给病人做超声波检查等。这时候用户的注意力聚焦在所观察的事物上，所以在使用上一般都是辅助性的简单操作。这种产品通常是由经过训练的专业人员使用。图 3–52 为显微镜观察。

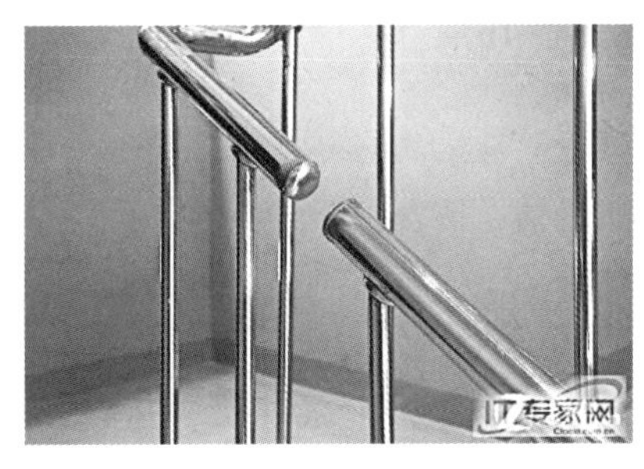

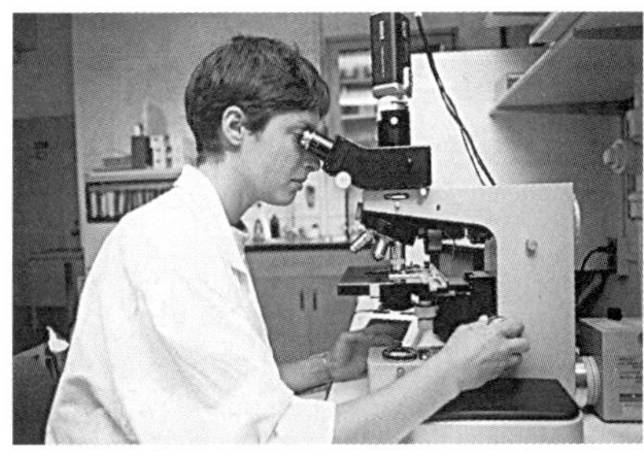

图 3–51（左）
地下室内拉式栏杆
图 3–52（右）
显微镜观察

3.6.2.3　分割注意

是指用户要分别注意两个或两个以上的事物。中国唐代画家张操可以双管齐下：一手画青翠葱郁的活松，另一手画萎谢凋零的枯松；法国心理学家拨朗可以一面向听众朗诵一首诗，另一面又在写另一首诗;在生活中人们经常一边打电话一边做饭，或者一边开车一边聊天等。有些事情比如打电话、聊天、开车、做饭都是人们非常熟悉的，不需要太多思考就能够熟练操作。但在遇到需要大脑思考的问题时往往就无法完成。比如当你一边开车一边聊天，遇到一个需要思考的问题时，你可能就不能很好地开车。也许你会忽略红绿灯，也许你会选错道路。最后，只能选择停下车来专心讲话。所以，使分割注意顺利进行是有条件的。

- 人对活动的熟练程度：同时进行的几项活动中，如果只有一项是不大熟悉的，这一项不大熟悉的活动可以集中多的注意去对付它，使之成为注意的中心，其余的活动所要完成的动作由于比较熟练或者已经达到自动化的程度，只要稍加留意或使之处于注意的边缘。这样分割注意是可能的。

- 活动本身的性质和特点：如果同时进行几项活动的性质和内容有密切的联系，或者通过训练可以把各项活动的动作组合成一个整体的操作系统，那么注意的分配也就可以顺利进行。例如驾驶汽车时手和脚的复杂动作，在经过训练形成一定的动作系统之后，则不需要特别地努力，就能很好地分配注意完成驾驶的任务。

- 分配注意的技巧：同时进行几项活动的动作，如果巧妙地迅速更替进行，那么注意的分配就能顺利实现。例如弹奏钢琴时，眼睛在曲谱、音键和手指之间迅速地来回移动，经过一段时间的训练，掌握了注意分配的技巧之后，便可以加快弹奏速度、应付自如了。

分割注意的要求是必须两件事情尽可能减少思维过程、减少对操作的要求。在设计中会把很多家用电器按照减少思维过程、减少操作要求、符合用户动作特征和思维特征、形成自然操作的一些原则进行设计。比如开水壶、微波炉、洗衣机借助声音提示来减少用户思维；冰箱门、消毒柜门等设计成单手操作模式，或者是用身体任何部位都可开合的模式。这些设计特征都比较符合用户的分割注意需求。图3–53所示为威廉王子一边踢球，一边打电话。

3.6.2.4　持续注意

持续注意指长时间、无休息地探测、监视或警觉。比如航空、地铁、电厂等监测人员的工作是进行持续注意。他们要长时间观测屏幕，观察发生了什么状况。这样的工作千年如一日，非常单调。再加上一般情况下不会频繁地发生事故，因此工作人员一方面会因为枯燥而麻木，

图 3-53（左）
威廉王子一边踢球一边打电话
图 3-54（右）
航空港监测设备

另一方面会因为安全而麻痹。所以在机器设备的设计上一定要借助闪动、震动、声音等来作一些提醒辅助。图 3-54 所示为航空港监测设备。

设计时应该把注意当作一个综合心理因素，把减少用户对注意的要求放在首要位置。让用户能够有目的地选择信息、专心于自己要完成的任务。

针对用户的记忆和注意认知，可以从下面几个方面进行设计上的参考。

1. 减少知觉负荷：外观的曲线、形式、符号、文字、结构和色调应该满足用户在操作中的信息提示需求；了解用户关注什么信息；用户视觉每次可以获取多少信息；用户在什么时候注意什么信息。突出用户的目的，减少知觉注意的负荷。

2. 减少思维负荷：使用任何产品对于用户来说都只是完成行动的一个工具、一种方法、一种途径，而不是目的。因此，必须减少使用过程的思维负荷。

3. 减少动作能力要求：减少对动作复杂度、动作负荷、动作速度和精度的要求。

4. 简化操作过程：操作时间越长、越复杂，需要记忆的东西就越多，对注意的要求就越高。

在设计实践中可进行的实验课题包括：针对特定产品，对用户的操作进行观察和记录，进行注意测试。

很多好的产品都是满足多条认知原则而进行的设计。如图 3-55 所示为设计作品 V-lock。设计的目的是解决开门时钥匙对准钥匙孔的问题。从物理结构限制原则上讲，设计借鉴了银行刷卡机 V 形槽的刷卡方式：V 形槽的物理结构让钥匙自然流入槽中，迅速对准钥匙孔。即使在黑暗中或者视线不好的时候也能方便快捷地开锁。从语意设计原则来说，V-lock 的 V 形槽设计让人非常自然地产生钥匙从这里流入的联想。从可视性设计原则来说，V-lock 的 V 形槽操作结构一目了然。该作品因此获得 iF concept award 设计全球前十名大奖（图 3-55 由设

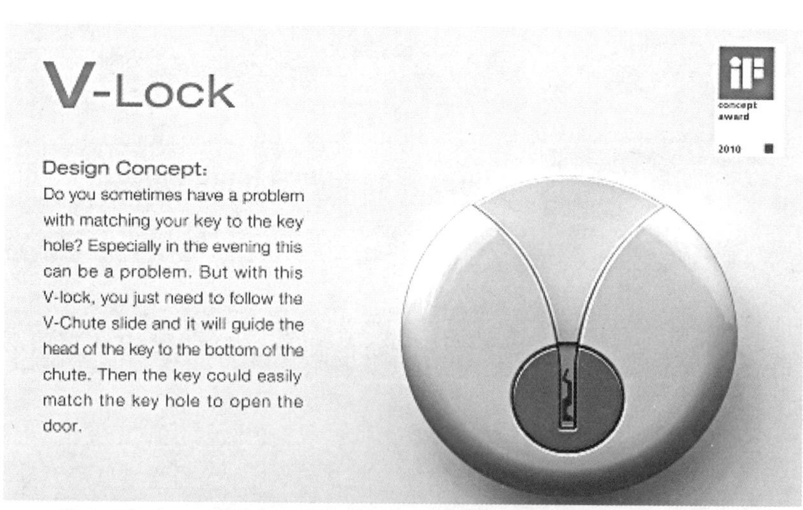

图 3–55　V–lock

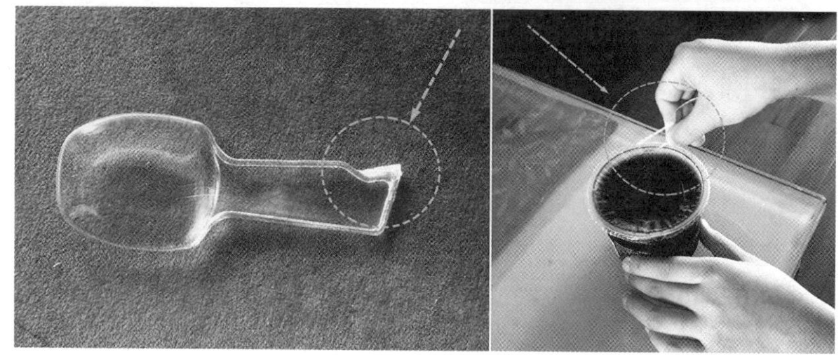

图 3–56　龟苓膏小勺

计者章俊杰、黄逸霖提供）。

图 3–56 所示为一种龟苓膏包装内附带的小勺子设计。勺子末端做了一个小小的尖尖角设计。无论是从语意角度，还是物理结构角度，人们马上就能够明白这是用来刮开龟苓膏覆盖膜的。

而有一些设计因为在用户使用认知心理特征方面考虑稍有欠缺，因此在实际使用中用户总会遇到一些问题。图 3–57 所示为一家餐饮店的洗手间设计。中间的洗手台非常的富丽堂皇。可是笔者进行了一个简单的观察和调查后发现，第一次来这里的客人中有 90% 的人都遇到过困惑：水从哪里来？其中 20% 左右的人能够经过自己的摸索找到开关；其他的人就需要靠工作人员或其他经验用户的帮助。其实这个水源的开关是感应式的，感应开关在如图 3–58 所示的箭头所指处。首先，这个感应开关不明显，也就是操作键的可视性很差；再者，开关的可识别性不强，没有相关的结构、标识或者其他的提示，让用户知道这是一个感应开关；最后，违背用户对于感应水龙头的使用习惯。近几年感应水龙头在公共场所应用颇多，很多用户已经了解感应水龙头，不过从使用习惯上来说都是手直接放在水龙头下就可以感应出水成功。而这个感应器和出水口在不同的位置，当然会迷惑不少人。

图 3–57（左）
一家餐饮店的洗手间设计
图 3–58（右）
水源的感应开关位置

设计只需要做一点点改进就会变得很贴心，关键是设计师有这个心，能够思考到这个层面的问题。这就是设计心理学的迷人之处！

用户的知觉远比理论分析复杂，设计师要想方设法了解：用户的知觉需要什么信息；怎样发现和识别操作方式；怎样进行操作；怎样评价每一步操作动作是否正确完成；怎样发现操作错误；怎样纠正错误；怎样开始下一步的操作；在紧急情况下，他们有怎样的行为；怎样评价行动结果；如何提供适当的知觉和操作条件。

但认知因素不是一成不变的，因此要了解认知的非理性因素。

1. 人知觉特性的非理性：必须了解每一种产品用户操作的感知过程、用户的感知需要、感知时间、感知方法、感知与思维及动作的协调性。

2. 人的思维方式不同：每一个人在具体事情上都有自己的思维倾向、思维方式、思维经验，并且都有自己的认知风格和独特的因果推理经验。

3. 人们建立概念的方式不同：每个人对概念的理解可能不尽相同。

4. 不存在“标准知觉”。

5. 不存在唯一知觉标准参数。

6. 不存在唯一标准的知觉理解。

4

第四章　用户的情感心理

【学习目的与要求】

本章从用户的审美观念、价值观念、生活方式、文化、习惯、环境、兴趣、社会期待、信仰、愿望等几个方面来阐述影响用户情感的心理因素。在实践设计应用中,通过分析用户的这些因素来发现用户的情感需求,从而为设计提供依据。通过本章的学习了解用户情感分析的方法。

情感是人对客观事物是否满足自己需要而产生的态度体验。

心理学把情感定义为："情感是人对客观现实的一种特殊反映形式,是人对客观事物是否符合自身需要而产生的态度体验"。从这个定义可以了解到：情感是一种主观体验、主观态度或主观反映。属于主观意识范畴，不属于客观存在范畴。这实际上是一个价值判断问题。符合人的需要是事物的价值特性，是一种客观存在。"态度"和"体验"是人对事物的价值特性的认识方式或反映方式。

辩证唯物主义认为任何主观意识都是人对客观存在的反映。情感是一种特殊的主观意识，也对应着某种特殊的客观存在。心理学实验的目的就是找到这种特殊的客观存在。这个客观存在是原因变量，对应的效应变量是人的情绪。也就是说这种客观存在影响了人的情绪。在设计心理学中，我们就是要通过实验来找到形态、色彩、材料、反馈信息、认知信息等客观存在的因素，找到它们和人的情感之间的因果关系。

情绪和情感都是人对客观事物所持的态度体验。情感是指对行为目标结果的生理评价反应，而情绪是指对行为过程的生理评价反应。

根据价值的正负变化方向的不同，情感可分为正向情感与负向情感。正向情感是人对正向价值的增加或负向价值的减少所产生的情感，如愉快、信任、感激、庆幸等；负向情感是人对正向价值的减少或负向价值的增加所产生的情感，如厌恶、痛苦、鄙视、仇恨、嫉妒等。

用户在使用产品时对产品表现出来的喜欢或厌恶就是设计心理学

中的情感心理，属于“人对物”的情感。

4.1 价值观念

价值观是指一个人对周围客观事物的意义及重要性的总评价和总看法。简单地说就是一个人对某些事情的认可。这种认可所形成的观念、看法或诠释的内容就是价值观。

个人的价值观一旦确立,便具有相对稳定性。但就社会和群体而言，由于人员更替和环境的变化，社会或群体的价值观念是不断变化着的。传统价值观念会不断地受到新价值观的挑战。

对事物的看法和评价在心目中的主次、轻重的排列次序，构成了价值观体系。价值观和价值观体系是决定人行为的心理基础。

情感与价值的关系是主观与客观、意识与存在的关系。价值与情感的关系问题也是价值理论和情感理论的基本问题。

情感是人对价值的主观反映，尽管这种反映总会或多或少地存在着一些偏差，甚至还会完全地颠倒。但从总体上讲，情感的变化总是以价值为基础，并围绕价值上下波动的。情感以价值为基础。情感的基本状态取决于价值的基本状态；情感的总体规模取决于价值的总体规模；情感的变化范围取决于价值的变化范围；情感的作用方式取决于价值的作用方式；情感的强度与方向取决于价值的大小与正负。价值一旦变化情感迟早要发生变化。

人对物的情感可分为对过去的留恋或厌倦；对过去完成的事情的满意或失望；对现在的愉快或痛苦以及对将来的企盼或焦虑。

用户的个人价值观念、用户群体的价值观念、社会的核心价值观念、传统价值观、新时代的价值观念等因素都是和设计息息相关的。什么样的价值体系决定了社会选择什么样的设计，什么样的个人价值观决定了用户选择什么样的产品。

以新中国成立以来社会价值观念的转变与人们对产品需求的微妙变化之间的关系为例。

1. 新中国成立初期到“文化大革命”期间（1949 ~ 1967 年），是社会价值观高度统一的时期。社会价值观是一元的革命价值观，体现的是纯粹的精神价值观。这个时候人们对于产品没有特殊的要求，以满足最基本的生活需求为目标，追求统一，比如清一色的中山装、列宁服。图 4-1 所示为不分性别、年龄的人群清一色的中山装装扮。

2.“文化大革命”时期。图 4-2 所示为“文化大革命”时期的红色热情和军装崇拜。

3. 1978 年改革开放到现在，社会价值经历迷茫、反思阶段，经

图 4-1（左）
不分性别、年龄的人群清一色的中山装装扮
图 4-2（右）
“文化大革命”时期的红色热情和军装崇拜

历了社会价值观转型与重建时期。在五千年文明的传统价值观开始复苏的同时，西方价值观念开始慢慢地渗透。这时候的社会价值观从一元到多元、从集体向个体变化发展，产品需求的特点也从一元到多元、从大众到个性化需求等发展。

（1）一元价值观向一元价值观与多元价值观并存变化：一元价值观就是价值取向是单一的、排他性的价值观，即对任何事物的判断取舍，都认为只有一种是正确和最好的，其余判断与选择皆是错误或不好的。与一元价值观相反，多元价值观提倡让人们自由选择，自主确定自己所信奉和喜爱的东西。多元化的价值观主张尊重多样化，理解不同意见，认为必须允许和习惯与自己价值观不同的人和事，甚至保卫别人自由选择、自由言说的权力。它改禁锢为自由，变单一为丰富，以一种“和而不同”的状态代替“同而不和”或强求一律的状态。与之相对应的人们对产品的需求，也逐渐由满足基本需要的单一需求向多元化的需求发展。

（2）从集体价值观向集体价值观与个体价值观并存变化：新中国成立以来整个社会奉行的是集体主义的价值观。这种价值观将整体、集体放置于个体、个人之上，或者是将两者对立起来。与中国传统价值观相对立的西方个人主义价值观强调的是人的天性、个人的尊严、自由、生命以及其他权利神圣不可侵犯。它主张以个人、个体为本位，强调个人、个体重于集体和整体。认为每个人都是独一无二的存在，集体和整体必须重视与保护个人和个体。与此相对应对产品的需求也体现了个性化的发展。图 4-3 所示为海尔生产的个性化电视。

（3）从精神价值观向精神价值观与物质价值观并存变化：物质利益是牵动人们思想和行动的敏感的神经，是客观存在的不容忽视的大问题。马克思说过：“思想一旦离开利益，就会使自己出丑。”改革开放就是从正视人们的物质利益追求开始，致力于用经济手段来调动人们的积极性和创造性。反映到现实生活中，拜金主义、奢靡主义的产品开始成为一种追求。图 4-4 所示为豪华奢靡的室内设计。图 4-5 所示为终极奢侈的 dior 奢华钻石手机。从社会层面上来说，这些产品只

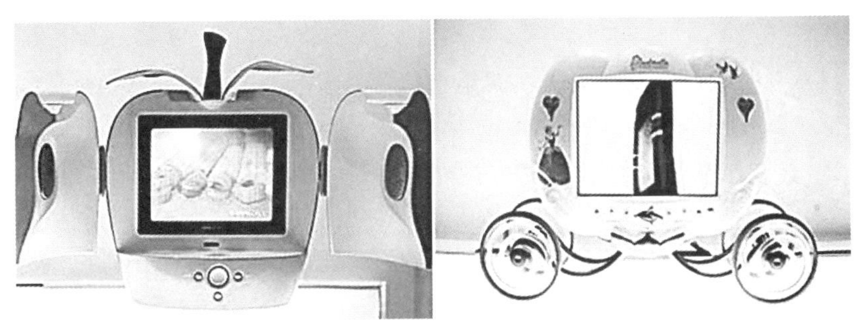

图 4-3
海尔生产的个性化电视

图 4-4（左）
豪华奢靡的室内设计
图 4-5（右）
dior 钻石手机

是一个小众的追求。

但这种追求如果超过了一定的度就违背了正常的审美准则，如图 4-6 所示的河北的一座元宝塔，赤裸裸的拜金主义，让设计情何以堪！

图 4-6　元宝塔

设计是对一切事物的规划；设计师是规划者。设计有责任和义务对这些行为进行引导和纠正。因此，设计师要有合理的审美观、正确的价值观，这有助于提高社会的整体审美观、导正社会的价值体系。

社会价值观念调研对设计策划有着重大的影响。从价值观念的调查能够了解用户对当前产品的需求，能够对新概念产品进行预测。

在设计实践中可进行的一些实验课题如下。

1. 当前社会价值观念有哪几种多元形式？它们的具体特征是什么？分别占整个社会价值观念的比例是多少？这是一项重大的研究工程，课题小组可以进行长期研究，不断补充这个数据库。

2. 针对目标用户和人群，对他们进行群体价值观念以及个人价值观念的调研。

4.2　审美观念

美是人类社会实践的产物，是人类积极生活的显现，是客观事物在人们心目中引起的愉悦的情感。

审美是一种主观的心理活动过程，是人们根据自身对事物的要求

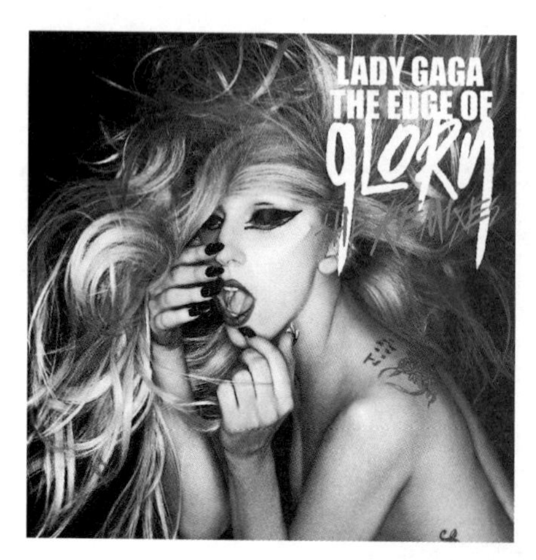

图 4-7
LADY GAGA 音乐海报

产生的对事物的看法，具有很大的偶然性。审美受制于客观因素，人们所处的时代背景会对人们的审美评判标准起到很大的影响。审美是人类掌握世界的一种特殊形式，是人与社会、自然形成的无功利、形象的、情感的关系状态。审美是审美主体对审美对象进行感受、体验、评判和再创造的心理过程。从对客体的具体形象直觉开始，经过分析、判断、体验、联想、想象，在情感上达到与主客体的融合一致。

审美观就是从审美的角度看世界，是世界观的组成部分。审美观是在人类社会实践中形成的，和政治、道德等其他意识形态有密切的关系。不同时代、不同文化和不同社会集团的人具有不同的审美观。审美观具有时代性、民族性、人类共同性。

相同一件事物，不同审美观念的人们会有不同的情绪反应和情感体验。图 4-7 所示为 LADY GAGA 音乐海报。LADY GAGA 张扬、我行我素、特立独行的个性成为许多“90 后”孩子心目中的偶像。这和年逾八十的老人的传统审美观念颇有悬殊。

审美能力是指人们认识美、评价美的能力。它包括审美感受力、判断力、想象力、创造力等。审美能力在学习、训练、实践经验、思维能力、艺术素养的基础上形成与发展，以主观爱好的形式体现出来的对客体美的认识、评价和再创造，是感性与理性、认识与创造的统一。审美能力是人类各种能力中一个重要的组成部分，具有与其他个人能力不可分割的特性。日常生活中各种各样的因素对审美能力产生着或大或小的影响。在审美能力的个体生成过程中，后天的经验对审美活动起着影响作用。个体在心理与人格发展过程中所经历的艺术创造经验与艺术欣赏经验，对于审美能力的生成以及发展方向有着特殊的意义，它能够在很大程度上左右着人们的艺术创造力，也就是审美能力。

审美观念和审美能力决定了用户对一件产品的选择。因此了解用户的个体审美能力、群体的审美观、现代的审美标准、传统的审美标准、西方审美标准、东方审美标准等都有助于把握用户的情感。

每个人的审美观念都会有差异。在产品设计实践中需要注意的是：设计师有设计师的审美，用户有用户的审美，客户有客户的审美（这里的“客户”是指委托设计师为用户设计产品的投资人）。很多时候设计师因为经过一些艺术的训练，喜欢强调个人的审美优于用户的审美，把个体的审美观念强加于用户；或者因为客户是出资人而因此把个人的审美强加于设计师和用户。无论是哪一种方式都是不正确的。正确的做法是：设计师必须有自己的审美观念，同时要承认他人的审美观念，充分理解和了解用户以及客户的审美观念，并把他们的审美观念提升到一个更高水平的审美期待，设计按照这个更高水平的审美期待来进行创新和表现，最终获得设计师、客户、用户共同认可的产品。

在设计实践中可进行的一些实验课题如下。

1. 中国传统的审美观念调查。

2. 当代的审美观念调查。

3. 西方的审美观念调查。

4. 中国传统器具的审美调研；这些审美倾向具有哪些具象的造型语言。

4.3　生活方式与习惯

生活方式是一个内容相当广泛的概念，它包括人们的衣、食、住、行、劳动工作、休息娱乐、社会交往、待人接物等，包含物质生活和精神生活的价值观、道德观、审美观，以及与这些相关的各方面内容。可以简单理解为生活方式就是在一定历史时期与社会条件下，各个民族、阶级和社会群体的生活模式。生活方式通常反映个人的情趣、爱好和价值取向、具有鲜明的时代性和民族性。

当今世界经济全球化，人们的生活方式也越来越国际化。生活方式的变化直接或间接影响着一个人的思想意识和价值观念。生活方式是通过思想意识与心理结构形成的影响着一个人行为方式和对社会的态度，反映了一个人的价值观念。

一定社会的生产方式决定了该社会生活方式的本质特征。生产力发展水平对生活方式具有决定性的影响，而且对生活方式的特定形式产生直接影响。不同的地理环境、文化传统、政治法律、思想意识、社会心理等多种因素也从不同方面影响着生活方式的具体特征。如居住在不同气候、山川、地貌等地理环境中的居民，其生活方式就具有不同的风格、习性和特点；一个民族在长期发展中形成独特的文化背景，所以其生活方式呈现出丰富多彩的民族特色。对某一社会中不同的群体和个人来说，影响生活方式形成的因素有宏观社会环境，也有直接生活于其中的微观社会环境。人们的具体劳动条件、经济收入、消费水平、家庭结构、人际关系、教育程度、闲暇时间占有量、住宅和社会服务等条件的差别，使同一社会中不同的阶级、阶层、职业群体以及个人的生活方式形成明显的差异。

个人生活方式从心理特征、价值取向、交往关系及个人与社会的关系等角度可分为：内向型生活方式和外向型生活方式；奋发型生活方式和颓废型生活方式；自立型生活方式和依附型生活方式；进步的生活方式和守旧的生活方式等。

按生活方式的不同领域，可划分为劳动生活方式、消费生活方式、闲暇生活方式、交往生活方式、政治生活方式、宗教生活方式等。

按不同的社区，可分为城市生活方式和农村生活方式两大类。在当今世界上，发达国家的城市人口占很大比重，城市生活方式是绝大多数居民人口的生活方式；发展中国家的农业人口占很大比重，农村生活方式仍占优势；伴随着工业化、城市化的进程，城市和城市化的生活方式将在发展中国家得到相应的发展。

按时代特征，可分为现代社会生活方式、传统社会生活方式。

按主要经济形式，可分为自然经济生活方式、商品经济生活方式。

20 世纪 80 年代以来人们强调生活方式的重要性，把它置于与世界观和价值观相仿的地位。生活方式对人们的消费以及社会的时尚有着巨大的影响。一个人的着装，与他的生活方式高度相关。得体的着装其实就是与其生活方式相适应的着装。天天要上写字楼的白领们得穿西服、打领带，要穿套裙、穿丝袜；户外活动多的人就会穿休闲服、穿牛仔裤；需要出入上流社会正式场合的人才需添置晚礼服。图 4–8 所示为黄公望隐居地；图 4–9 所示为聚会狂欢。这种截然不同的生活方式，决定了人们对所使用的“物”的需求不同。

生活方式保持一定时间之后就成为习惯。习惯是指长时期养成的不易改变的动作、生活方式、社会风尚等。事实上，广义的习惯不仅仅是动作性的、生活方式性的或社会风尚性的，还包括“善良”、“仁爱”等道德习惯。习惯具有简单、自然、后天性 、可变性、情境性等特征。按习惯的价值分良好习惯和不良习惯；按习惯的层面分社会性习惯和个性习惯；按习惯的水平分动作性习惯和智慧性习惯；按习惯与能力的关系分一般性习惯和特殊性习惯；按不同的活动领域分学习习惯、生活习惯、工作习惯、交往习惯；按出现的时间分传统性习惯与时代性习惯。

图 4–8（左）
黄公望隐居地
图 4–9（右）
聚会狂欢

在设计实践中可进行的一些实验课题如下。

1. 我国现代社会生活方式；代表人物；特点。

2. 我国传统社会生活方式；代表人物；特点。

3. 生活方式与物的关系调研。

4. 分别对20岁、30岁、40岁、60岁的人进行访谈。对于20岁的人，调查他们期待的生活方式；对于30岁、40岁的人，调查他们认为适合自己的生活方式，有没有实现他们的目标；对于60岁以上的人，调查他们现在的生活方式，开展满意程度调研。

4.4 社会期待

社会期待就是群体依据个体的身份和角色表达希望和要求。反映在社会公认价值标准和各种群体不同要求制定出来的群体准则和行为规范上。这些准则和规范对该群体的人起作用，成为个体的行动动机。社会期待有不同的层次，有国家的、政党的、学校的、班级的、家庭的以及伙伴的等。

对个体来说，社会期待包括两方面：一是根据群体的期待行事；二是期望周围的人的行为符合他们的身份和角色。

每个人都同时属于各种群体，因而在自己的活动中都建立了一整套的社会期待系统。不同的群体对个体具有不同水平的参照性。观察表明，从少年期开始，当社会期待和个体的需要产生矛盾时，群体的社会期待便能抑制个人的需要的实现。

在今天，人们选择一个产品，除了前面所述很多的认知和情感因素以外，社会期待有时候会成为非常重要的决定因素之一。当一件产品是社会期待、社会公认的东西时，产品本身的功能对用户来说已经变得不那么重要了。重要的是这件产品已经成为用户的一个身份象征、一个可以炫耀的物件，可以成为朋友们之间的谈资。

一次横穿沙漠的旅行经历，最初是因为个人兴趣和生活方式的选择。而第一次旅行结束后和朋友们分享这次经历，收获了众人的赞叹与羡慕等情绪体验，于是再次有这种行程的诱因就多出来很多因素，比如为了一种荣誉，为了一种社会期待，为了得到“做了大部分人向往而没有做到的一件事情”的满足。

苹果产品在全球范围热销，它自身的产品魅力成为满足“社会期待”条件的产品。所以现在很多人选择使用苹果产品，已经跨越了单纯的审美、需求等选择因素，而更多地考虑“是否应该用iphone5才能体现自己的身份；带着最新款的产品出现在朋友面前会引来多大的羡慕；和我相同社会形象、社会地位、经济条件的人都会选择用这些苹果产品，

图 4-10　苹果产品

那我也应该选择它”等社会期待因素。图 4-10 所示为各类苹果产品。

通俗地说，社会期待就是大众认同。大众认同往往能够左右一个人的选择，在对产品的选择上也是。通过调查社会期待可以评估和预测待开发产品；通过对用户相关产品的社会期待调研，可以对已有产品进行改良设计。

在设计实践中可进行的一些实验课题如下。

1. 大众认同对用户选择的影响：选取两组实验参与者，让他们选择一款产品。其中一组人将在不知情的情况下，和多位实验人员一起进行实验。实验人员扮作实验参与者，选择其中一款产品并作对此产品作一些高度评价。最后，由真正的实验参与者选择。另外一组实验参与者则单独、自由地对产品进行选择。最终两组的选择结果作为实验结论依据。

2. 对某类产品的社会期待调查。

3. 当前社会有哪些现象引发了哪些社会期待，分别有哪些正面影响和负面影响。

4.5　兴趣与需要

4.5.1　兴趣

兴趣是人们对事物喜好或关切的情绪。它表现为人们对某件事物、某项活动的选择性态度和积极的情绪反应。

兴趣在人的实践活动中具有重要的意义。兴趣可以使人集中注意，产生愉快、紧张的心理状态。例如，体育迷谈起体育便会津津乐道，一遇到体育比赛便想一睹为快，对电视中的体育节目特别迷恋，这就是对体育有兴趣；老京剧票友们总喜欢谈京剧、看京剧，一遇到京剧就来劲儿，这就是对京剧有兴趣。

在实践活动中，兴趣能使人们工作目标明确、积极主动，从而能自觉克服各种艰难困苦，获取工作的最大成就，并能在活动过程中不断体验成功的愉悦。

4.5.2 需要

需要是有机体感到某种缺乏而力求获得满足的心理倾向。它是有机体自身和外部生活条件的要求在头脑中的反映。需要是个体对内外环境的客观需求在脑中的反映，常以一种“缺乏感”体验着，以意向、愿望的形式表现出来，最终导致为推动人进行活动的动机。需要总是指向某种东西、条件或活动的结果。例如，食物、衣服、睡眠、劳动、交往等。

苏联心理学家波果斯洛夫斯基等指出：“需要是被人感受到的一定的生活和发展条件的必要性。需要反映有机体内部环境或外部生活条件的稳定的要求。……需要是人的思想活动的基本动力。”

最著名的是马斯洛提出的需要层次理论：他认为需求分为五种，像阶梯一样从低到高，按层次逐级递升。这些需求分别为：生理上的需求、安全上的需求、情感和归属的需求、尊重的需求和自我实现的需求。另外，求知需要和审美需要是介于尊重需求与自我实现需求之间的。图 4–11 所示为马斯洛的需要层次。

需要具有下列特征。

4.5.2.1 对象性

人的需要不是空洞的，而是有目的、有对象的，也随着满足需要的对象的扩大而发展。人的需要的对象既包括物质的东西，如衣、食、住、行，也包括精神的东西，如信仰、文化、艺术、体育。既包括个人生活和活动，个人日常的物质和精神方面的活动，也包括参与社会生活、活动以及这些活动的结果。例如，通过相互协作带来物质成果；通过人际交往沟通感情，带来愉悦和充实。既包括想要追求某一事物或开

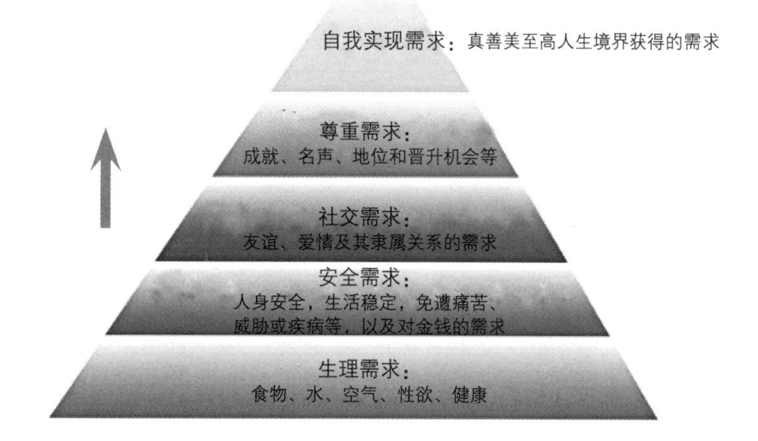

图 4–11 马斯洛需要层次

始某一活动的意念，也表现为想要避开某一事物或停止某一活动的意念，这些意念的产生都是根据个人需要及其变化决定的。各种需要彼此之间的区别，就在于需要对象的不同。但无论是物质需要，还是精神需要，都必须有一定的外部物质条件才能满足。例如，居住需要房子，出门要有交通工具，娱乐要有场所……

4.5.2.2　阶段性

人的需要是随着年龄、时期的不同而发展变化的。也就是说个体在发展的不同时期，需要的特点也不同。例如，婴幼儿主要是生理需要，即需要吃、喝、睡；少年时代开始发展到对知识、安全的需要；到青年时期又发展到对恋爱、婚姻的需要;到成年时，又发展到对名誉、地位、尊重的需要等。

4.5.2.3　社会制约性

人不仅有先天的生理需要，而且在社会实践中，在接受人类文化教育的过程中，发展出许多社会性需要。这些社会需要受时代、历史的影响，又受阶级性的影响。在经济落后、生活水平低下时期，人们需要的是温饱；在经济发展、生活水平提高的时期，人们需要的不仅是丰裕的物质生活，同时也开始需要高雅的精神生活。具有不同阶级属性的人的需要也不一样，资产阶级需要的是不劳而获、坐享其成；工人阶级需要的是自由、民主、温饱和消灭剥削。由此可见，人的需要又具有社会性，以及历史与阶级的制约性。

4.5.2.4　独特性

人与人之间的需要既有共同性，又有独特性。由于生理、遗传因素、环境因素、条件因素不同，每个人的需要都有自己的独特性。年龄不同的人、身体条件不同的人、社会地位不同的人、经济条件不同的人，都会在物质和精神方面有不同的需要。

上述需要的特征告诉我们在不同的时期、不同的社会、不同的人们会有不同的需要。比如对手机的需求：不同的年龄、不同的国家、不同的经济条件、不同的文化背景、不同的价值观念、不同的审美观念的人们对手机的需求是不同的。图 4-12 所示为给各类人使用的不同手机。

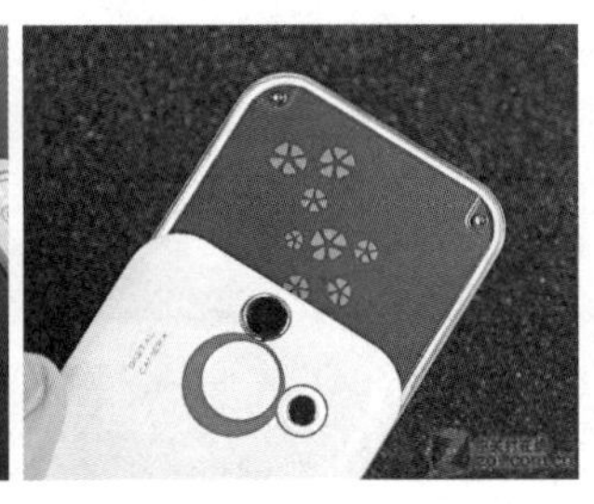

图 4-12　各类手机

了解不同群体的不同需求可以为特定的人群设计特定的产品；了解人们的需要可以帮助设计师开发新概念的产品；对目标用户群以及目标产品展开需要的调研，能够有助于提升产品的用户满意度。

在设计实践中可进行的一些实验课题如下。

1. 了解不同年龄群体中人们的兴趣和需要。

2. 针对某类产品展开用户需求调查。

4.6 回忆

记忆有识记、保持和回忆再认识三个环节。回忆处在记忆的第三个环节。回忆是恢复过去经验的过程。回忆是指过去的事物不在面前，人们在头脑中把它重新呈现出来的过程。回忆是人类情感中很重要的一部分内容。

根据回忆是否有预定的目的和任务，可以把回忆分为有意回忆和无意回忆。

无意回忆的特点是没有预定目的，自然而然地想起某些经验。例如：一件往事涌上心头、一句乡音勾起乡情等就是属于无意回忆。无意回忆虽然无预定目的，但却也是由于某些诱因引发的；有意回忆是有回忆任务、自觉追忆以往经验的回忆，其目的是要根据当前需要而回忆起特定的记忆内容。

回忆可以是直接的，即直接回忆起所需的内容；回忆也可以是间接的，即通过某些中间线索才回忆起所需内容。间接回忆总和思维活动密切联系在一起，借助于判断、推理才能回忆起所需内容。

在生活中，人们珍爱的一件物品也许是一台破旧的相机，也许是一本相册，也许是一个本子、一支笔。这些物品在某种程度上是一种象征，一种往事的象征。它能够引起使用者对过去人、事的一种回忆。这种回忆无论包含什么，对于使用者来说，都是无价的、不可替代的。

现在有专门出售 20 世纪 70 ~ 80 年代日常生活用品，比如搪瓷缸、军用书包、火柴盒等。很多时候人们购买的并不是真正的使用需要，而是满足一种回忆的情感。这种设计甚至引发一种社会潮流。图 4-13 所示为从 20 世纪 50 年代的搪瓷杯子引发的现代设计。

在《Meaning of Things》这本书中，作者 Mihaly Csikszentmihalyi & Eugene Rochberg-halton 走入各个家庭进行采访，希望了解人们心目

图 4-13
怀旧杯子设计

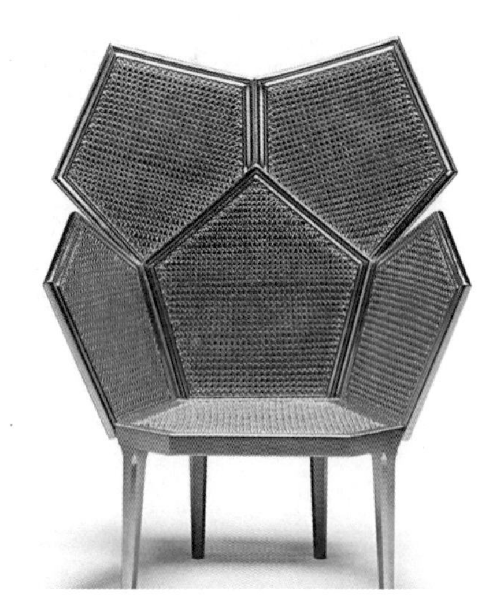

图 4–14（左）
复古怀旧的拼贴设计
图 4–15（右）
怀旧椅子设计

中对他们有特殊意义的物品、是什么样的故事赋予了这些“物”如此特殊的意义。结果调查显示，那些有特殊意义的物品都是能引起人们回忆的物品。这些物品成为回忆和联想的一种标志和源泉。

回忆对于一个人、一个群体具有特定的意义。了解一个人的经历、了解那些能引起人们回忆的事件和物品能够开发一些新概念产品和复古产品，或者增加已有产品的客户情感分值。

在设计中最直接的就是一些怀旧、复古的设计。图 4–14 所示为 Sammy Slabbinck 复古怀旧的拼贴设计；图 4–15 所示为意大利设计师用调侃的方式设计的怀旧椅子。

在设计实践中可进行的实验课题：了解不同年龄群体人们最深刻的回忆以及与之相呼应的物件。

第五章　设计心理学案例

5

【学习目的与要求】

本章通过学生的部分实践练习案例对前面所阐述的理论内容进行进一步的理解。5.1 节到 5.5 节的案例从认知心理和情感心理展开，最终成果以实验报告呈现。通过这几节的案例，对于设计心理学实验以及报告撰写有一个感性的认识。5.6 节和 5.7 节综合案例是基于产品改良设计的案例。通过这两节的学习，读者对于设计过程中运用心理学研究方法进行设计实践和评估有一个全面的理解。

5.1　形状与图标的认知实验

案例：老年群体对电视遥控器按键形状与图标的认知心理实验

实验团队：李雨桐、佟金芮

摘要：电视是当前老年人娱乐休闲生活必不可少的一部分。现有电视遥控器往往因为设计过于复杂，给老年群体的使用带来一定的负担。本次实验的目的是为了测试老年群体对电视遥控器按键形状、颜色、排列疏密程度、图标、材质的认知能力。实验参与者均为 65 周岁以上的老年人。实验以随机抽样形式选择参与者，通过设置 4 个实验递进深入研究，采用描述研究和实验研究两种方法。实验结果表明：操作界面过于复杂的遥控器会使老年用户产生抵触心理，本能地拒绝学习和使用；老年人对于遥控器的使用是通过日常经验积累形成使用习惯，根据触感寻找按键的相应位置；老年人使用频率最高的是开关、数字键、调频和音量键；记忆、经验和习惯决定老年人的操作行为和使用的准确性。

关键词：电视遥控器、按键、认知心理、老年群体

5.1.1　导言

研究表明，老年人使用遥控器存在认知和操作上的障碍。现有市面上适用于老年人使用的电视遥控器从普及度和适用性而言，都不尽

如人意。诺曼博士指出“组合问题和匹配问题是设计控制器首要解决的基本问题”。遥控器作为系统意象无法正确承担老年用户群与设计人员沟通桥梁的作用：首先老年人对于使用电子产品有明显的抵触心理，加之多数遥控器复杂的界面设计，在使用之前用户便缺乏信心和耐心；其次老年用户因为身体机能退化，视力、触觉、反应以及控制能力都会下降，遥控器按键在操作和认知上都存在问题，并且遇到问题时不能得到及时反馈和解决。因此，本次实验研究希望通过调查和采访用户群体的描述研究和实验研究两种方法，分析老年人对于遥控器按键的认知心理。

本次实验分为四个实验依次递进深入研究。

1. 第一个实验采用描述研究中的调查法：以访谈的形式调查老年群体使用电视遥控器的情况。实验预期获得老年人常用的电视遥控器按键、使用方法、使用时出现问题的反应以及在使用遥控器过程中产生的其他认知心理。

2. 第二个实验采用描述研究中的自然观察法：从实验的效度出发，尽量降低实验误差，实验选择还原老年群体日常使用电视遥控器的场景。实验预期获得老年群体使用熟知的电视遥控器的行为状态与相关认知心理、习惯使用路径、常用按键以及常遇到的问题。

3. 第三个实验采用实验研究法：通过自制实验模型进一步了解老年群体使用不熟悉的遥控器时会出现的各种认知心理。实验预期获得老年群体使用非熟知遥控器时在寻找开关键、数字键、调台键和音量键的认知能力。

4. 第四个实验采用实验研究法：通过自制实验模型研究遥控器按键形状、颜色、按键排列疏密程度、图标及材料对老年群体操作使用遥控器会产生怎样的认知影响。实验预期获知老年群体对遥控器按键在视觉、触觉以及形状上的 AFFORDANC 元素。

5.1.2　方法

5.1.2.1　实验一：老年人使用电视遥控器的具体情况

1. 实验设计

本实验采用无关样本。自变量为实验人员拟定基本问题，有 10 个水平。因变量为老年人平时对遥控器使用的状况，实验以访谈为主要形式。实验时间为 2013 年 9 月 7 日；实验地点在杭州市转塘镇老年活动室、方家苑社区、午山社区；实验参与者由在老年活动室中随机抽取组成。

2. 被测试者信息

被测试者来自杭州市转塘镇老年活动室、方家苑社区和午山社区，均为 65 岁以上老年人，平均年龄为 80 岁，其中 42% 为女性，58% 为男性。

实验参与者基本资料如表 5-1 所示。

实验参与者基本资料表 **表5-1**

参与者编号	性别	年龄（岁）	采访地点
参与者1-01	女	71	校园内
参与者1-02	男	73	校园内
参与者1-03	男	85	老年活动中心
参与者1-04	女	80	老年活动中心
参与者1-05	男	82	老年活动中心
参与者1-06	男	79	方家苑社区
参与者1-07	男	83	方家苑社区
参与者1-08	女	81	午山社区
参与者1-09	女	80	午山社区
参与者1-10	男	75	午山社区
参与者1-11	男	87	午山社区
参与者1-12	女	84	午山社区

3. 实验问题

根据实验需要设定 10 个基本问题，如下所示。

问题一：平常是否经常看电视?

问题二：一般看多长时间电视?

问题三：经常使用哪些电视遥控器按键?

（a. 开关；b. 数字键；c. 调台键；d. 音量键；e. 静音键；f. 菜单；g. 其他）

问题四：初次使用遥控器时是否会看说明书?

问题五：是否会关注遥控器上的文字?

问题六：是否有按错键或使用失误的经历?

问题七：对于失误的解决方法如何?

（a. 询问老伴；b. 自己解决；c. 让家人帮助；d. 关机不再看；e. 重新开机）

问题八：对于失误是否会造成心理压力?

（a. 没有压力；b. 压力适中；c. 有压力；d. 有很大压力）

问题九：使用电视遥控器是否需要戴上眼镜?

问题十：如何学习使用新的电视遥控器?

（a. 自学；b. 问老伴；c. 借鉴以往经验；d. 让家人教；e. 其他）

4. 实验程序

实验小组在杭州转塘镇老年活动室、方家苑社区以及午山社区附近寻找适龄老年人。本次实验没有报酬，参与者均为 65 岁以上老年人，不限性别。参与者被告知这是一项关于“老年人使用遥控器具体情况”的实验，要求参与者根据实验人员的提问做出相应回答。

实验程序依次为：

（1）在相应社区寻找适龄人群，引出实验目的，获得参与者允许后进行提问与视频记录。

（2）依次询问第一个问题至第十个问题，例如“爷爷 / 奶奶，您平时是否经常看电视？”得到被试者回答后，继续提问“那您一般看电视的时间是多长？”依此类推，在事先准备的表格中做笔录，并用视频记录被试者的反应。

（3）结束采访，得到被试者允许后拍照记录。

5. 实验结果

（1）实验预期

实验小组成员均认为老年人比较喜欢看电视，但是除了开关键和音量调台键基本不会其他操作，也不会去看说明书，遇到问题有时会佩戴眼镜自己解决，或者找子女帮助，普遍对遥控器有较大的抵触心理，害怕使用不当造成不便。

（2）实验结果

从我们访谈的老年人可得知：

1）大部分老年人在生活中离不开电视，但是除少数人（8.3% 的人）会主动学习使用遥控器（从说明书里学习）之外，75% 的老年人都是采用通过子女教授常用按键的使用方法，并且在平常使用中形成自己的使用习惯，操作的按键大多数局限于开关键、频道键和音量键。

2）因为视力的原因，并不会特意去关注按键的文字，也不会因此佩戴老花镜。

3）除此之外，不同于我们预期的是，83% 老年人不会十分介意操作错误，也没有过大的抵触心理，遇到问题时一般会选择让晚辈解决，但是仍有 16% 的老人面对操作不当有很大压力。

表 5-2 所示为此次实验结果统计表。

5.1.2.2　实验二：老年人使用熟悉遥控器的认知实验

本次实验目的是了解老年人使用熟知遥控器具体按键的认知情况，为了降低被试者的心理压力，选择在被试者家中进行实验，以降低其他因素干扰。预期获得老年人使用常用电视遥控器的行为状态、认知能力、使用路径、常用按键情况以及可能遇到的问题。

1. 实验设计

本实验采用相关样本，自变量为被测试者家中常用电视机及匹配遥控器，因变量为从实验一参与者中间选择的 1-03 和 1-04 两位参

实验结果统计表　　表5-2

编号＼项目	问题一	问题二	问题三	问题四	问题五	问题六	问题七	问题八	问题九	问题十
1-01	经常	4～5h	a、b、c、d	否	是	有	a	a	是	a、b
1-02	经常	6～7h	a、b、c、d、f	是	是	有	b	a	是	a
1-03	经常	＞10h	a、c、d、e	否	否	有	c	b	否	c
1-04	偶尔	1～2h	a、b、c、d、f	否	否	有	c	a	否	d
1-05	经常	4～5h	a、b、c、d、e	否	否	有	c	b	否	d
1-06	经常	8～9h	a、c、d	否	否	有	c	b	否	c
1-07	经常	3～4h	a、c、d	否	否	有	c	c	否	d
1-08	偶尔	1～2h	a、c、d	否	否	有	d	d	否	e
1-09	经常	5～7h	a、c、d	否	否	有	d	b	否	d
1-10	经常	≈2h	a、b、c、d	否	否	有	e	a	否	d
1-11	经常	6～7h	a、b、c、d、f	否	否	有	c	b	偶尔	c
1-12	经常	7～8h	a、b、c、d	否	否	有	c	b	否	d

与者。实验以被测试者打开电视进行任意操作到关闭电视为实验任务，其间实验人员不进行任何干涉。实验时间为 2013 年 9 月 9 日，实验地点在参与者 1-03 以及 1-04 家中（具体地点因涉及隐私不予具体描述）。

2. 实验被测试者

实验被测试者具体资料如表 5-3 所示。

实验参与者基本资料表　　表5-3

参与者	性别	年龄（岁）	采访地点
参与者1-03	男	85	转塘镇参与者家中
参与者1-04	女	80	转塘镇参与者家中

3. 实验材料

如表 5-4 所示为参与者 1-03 和 1-04 家中使用的电视机，两位被试者均有超过 32 年使用电视机的经验，此款液晶电视使用时间为 1 年。

实验材料　　表5-4

型号	电视机	遥控器
三洋液晶32CE670LED		

4. 实验程序

实验小组从实验一参与者中寻找合适对象 1-03 和 1-04，为居住在转塘镇的退休夫妇。告知参与者“观察老年人使用熟知遥控器情况”的实验目的，取得参与者同意，在其家中进行实验。

（1）进入参与者家中，准备录制设备，降低参与者的紧张心理，告知参与者流程，让参与者首先打开电视，然后观看电视以及进行日常操作，直至结束观看关闭电视。用 DV 记录参与者的面部表情和手部动作。

（2）实验人员尽量不在参与者视线所及范围内进行录制，以达到参与者最原本和真实的状态，中途不进行干涉和引导。

5. 实验结果

本次实验是为了获知老年人使用熟知遥控器的日常操作无意识行为、习惯性操作行为以及遇到的问题。

结果显示如下。

（1）老年人对于熟知遥控器的使用是通过日常经验积累形成使用习惯，使用过程中基本不会关注遥控器上的按键，而是根据经验和触感，寻找按键的相应位置。调台过程中视线停留在电视机上，观看过程中手指依然停留在按键上。表 5-5、表 5-6 所示为被测试者的操作行为记录分析。

参与者1-03操作行为分析表 表5-5

图像记录	操作时间(s)	操作行为	认知行为分析
	7	抓握遥控器	参与者左右换手，找到合适光线，过程较慢
	3	低头看按键	找到开关机按键，动作较为熟练，对准电视机相应位置打开电视机
	3	向上调台	在换台过程中，根据日常经验，没有看遥控器，直接找到向上调台键
	2	观看	短暂观看，手指并没有离开遥控器
	1	向下调台	向下调台，没有过多思考过程，根据触感和记忆位置，动作熟练

续表

图像记录	操作时间(s)	操作行为	认知行为分析
	2	按两下音量键	低头寻找音量键，迅速找到后调整音量，一连串动作没有停顿
	11	向上调台	在调整音量后，参与者凭借记忆和经验触摸到向上键后继续调台
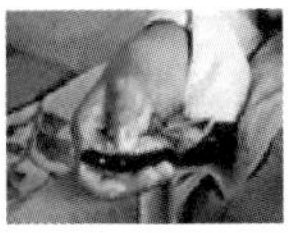	1	按关机键	观看结束后，参与者1-03寻找关机键，准确快速找到
	2	对准电视按关机键	对准电视机指定位置关机，所花时间比找到关机按键长1s

参与者1-04操作行为分析表　　　　表5-6

图像记录	操作时间(s)	操作动作	认知行为分析
	5	低头看遥控器，寻找开关	参与者1-04在通过记忆寻找遥控器开关，即开关键所在位置是用户的目标
	3	对准电视欲将其打开	找到开关后，按照平时习惯，对准电视机（三洋CE600）按开电视
	4	低头看遥控器找键	参与者1-04有固定看的几个频道，根据习惯和记忆在搜索相应数字键
	4	发现电视机没有打开	参与者1-04抬头发现电视没有照常打开，又重新寻找开关，重复以上过程
	3	对准电视机将其打开	因为该电视机的操作设置，只能对准电视机某一部位才能开机，此项操作十分不便
	1	看一眼遥控器，连续按4次	寻找调台键，根据固定经验，迅速找到

续表

图像记录	操作时间(s)	操作动作	认知行为分析
	7	持续向上调台，平均1s一台	在上一步找到按键后，根据触感上下调台，没有低头看遥控器，但手指仍停留在按键上
	2	低头找键，按2和3	寻找固定看的节目的数字键2和3，动作熟练自然，没有过多思考
	3	低头找键，换台，低头看遥控	找到相应数字键后，依靠触感和惯性换台
	1	换台	根据记忆中调台键位置迅速换台
	—	观看	观看电视，但其中间过程手指都在遥控器上停放
	2	向上调台	观看结束后，低头寻找向上换台
	1	向下调台	在调台过程中多按了一个台，向下调台，至此录制过程结束

（2）被测试者平时使用遥控器基本路径是：开关——调频建——（数字键）——音量键——开关。如图 5-1、图 5-2 所示。

5.1.2.3　实验三：老年人使用遥控器具体按键的认知情况

本次实验是为了进一步了解老年人使用非熟知遥控器具体按键的认知情况。前期根据网络资料（京东、亚马逊、淘宝旗舰店、国美、苏宁等）以及实体店（国美电器、苏宁电器）综合整理出畅销电视机品牌配备的遥控器，抽取其中八款进行样本实验。实验预期获得老年群体使用非熟知遥控器时在寻找开关键、数字键、调台键和音量键时的认知能力。

1. 实验设计

本实验采用无关样本。自变量是现有电视产品匹配遥控器，分为八个水平（即八款较为典型的遥控器，前期整理表格详见附录）；因变

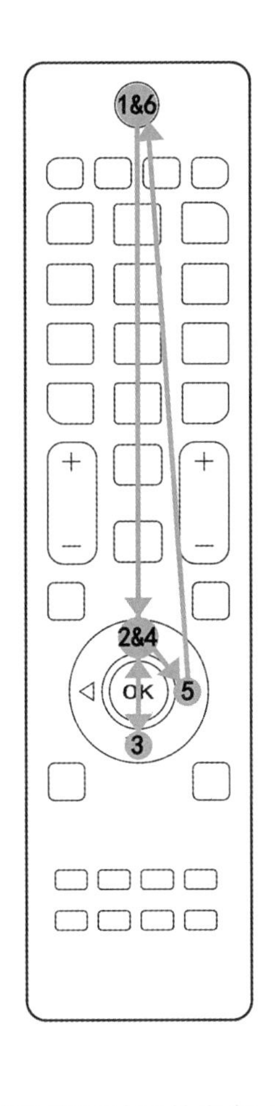

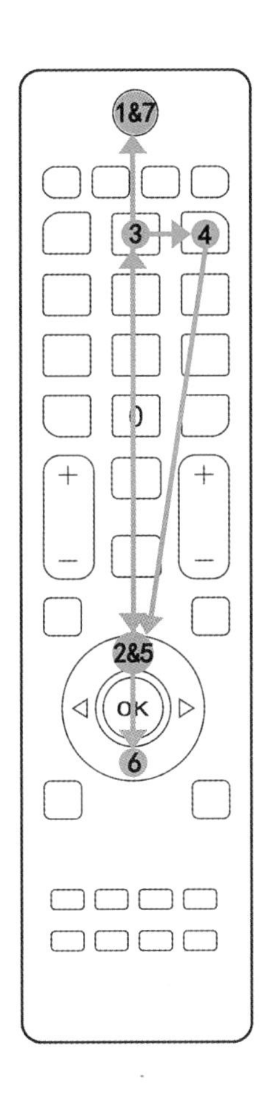

图 5-1（左）
参与者 1-03 使用路径图
图 5-2（右）
参与者 1-04 使用路径图

量为疗养院及附近社区的老年人（不限性别）。将从未使用过这些遥控器的被试者分配到这些水平上，以被试者找到具体按键的准确性为衡量指标。实验时间为 2013 年 9 月 11 日，实验地点在杭州玉溪香山社区和杭州市望江山疗养院。实验参与者由老年人随机抽取组成。

2. 被测试者信息

被试者来自杭州玉溪香山社区和杭州市望江山疗养院，均为 65 岁以上未使用过表 5-8 中八款遥控器的老年人。如表 5-7 所示。

实验参与者基本资料表　　表5-7

被试	性别	年龄（岁）	实验地点
参与者3-01	女	71	云溪香山
参与者3-02	女	69	云溪香山
参与者3-03	男	86	望江山疗养院
参与者3-04	女	83	望江山疗养院
参与者3-05	男	87	望江山疗养院
参与者3-06	女	81	望江山疗养院
参与者3-07	男	79	望江山疗养院
参与者3-08	男	76	望江山疗养院

3. 实验材料

表 5-8 所示八款不同的遥控器为本次实验的模型。

八款实验用遥控器 表5-8

编号	01	02	03	04	05	06	07	08
图片		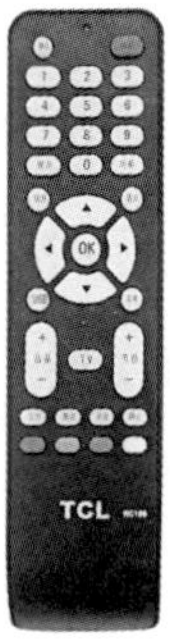	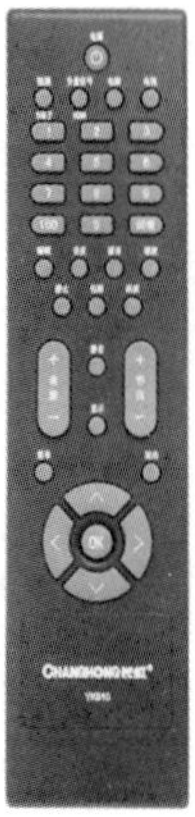					
型号	RK60B	RC198	YK510	CN22601	29E5N	YK63PM	Y315F	D654
品牌	长虹	TCL	长虹	海信	三星	创维	康佳	海尔

4. 实验程序

实验小组在杭州转塘望江山附近寻找适龄老年人。本次实验没有报酬，参与者均为 65 岁以上老年人，不限性别，大多数参与者是退休干部。参与者被告知这是一项关于“老年人使用遥控器按键的情况”的实验，要求参与者选择八款遥控器中一款，按照实验人员要求操作遥控器。这些遥控器均为参与者从未使用过的遥控器。

实验程序如下依次展开。

（1）寻找适合人群，告知参与者实验目的为“老年人对不熟知遥控器的按键使用情况”。将八款典型遥控器以随机形式摆放，让用户根据自己的意愿抽取其中一款，在参与者无法自己选择的情况下由实验人员代替随机选取，用影像形式记录参与者的抓握形式。

（2）参与者被要求寻找具体按键：分别是开关键、数字键、调台键及音量键，由实验人员观察参与者是否能够找到按键的准确位置，用影像记录，着重记录参与者的表情反馈和动作。

（3）询问参与者找到具体按键的途径和理由，记录操作的具体行为及认知情况。

5. 实验结果

（1）实验预期

实验预期老年人使用这些新的遥控器能够按照以往的经验找到开

关键、数字键和调台音量等按键，通过相应位置和颜色等区分，不会有很大障碍和困难。

（2）实验结果

1）首先，75% 的参与者在看见这八款遥控器的同时会下意识地产生抵触心理，认为这是复杂的电子产品，无法正确认出遥控器，需经实验人员协助选择遥控器。

2）其次，所有参与者都会仅凭印象寻找开关键，如果开关键的位置稍有不同，或者顶部原有开关键的位置有多于一个的按键，就会产生操作错误。

3）再者，参与者对于数字键的认知仅仅停留在平时所收看的固定台数上，例如中央一台就是 7 频道，将按键数字和具体频道数概念混淆；50% 的参与者无法找到数字键，仅有 25% 的参与者能够自主完成该项目。

4）此外，对于调频键，75% 的参与者都能够凭借该键特殊的形状和位置判断出来，并且正确地指出该按键的用途；对于音量键，25% 的参与者能够自主完成，25% 的参与者能够借助实验人员帮助完成，但是参与者普遍不是通过对按键的符号和提示文字识别，而是通过记忆和经验判断。

本次实验数据如表 5-9 所示。

参与者使用遥控器情况说明表 **表5-9**

项目 被试	选择遥控器	寻找开关	寻找数字键	寻找调台键	寻找音量键
参与者3-01	△	√	×	×	×
参与者3-02	△	√	×	○	○
参与者3-03	△	√	○	√	—
参与者3-04	△	√	√	√	○
参与者3-05	△	√	×	×	×
参与者3-06	√	√	√	√	√
参与者3-07	√	√	—	√	—
参与者3-08	△	√	×	√	√

注：能够轻松完成：√；能够勉强完成：○；不能够完成：×；经过提示完成：△；没有试验 —。

（3）实验二与实验三数据分析对比

根据实验二和实验三的实验数据，提取参与者进行固定项目动作的操作时间数据，目的是分析使用遥控器经验用户与非经验用户的认知对比。由图 5-3 所示可知：寻找遥控器的过程和使用经验无关。而在寻找具体按键任务中，经验用户所用时间分别平均是开关键 3s、数

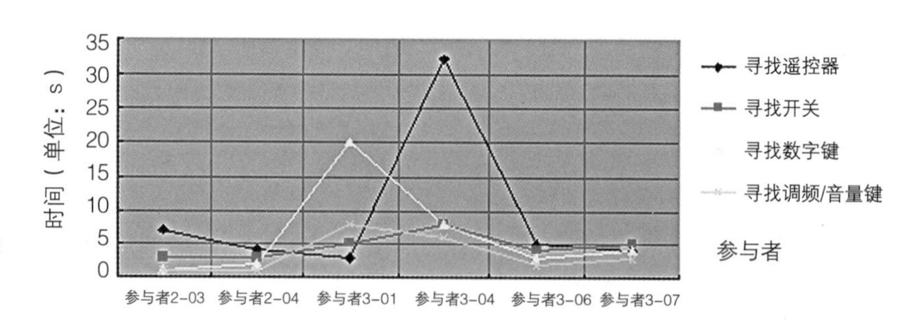

图 5-3
使用遥控器经验用户和非经验用户时间认知对比

字键 1.5s、调频 / 音量键 1s；非经验用户所用时间分别平均是开关键 5.5s、数字键 9.6s、调频 / 音量键 4s。由此可见，对于遥控器的熟知程度直接影响操作过程中的速度和效率。

5.1.2.4 实验四：老年人对于遥控器按键形状、颜色、按键排布疏密程度、图标及材料认知实验

本次实验目的是研究遥控器按键形状、颜色、排布疏密程度、图标及材料对老年人操作认知的实验。前期综合整理出十个模型，预期获知老年人视觉、触觉及心理上最符合其使用的按键形态。

1. 实验设计

本实验采用无关样本，自变量是十个实验模型，因变量是杭州转塘附近适龄老年人（不限性别），将其平均分配到各个水平上，以根据观看模型回答实验人员相应问题为衡量标准。实验时间为 2013 年 9 月 14 日和 15 日两天下午，实验地点在方家苑 . 午山社区及杭州市望江山疗养院。参与者由老年人随机抽取组成。

2. 实验被试者

被试者来自杭州方家苑、午山社区和杭州市望江山疗养院，均为 65 岁以上老年人，全部分配到这个水平上。如表 5-10 所示。

实验参与者基本资料表 表5-10

参与者编号	性别	年龄（岁）	采访地点
参与者4-01	女	71	方家苑社区
参与者4-02	男	83	方家苑社区
参与者4-03	男	85	午山社区
参与者4-04	女	75	午山社区
参与者4-05	女	86	午山社区
参与者4-06	女	81	望江山疗养院
参与者4-07	男	88	望江山疗养院
参与者4-08	女	78	望江山疗养院
参与者4-09	男	77	望江山疗养院
参与者4-10	男	69	望江山疗养院
参与者4-11	女	82	望江山疗养院
参与者4-12	男	91	望江山疗养院
参与者4-13	男	85	望江山疗养院

3. 实验材料

（1）按键形状实验

1）开关按键实验模型如图 5-4 所示：三角形边长 152mm × 152mm × 143mm、圆形直径 153mm × 153mm、方形边长 139mm × 139mm、长方形 210mm × 125mm、椭圆形 210mm × 139mm。

图 5-4　开关实验模型

2）数字键实验模型如图 5-5 所示：分别是圆形组、椭圆形组、方形组及其他。纸张为 A3 大小，描边为 7pt。

3）调频 / 音量键实验模型：如图 5-6，分为四组典型形状，纸张为 A3 大小，描边为 7pt。

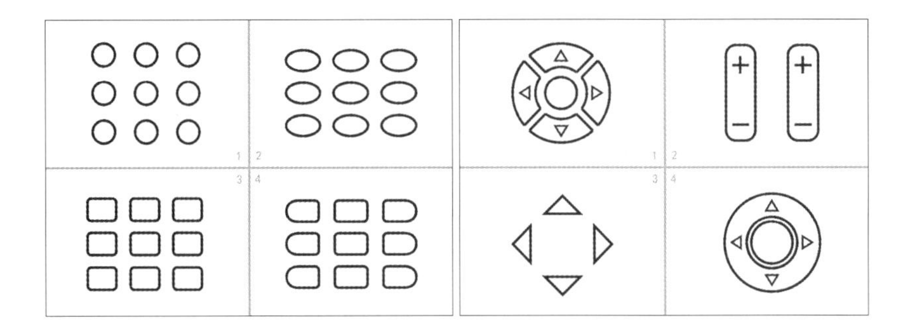

图 5-5（左）
数字键实验模型
图 5-6（右）
调频 / 音量键实验模型

（2）按键颜色实验

1）开关实验模型如图 5-7 所示。圆形大小相等，无边框。

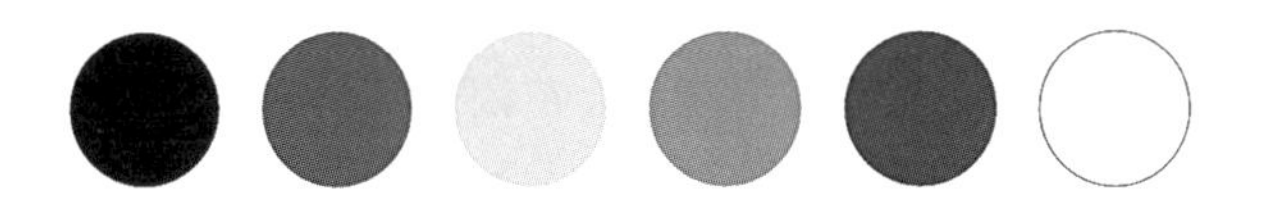

图 5-7　开关实验模型

黑色：R:0　G:0　B:0，红色 R:255　G:0　B:0，黄色 R:255　G:255　B:0，绿色 R:0　G:255　B:0，蓝色 R: 0　G:0　B:255，白色 R: 0　G:0　B:0。

2）数字键实验模型如图 5-8 所示。

图 5-8　数字键实验模型

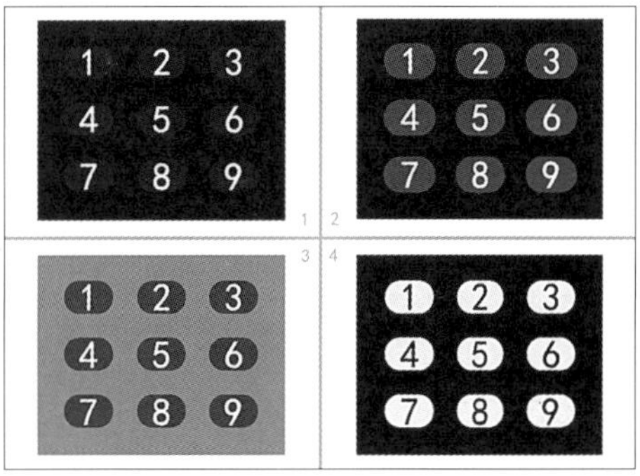

第一组：黑底、深灰按键（R:35　G:35　B:35）、白色数字；

第二组：黑底、灰色按键（R:92　G:94　B:95）、白色数字；

第三组：灰底（R:167　G:169　B:172）、深灰色按键（R:88　G:89　B:91）、白色数字；

图 5-9　调频 / 音量键实验模型

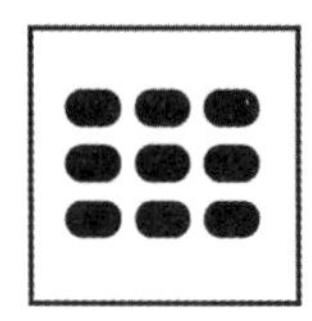
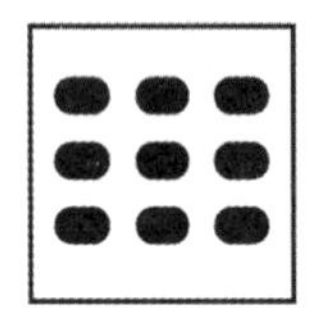
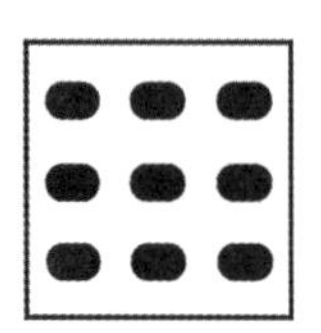

图 5-10　数字键实验模型

图 5-11　调频 / 音量键实验模型

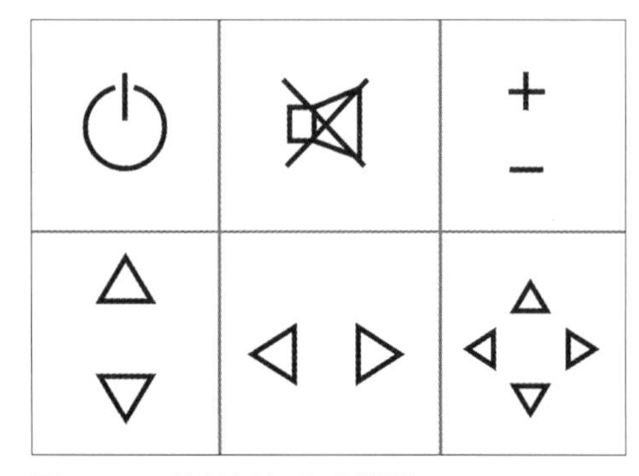

图 5-12　按键图标实验模型

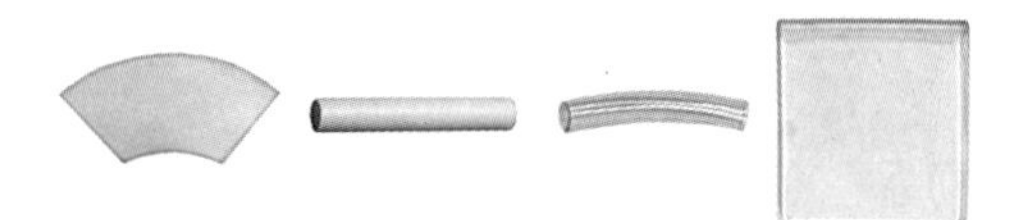

图 5-13　实验材料

第四组：黑底、白色按键、黑色数字。

3）调频 / 音量键实验模型如图 5-9 所示。

第一组：黑底、白色按键、黑色图标；

第二组：黑底、灰色按键（R:92　G:94　B:95）、白色图标；

第三组：灰底（R:167　G:169　B:172）、深灰色按键（R:88　G:89　B:91）、白色图标；

第四组：黑底、白色按键、黑色图标。

（3）按键大小及密度实验

1）数字键实验模型如图 5-10 所示，方框均为 340px × 340px。

第一组按键间距为横向 17px，纵向 22px；

第二组按键间距为横向 32px，纵向 33px；

第三组按键间距为横向 39px，纵向 54px。

2）调频 / 音量键实验模型如图 5-11 所示，方框均为 340px × 340px。

第一组按键间距为 20px；

第二组按键间距为 30px；

第三组按键间距为 40px。

（4）按键图标实验（图 5-12）

第一组（左上角）为开关图标；

第二组（第一行左数第二个）为静音图标；

第三组（右上角）为加减音量 / 开关符号图标；

第四组（左下角）为调台图标；

第五组（第二行左数第二个）为音量图标；

第六组（右下角）为调台和音量组合图标。

（5）按键材料实验

分为是硅胶、ABS、软管和亚克力板。如图 5-13 所示。

4. 实验程序

实验小组在杭州转塘附近寻找适龄老年人，本次实验没有报酬，参与者均为 65 岁以上老年人，不限性别。参与者被告知这是一项关于“电视遥控器按键的形态认知”的实验，要求参与者依次观看相应的实验模型，并回答实验人员的问题。

实验程序如下依次展开。

（1）向被试展示三个形状实验模型：开关方面，

绘制五种典型形状让参与者挑选最符合的一项；数字键方面，绘制四种典型形状让参与者挑选符合心目中数字键形状的一项；调频 / 音量键方面，绘制四种典型形状让参与者挑选。

（2）向被试展示三个颜色实验模型：开关方面，让参与者挑选符合心目中开关颜色的一项；数字键方面，绘制四种典型色彩搭配，让参与者挑选视觉上觉得最舒服 / 清楚的一项；调频 / 音量键方面，绘制四种典型色彩搭配，让参与者挑选。

（3）向被试展示两个大小及密度实验模型：数字键方面，绘制三种密度按键，让参与者挑选视觉上觉得最舒适一项；调频 / 音量键方面，绘制三种密度按键，让参与者挑选最舒适的一项。

（4）向被试者展示图标实验模型：抽取六种遥控器上的常见图标让参与者逐个识别。

（5）向被试者展示材料实验模型：选择四种材料让参与者触摸，选择最符合心目中遥控器按键材料的一项。

5. 实验结果

（1）实验预期

实验预期从形状方面，开关键参与者普遍都会选择圆形；数字键倾向于椭圆形；调台和音量键普遍都会选择以圆形为主的图形；从颜色方面，开关的颜色普遍会选择红色；而键盘和调台 / 音量键都会选择直观最清晰的一项；从大小和密度方面，实验预期按键排列疏密度适中的一项应该是首选；图标方面，开关和上下调台的图标应该是识别度比较高的；材料方面，普遍的按键材质硅胶是选择性最多的。

（2）实验结果

1）从形状方面来讲，69% 的老年人对于遥控器形状的认知以方形（包括正方形和长方形）为主，还有 15% 的人以三角形为主要认知（据小组成员了解，海信的某些电视遥控器是三角形按键）；本次实验参与者对于数字键的认知也普遍倾向于方形，但是四种形状各占的比例比较平均，这主要依据参与者使用遥控器数字键的形状；从调台和音量键方面，72% 的参与者会选择以圆形为主的图形。

2）从颜色方面，69% 的参与者对于开关的认知是红色，有极少数会选择绿色；键盘和调台 / 音量键方面，30% 的参与者都会选择直观最清晰的一项，30% 的参与者会选择最柔和的一项。

3）从大小和密度方面，63%~80% 的参与者会选择密度较大的，认为使用时不会按错按键。

4）从图标方面，75% 的参与者无法识别最基本的开关或者上下调台的图标。

5）材料方面，50% 的人选择手感最舒适的有机玻璃，而遥控器按

实验四统计数据表　　表5-11

按键		项目					
形状	开关	三角形	圆形	正方形	长方形	椭圆形	
	选择人数	2	2	3	6	0	
	数字键	第一组	第二组	第三组	第四组	从未使用	
	选择人数	3	3	4	2	1	
	调台键	第一组	第二组	第三组	第四组	弃权	
	选择人数	5	1	2	3	2	
颜色	开关	黑色	红色	黄色	绿色	蓝色	白色
	选择人数	2	9	0	2	0	0
	数字键	第一组	第二组	第三组	第四组		
	选择人数	5	1	4	5		
	调台键	第一组	第二组	第三组	第四组		
	选择人数	7	2	1	3		
密度	数字键	第一组	第二组	第三组			
	选择人数	3	1	7			
	调台键	第一组	第二组	第三组			
	选择人数	1	2	8			
图标		开关	静音	加减	调台	音量	调台组合
选择人数		2	2	4	1	6	6
材质		硅胶	ABS	软管	亚克力		
选择人数		1	0	3	4		

键的真正材料软橡胶只有 10% 的人选择。实验数据如表 5-11 所示。

6. 实验讨论

实验预期与实验数据呈现的结果基本相符，老年人对于使用电视遥控器存在心理障碍，还有认知问题。老年人经常根据习惯和经验使用固定的按键，从家人而非从说明书中掌握使用技能。但是通过实验，研究者也发现一些意料之外的结果：比如老年人对于使用遥控器的抵触心理并没有预想中那么严重，使用中限制用户的因素不是提示文字、图标和颜色，更多的是第一次教授的使用方式，遥控器具体按键的位置和日常积累的使用习惯。

从本次试验中可知，操作界面过于复杂的遥控器会使老年用户产生抵触心理，本能地拒绝学习和使用，即使该遥控器和平时使用的遥控器并无多大区别。老年人对于遥控器的使用是通过日常经验积累形成使用习惯，使用过程中基本不会关注遥控器本身，而是根据经验和触感寻找按键的相应位置。对于不熟知的遥控器，老年群体会仅凭使用熟知遥控器的印象寻找具体按键，如开关键，如果位置稍有不同，或者顶部原有开关键的位置有多于一个的按键，就会产生操作错误。

另外，遥控器按键上的提示信息不是老年人学习使用遥控器的第一要素，记忆、经验和习惯往往决定该年龄段使用者的操作行为和准确性。老年群体大多数不会关注按键的文字、图标甚至颜色，即使最基本的开关图标和音量图标也无法辨别，使用时多数是依靠习惯和路径位置记忆。参与者对于数字键的认知仅仅停留在平时所收看的固定台数上，很容易将按键数字和具体频道数概念混淆。

通过本次实验，我们可以认识到电视遥控器对于老年人娱乐生活的影响，这是一个不容忽视的问题。老年人使用的遥控器需要简洁易懂的操作界面，明显清晰的提示文字和符号，既易懂又方便记忆；新功能需要与熟知的功能合理联系；尽量选用普及度较高的黑白配色；具体按键的位置需要具有典型性；要有明确的限制因素和提示线索；按键的功能不能过于复杂；符合自然匹配原则。

5.1.3 实验结果

本实验目的是为了获知老年人使用电视遥控器按键的认知心理。

结果显示 95% 的老年人生活中离不开电视机，但是除少数人(8.3% 的人) 会主动学习使用遥控器 (从说明书里学习) 之外，75% 的老年人都是通过子女教授常用按键的使用方法。并且在平常使用中形成自己的使用习惯，操作的按键大多数局限于开关键、频道键和音量键。因为视力的原因，老年用户并不会特意去关注按键的文字和图标。75% 的参与者无法识别最基本的开关或者上下调台的图标，也不会因此佩戴老花镜。除此之外，遇到问题时他们一般会选择让晚辈解决，但是仍有 16% 的老人面对操作不当有很大压力。

参与者对于数字键的认知仅仅停留在平时所收看的固定台数上，例如中央一台就是 7 频道，将按键数字和具体频道数概念混淆。50% 的参与者无法找到数字键；仅有 25% 的参与者能够自主完成该项目。此外，对于调频键，75% 的参与者都够凭借该键特殊的形状和位置判断出来，并且正确地指出该按键的用途。对于音量键，25% 的参与者能够自主完成，25% 的参与者能够借助实验人员帮助完成，但是参与者普遍不是通过对按键的符号和提示文字识别，而是通过记忆和经验判断。

从按键形状方面来讲，69% 老年人对于遥控器形状的认知以方形 (包括正方形和长方形) 为主，还有 15% 人以三角形为主要认知。本次实验参与者对于数字键的认知也普遍倾向于方形，但是四种形状各占的比例比较平均，这主要依据参与者使用遥控器数字键的形状决定。从调台和音量键方面，72% 的参与者会选择以圆形为主的图。从颜色方面，69% 的参与者对于开关的认知是红色，有极少数会选择绿色。键盘和调台 / 音量键方面，30% 的参与者都会选择直观最清晰的一项；

30% 会选择最柔和的一项。从大小和密度方面，63%~80% 的参与者会选择密度较大的，认为使用时不会按错按键。从图标方面，75% 的参与者无法识别最基本的开关或者上下调台的图标。材料方面，50% 的人选择手感最舒适的有机玻璃，而遥控器按键的真正材料软橡胶只有 10% 的人选择。(详细信息见各分实验结果)

5.2 自然匹配用户认知心理实验

案例：用户对于开关的自然匹配认知心理实验

设计团队：唐婷婷、张心馨、王璐、高培鑫、杨莹

摘要：日常生活中，一些产品的设计不符合人们的认知和使用习惯，往往引起操作上的错误行为。比如在不熟悉的环境中，许多不同的电灯开关被放置在一起，我们时常无法在第一时间开启与指定电灯匹配的开关。本次实验以电灯开关为实验对象，通过开关与灯的颜色匹配、造型匹配以及空间位置匹配关系来了解哪些因素能够引导用户正确开启开关；了解用户对于开关与结果的自然匹配认知心理。本次实验参与者是由中国美术学院 20 名年龄为 20 ~ 30 岁的师生组成。实验结果表明：参与者在面对有色彩、标识、空间位置中顶面与前垂直面的匹配关系引导时，开启开关的思考时间更短、按对开关的概率更高。大多数参与者在操作前会寻找开关与灯匹配关系的规律。开关在生活中的使用具有广泛性，通过对用户自然匹配思维的分析，使用户在现实使用中更加方便、正确。

5.2.1 导言

生活中当多个相同开关排布在一起时，用户时常无法第一时间开启与电灯匹配的开关。唐纳德·A·诺曼在《设计心理学》中指出很多关于自然匹配的问题。"匹配"这一专业术语是指两种事物之间的关系。在本研究中特指控制器、控制器操作及其产生的结果之间的关系。自然匹配是指利用物理环境和文化标准理念设计出让用户一看就明白如何使用的产品。自然匹配可以减轻记忆负担。如果匹配关系不明确，用户就不能立即做出判断。在日常生活中，用户头脑中有一个心智模型，产品的设计者头脑中也有一个心智模型。如何让这两个模型画上等号，这就需要设计者寻找到那个自然的、共有的用户法则。从而让用户容易学习、容易使用产品，进而具备较高的效率和满意度。本研究通过色彩、造型、标识与空间位置的匹配关系进行开关与灯具的实验。通过实验被测试者操作的时间、失误次数以及思考方式来分析用户在操作认知时需要的匹配要素。如果我们日常生活中的产品处处用到自然

匹配，就会享受真正意义上的“便利”。

5.2.2 方法

本次实验是初步了解用户对于开关位置自然匹配的认知能力。本研究根据实验需要制作一系列的样本。实验预期获知参与者对于开关与灯无匹配关系，开关与灯的颜色匹配、造型的匹配以及开关与灯空间位置匹配关系的理解和认知。本次实验的参与者是由中国美术学院的师生组成。由于非工业设计系专业课程的同学在校时间不能确定，因此大多数参与者为工业设计系的学生与老师，以及少数平面与服装专业的学生（年龄 20 ～ 30 岁）。从中选择 20 位受测者（无色盲、色弱）。由于学生课程和学校管理原因，每次实验不能召集太多的受测者，因此实验只能得出小部分的样本。表 5–12 所示实验参与者基本资料表。

5.2.2.1 实验样本

本次实验制作了四套样本：第一套是开关与灯无匹配关系测试样本；第二套是开关与灯的色彩匹配测试样本；第三套是图形匹配样本；第四套为空间位置关系匹配样本。

前三套样本每组均为 40W 的灯泡（65mm×65mm）六个，以两

实验参与者基本资料表　　表5–12

编号	姓名	性别	年龄（岁）	职业	专业
1	高**	男	21	学生	工业设计
2	王*	女	21	学生	工业设计
3	何*	男	21	学生	工业设计
4	赵**	女	21	学生	工业设计
5	潘**	女	21	学生	工业设计
6	胡*	女	30	老师	工业设计
7	李*	女	30	老师	工业设计
8	潘**	男	21	学生	工业设计
9	王**	男	22	学生	平面设计
10	李**	男	21	学生	服装设计
11	杨**	女	20	学生	服装设计
12	王*	女	22	学生	工业设计
13	郑**	男	21	学生	工业设计
14	李**	女	22	学生	工业设计
15	黄*	男	21	学生	工业设计
16	杨*	女	21	学生	工业设计
17	张**	女	22	学生	工业设计
18	万*	男	21	学生	工业设计
19	陈**	男	22	学生	工业设计
20	王*	男	21	学生	工业设计

行三列排布方式排布，下方为三组两开的开关（85mm×85mm）一字排列，开关与灯的连接方式为乱序连接且一对一控制。面板为6mm的密度板装订成箱（400mm×400mm×100mm）；第四组样本为6mm的密度板装订成箱（400mm×400mm×180mm），顶面有40W的灯泡（65mm×65mm）六个，以两行三列排布方式排布，正下方为一组两行三列的六开开关（120mm×120mm）。此外在该箱子的前、后、左、右四个面各有一组相同的两行三列的六开开关。

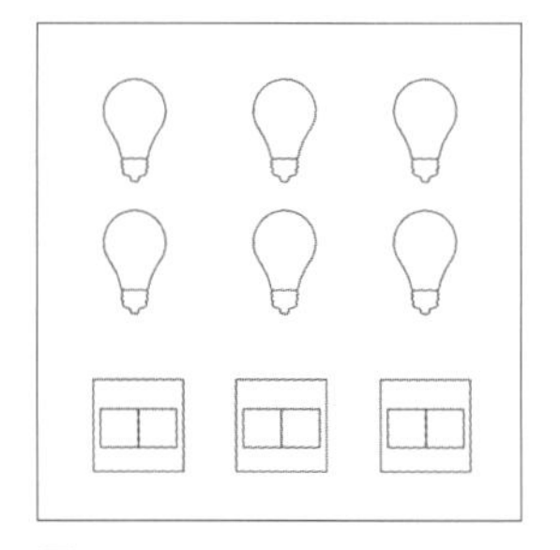

图 5-14
样本①实验方案图

1. 第一套样本

六个灯泡间距都相同，间距为80mm。三组开关间距都相同，间距为30mm。开关与灯泡乱序连接且一对一控制灯泡与开关均为统一型号、样式、颜色。图5-14所示为样本①实验方案图，图5-15所示为样本①实验模型。

图 5-15
样本①实验模型

2. 第二套样本

六个灯泡间距都相同，为80mm。六组开关间距都相同，为30mm。开关与灯泡乱序连接，具有色彩匹配关系，相同色彩的开关与灯泡一对一控制。灯泡与开关均为统一型号、样式，但色彩不同。六个灯泡与六个开关分别为六种不同的颜色：白、红、橙、黄、绿、蓝。图5-16所示为样本②实验方案图，图5-17所示为样本②实验模型。

3. 第三套样本

六个灯泡间距都相同，为80mm。三组开关间距都相同，为30mm。开关与灯泡乱序连接，具有图形匹配关系，相同图形的开关与灯泡一对一控制。灯泡与开关均为统一型号、样式、颜色，但图形标识不同。六个灯泡与六个开关分别为六种不同的图形标识。图5-18所示为样本③实验方案图，如图5-19所示为样本③实验模型。

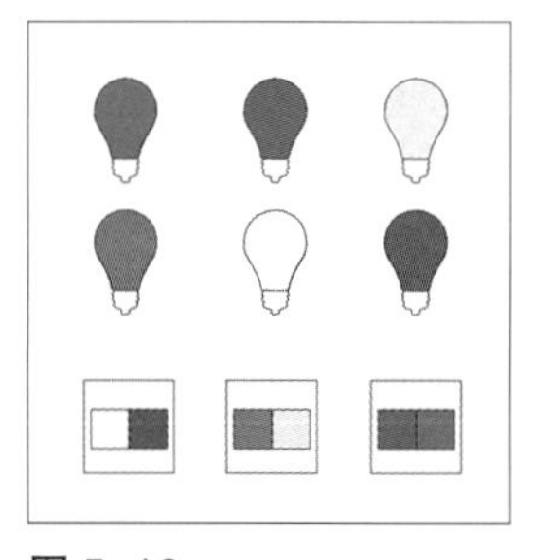

图 5-16
样本②实验方案图

4. 第四套样本

六个灯泡间距都相同，为80mm。五组两行三排六开的开关分别位于顶面、正垂直面、后垂直面、左垂直面与右垂直面。开关与灯泡有序连接，具有空间位置匹配关系，开关与灯泡五对一控制。以顶面开关面板与灯泡位置关系为基准，五组开关面板上，同一方位的开关按键控制同一盏灯泡。图5-20所示为开关与灯泡空间位置控制关系，

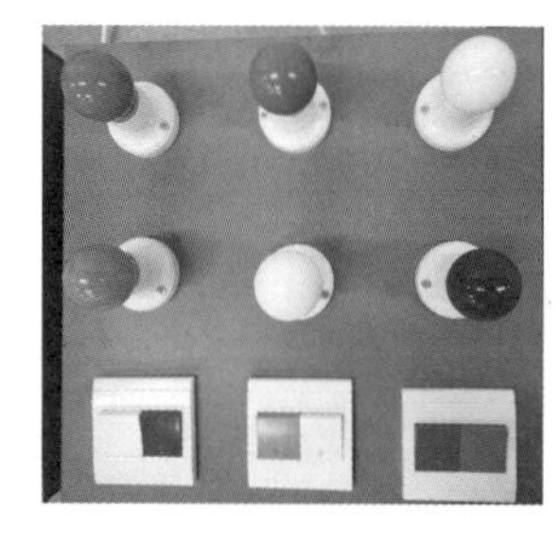

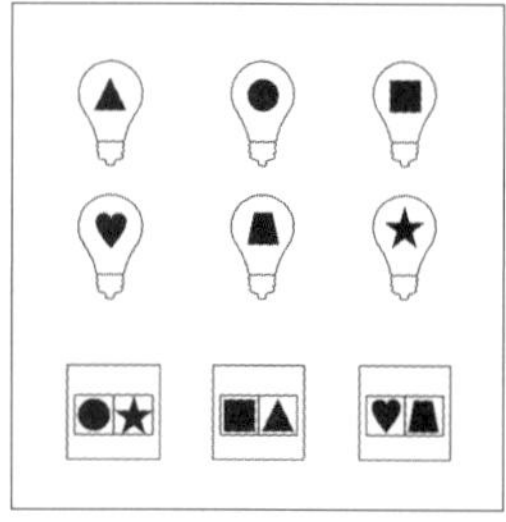

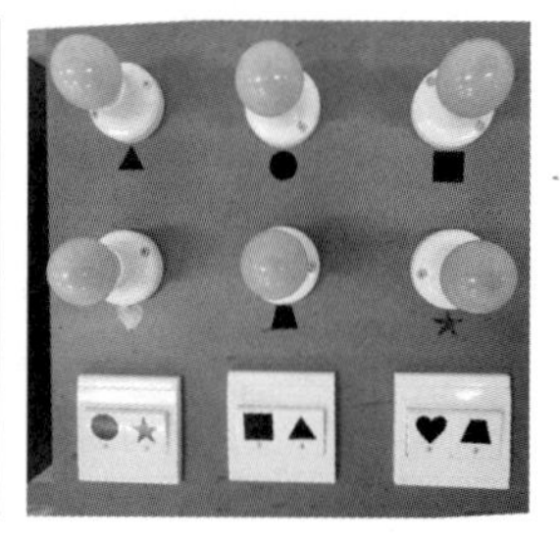

图 5-17（左）
样本②实验模型
图 5-18（中）
样本③实验方案图
图 5-19（右）
样本③实验模型

图 5-20（左）
开关与灯泡空间位置控制关系
图 5-21（右）
样本④实验模型

灯泡与开关均为统一型号、样式、颜色。图 5-21 所示为样本④实验模型。

5.2.2.2　实验程序

1. 测试前准备：实验摄影器材、实验样品、实验记录表格、计时器等；

2. 观察装置：在受测者就定位后，开始实验项目解说及样本解说；

3. 开启指定开关实验任务：在实验中记录思考时间、开错开关次数与思考方式；

4. 实验后交谈：与受测者交流实验过程的缺失，倾听他们的意见。

5.2.3　实验结果

测试目的是获知用户对于开关与灯在色彩、造型、空间位置的自然匹配下是否有指示引导作用；哪些自然匹配因素对于用户的指示与引导作用更为明显。

结果显示实验参与者在面对有色彩、标识、空间位置中顶面与前垂直面的匹配关系引导时，开启开关的思考时间更短，按对开关的概率更高。大多数参与者在操作前会寻找开关与灯匹配关系的规律。研究发现色彩、标识与空间位置的匹配关系均对使用者有指示引导作用，标识的引导作用最为明显，在空间位置中同一水平走向排布方式的引导作用也较为明显。

思考时间结果统计表　　　　表5-13

人次 / 实验方案		思考时间 < 3s的人次	思考时间 ≥ 3s的人次
样本一		15	5
样本二		17	3
样本三		19	1
样本四	顶面	19	1
	前垂直面	18	2
	左垂直面	12	8
	右垂直面	15	5
	后垂直面	10	10

表 5-13 所示为测试者操作思考时间结果统计表。

表 5-14 所示为操作结果统计表。

表 5-15 所示为思考方式结果统计表。

操作结果统计表 **表5-14**

实验方案 \ 人次		操作正确的人次	操作错误的人次
样本一		2	18
样本二		12	8
样本三		19	1
样本四	顶面	16	4
	前垂直面	18	2
	左垂直面	9	11
	右垂直面	9	11
	后垂直面	2	18

思考方式结果统计表 **表5-15**

实验方案 \ 思考方式		随机猜测	匹配关系引导
样本一		6	14
样本二		5	15
样本三		1	19
样本四	顶面	1	19
	前垂直面	0	20
	左垂直面	3	17
	右垂直面	2	18
	后垂直面	2	18

第四组装置较为特殊，实验采取给予开启指定灯泡的任务后不限定次数，而记录实验参与者直至正确开启前失误次数的试验方法。因此实验④的结果更为直观，结果显示实验参与者在进行实验④时，在顶面与前垂直面的测试中表现较好，失误很少且用时短，而在左垂直面与右垂直面上失误开始增加，最后在后垂直面的测试中则只有两名实验参与者失误为零。在这次实验当中，我们发现在空间分布对于匹配关系的实验中，实验参与者能更好地适应顶面与前垂直面的测试，大都能够顺利完成研究任务，与预期大致相符。表 5-16 所示为实验④测试结果统计表。

实验④测试结果统计表　　表5–16

参与者		顶面		前垂直面		左垂直面		右垂直面		后垂直面	
		思考时间(s)	按错次数(次)	思考时间(s)	按错次数(次)	思考时间(s)	按错次数(次)	思考时间(s)	按错次数(次)	思考时间(s)	按错次数(次)
男	A	0	0	0	0	0	0	0	0	4	3
	B	0	0	2	0	4	0	2	0	2	1
	C	0	0	2	1	1	0	2	2	1	2
	D	0	0	0	0	9	1	4	1	2	3
	E	0	0	0	0	0	0	1	3	2	2
	F	0	0	0	0	0	0	0	0	1	3
	G	2	1	3	0	5	1	4	1	3	1
	H	1	0	0	0	2	2	1	1	1	1
	I	0	0	0	0	0	0	0	0	4	3
	J	0	0	0	0	2	1	3	1	2	1
女	K	0	0	0	0	3	0	2	0	3	3
	L	3	1	4	1	3	0	2	0	2	0
	M	0	0	0	0	2	1	2	1	3	1
	N	1	0	0	0	4	2	6	2	3	2
	O	2	0	1	0	2	2	1	3	2	2
	P	2	2	1	0	3	2	3	2	5	2
	Q	1	0	1	0	0	0	0	0	3	2
	R	0	0	1	0	2	1	1	0	3	2
	S	0	0	0	0	2	1	2	0	2	0
	T	1	1	0	0	3	1	2	3	4	1

5.2.4 讨论

通过实验结论和实验者交谈获知，在现实生活中由于开关造型相同、位置关系单一，人们经常有按错开关的经历，这种无自然匹配的情况很常见。大多数人是通过长时间的经验积累、强行记忆开关位置来解决，也有一些使用者按照自己的理解方式在开关上贴上不同造型的贴纸。事实上，这些都是建立匹配关系的方式。因此，设计者以开关为例，着手了解使用者对自然匹配的认知特性。测试发现，通过色彩、造型标识与空间位置的匹配关系引导，使用者可以较为轻松地打开想要开启的灯。

由于开关的使用在生活中有着广泛性，研究者希望通过自然匹配的运用，使用户在生活中更加方便地操作各类产品。本次实验结果基本与研究者所预期的结果一致：面对无匹配关系的开关与灯，参与者无法准确开启。也就是说，在有自然匹配的情况下大多数人可以快速、准确地开启相应的开关。

样本四的数据表明：当开关与灯的空间位置方向越相同、相近，操作越便捷。

样本二与样本三的实验对比结果与预期有所不同：实验预期色彩匹配对参与者的引导作用应大于标识匹配，因为在对标识认知时需要有更多的时间进行思考分析，而色彩通过简单的视觉刺激反应可能使人思考的时间更短。但结果是长时间思考的人数中色彩为 3 人，标识为 1 人；失误次数中色彩为 8 人，标识为 1 人。这可能与实验漏洞有关，因为测试者选用相关样本，前三组实验是依次进行的，受到样本一实验的影响，参与者有惯性思维，会认为样本二的匹配关系也为乱序。但当参与者通过样本二得出有序结论后，才正常进行样本三的实验。这是否会影响实验的真实结果，需要在后续研究中加以论证。

附录

预实验：通过展开“开启指定风扇测试”的初步实验来获得自制实验模型的基础。实验进行两次，给予开启指定风扇的任务，记录思考时间、对错、思考方式。初步实验的开关无颜色、图标提示，让我们得出空间分布也是引导人们开启错误开关的主要因素之一的结论，如图 5-22 所示。

参与者		实验一			实验二		
		思考时间	对错	思考方式	思考时间	对错	思考方式
女	A	1s	√	①	1s	√	①
	B	3s	×	②	2s	×	
	C	2s	×	②	1s	√	
	D	1s	×	②	1s	√	
	E	1s	×	②	1s	×	
	F	3s	×	回忆	2s	√	回忆
	G	1s	×	②	1s	√	
	H	4s	×	②	1s	√	
	I	3s	√	①	1s	√	①
	J	5s	×	③	5s	×	③
男	K	4s	×	②	5s	√	
	L	1s	√	①	3s	√	①
	M	2s	×	③	5s	×	③
	N	3s	×	②	2s	√	
	O	6s	×	②	4s	√	
	P	3s	×	②	3s	×	
	Q	3s	√	回忆	4s	√	回忆

三种思维方式：

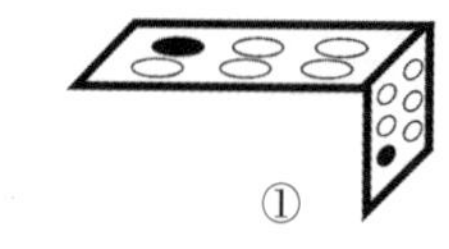
①

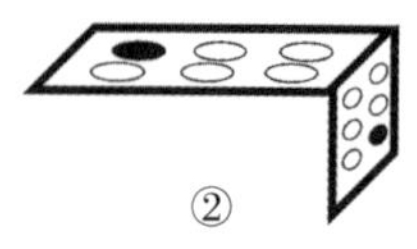
②

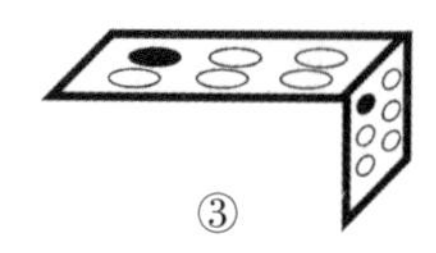
③

图 5-22
关于风扇开关自然匹配调查研究结果统计

5.3 表面知觉认知心理实验

案例：材料的认知心理实验

设计团队：罗江浩、吴宇琴、陈逸凡

摘要：材料是被人们视觉与触觉同时感知的产品客观部分，由于其具有独特的视觉、触觉语义，能对受众的生理和心理造成综合性的影响。本实验通过两个部分来了解物体表面材料特性与用户认知心理的变化。实验一采用相关样本设计。自变量是笔杆的材料（纸、木、丝绒、铝、塑料、陶），随机选择 52 名参与者（男 13 人，女 39 人）。实验通过观察记录实验测试者的选择和使用方式；实验方法为在不知情的情况下签收快件时，实验测试者会选择哪种材料的笔；实验二采用无关样本设计。自变量是碗的材料（竹、不锈钢、塑料、陶瓷），随机选择参与者共 58 人（男 23 人，女 35 人）。实验通过观察记录实验测试者的选择及使用方式；实验方法为在山南食堂二层打汤处放置各种材质的碗，观察测试者会选择哪种材料的碗，并进行事后访谈。实验结果表明：不同的材质对于用户认知体验有着直接而明显的作用。木质作为最具有亲和力的材质易受到用户的青睐；不同的使用方式决定用户对材质的选择，如轻巧的塑料笔适用于匆忙情况下的使用；把不常见的材料置于使用环境中也能起到提升用户认知感受的作用。

5.3.1 导言

《考工记》中记载："天有时，地有气，材有美，工有巧，和此四者，然后以为良。"这种工艺思想的提出，成为中国古代产品设计和制作原则中最早的设计思想。这段话充分表明了在产品设计中研究产品材质的必要性和重要性。在现代的产品设计中，对于材质的研究越来越深入。产品表面材质与用户认知体验之间的关系也越来越被重视。人们日常生活用品中常见的有塑料、竹木、橡胶、陶瓷等材料。这些材料在给予用户丰富的使用体验的同时，也让我们思考：不同的表面材质对于用户的认知行为产生何种影响?

本研究通过两个实验来了解物体表面材料特性对用户使用心理的影响。第一个实验是笔的材料认知实验。实验在转塘申通快递点放置纸、陶、塑料、木、丝绒、铝六种材料制成的笔，供前来拿快递的美院学生以及转塘居民随机选择，实验者通过仪器以及思维回顾方法记录他们的选择、使用方式以及思维。第二个实验是碗的材料认知实验。实验在美院食堂打汤处放置竹、不锈钢、塑料、陶瓷四种材料制成的碗，供前来打汤的学生及观光游客随机选择，实验者通过仪器以及思维回顾方法记录观察他们的选择、使用方式以及思维。实验期望能了

图 5-23
实验用笔示意图

解材质与用户之间的关系，有利于在日后设计产品时使材质能合理运用，发挥不同材质的作用，令产品获得更好的用户体验。

5.3.2 方法

本次实验的目的是了解产品表面材质对于用户认知的影响。本实验通过在不同场所、不同用途的产品进行材质选择实验。实验预期为：在实验一中，预期塑料笔会被最多人选择；在实验二中，预期金属（不锈钢）碗会被最多人选择。

5.3.2.1 实验一

1. 实验样本：不同材质外壳的笔（塑料、木质、金属、软陶、纸质、绒质）。

2. 实验地点：转塘镇申通快递营业点。

3. 实验对象：收发快递的用户。

4. 实验目的：了解用户在签收、填写快件单时，对于不同材质外壳笔的认知行为特点。

5. 原因变量：笔外壳的材质。

6. 实验过程：选择周日几个用户较多的时段（中午 11 点左右，下午 3 点之后），在快递的营业点，将原来营业点用于签单的笔替换成实验用的笔，如图 5-23 所示。为了减少笔的位置对实验的影响，实验过程中多次变换不同笔的摆放位置。

7. 实验人员安排：一人在周围隐蔽拍摄，一人用纸笔记录用户动作，一人及时整理使用后的笔的位置。观察用户在签单时，对于笔的选择以及在使用过程中的行为的差异，用照相、摄影、文字等方式记录。同时随机选取一定量的实验对象做试验后的简短访谈，询问用户选择某支笔的原因，整个实验累计用时 5 小时。记录有效用户数据 52 名。

8. 观察测试者的行为并记录，如表 5-17 所示。

实验观察记录　　表5-17

性别	年龄段（岁）	选择材质	选择过程中的行为记录
女	15 ~ 34	木	首先一支支笔看过来，然后拿了丝绒笔。因为拔出来有困难，所以拿了旁边的木质笔
女	15 ~ 34	陶	没有犹豫，立马拿了最边上离她最近的笔
女	15 ~ 34	绒	没有犹豫，选了丝绒笔。开始拔不出来，但还是坚持把这支笔拔出来
女	15 ~ 34	塑	看了一眼丝绒笔，然后选择了边上的塑料笔
女	15 ~ 34	塑	拿起离她最近的丝绒笔，然后立马扔在桌上，拿了木质笔。写的时候发现是绿色的，于是再次放下，最后拿了塑料笔
女	15 ~ 34	绒	没有犹豫，直接拿了丝绒笔

续表

性别	年龄段（岁）	选择材质	选择过程中的行为记录
女	15～34	陶	准备选铝制笔，但是犹豫了一下，然后选择了陶质笔，拿起来看了一下再写。在放回去的时候又看了一下笔
女	15～34	铝	没有犹豫，直接拿起了铝制笔
女	15～34	塑	没有犹豫，直接拿了塑料笔
女	15～34	塑	先捏住丝绒的笔提了一下，然后松手，去拿了塑料笔
女	15～34	陶	直接拿了陶质的笔
女	15～34	铝	拿起铝制的笔，看了一眼再书写
女	15～34	纸	碰了一下丝绒的笔，手缩回，去拿了纸质的笔
女	15～34	塑	先是捏了一下丝绒笔，然后看了一下，拿了塑料笔
女	15～34	塑	直接拿了塑料的笔
女	15～34	纸	好奇地看了看所有的笔，最后拿了纸质的笔
女	15～34	铝	先拿起了铝制的笔，看了一下，放下后又拿了陶质的笔。 “看到有盖子觉得很麻烦”
女	15～34	陶	直接拿取了陶质的笔
女	15～34	塑	先是触碰纸笔，再触碰铝制笔，最后选择了塑料笔
女	15～34	铝	先是碰了下丝绒笔，提起来又放回，然后拿了铝制的笔
女	15～34	绒	直接拿了丝绒的笔
女	15～34	塑	直接拿了塑料的笔
女	15～34	木	直接拿取了木质的笔，因为写不出来，后换了丝绒的笔
女	15～34	陶	直接拿了陶质的笔，拿起来看了一眼
女	15～34	陶	先拿了金属的笔，看了一下放回，然后选取了陶质的笔
女	15～34	塑	直接取了最近的塑料笔
女	15～34	木	先碰了一下塑料的笔，然后看到木质笔，拿了木质笔
女	15～34	木	看了一下笔，1s左右，选取了木质笔
女	15～34	木	看了一下所有的笔，然后拿取了木质的笔
女	15～34	木	直接走了过来拿了木质的笔，因为签不出来，后换了纸笔
女	15～34	木	扫视周围寻笔，看到笔盒后立马拿了木头笔，发现不能写后拿了铝笔又放回。最后拿了塑料笔。“觉得钢笔可能会没墨水”
女	15～34	铝	先拿起了铝制的笔，看了一下，放下后又拿了陶质的笔。 “看到有盖子觉得很麻烦”
女	15～34	绒	直接拿了丝绒笔，拿起来看了一眼
女	15～34	陶	直接拿取了陶质笔
女	15～34	塑	欲拿丝绒的笔，还没触碰到就收回手，拿取了塑料的笔
女	15～34	纸	手指先触碰丝绒笔，再触碰木质笔，再是塑料笔，然后拿取使用
女	35～59	塑	看了一遍，准备选金属笔，用手指碰了一下。然后选了塑料的笔。 “选的时候没有考虑太多，就是选择平时最熟悉的笔，塑料笔是平时一直用的笔。”
女	35～59	绒	准备直接拿笔，发现有好多只就一一看过来，指尖在陶笔上碰了一下，缩回又去拿了丝绒笔。
女	35～59	纸	犹豫了一下，拿了纸的笔。想放回去又止住，还是用了纸笔

续表

性别	年龄段（岁）	选择材质	选择过程中的行为记录
男	15 ~ 34	纸	一支支笔看过来，盯着纸笔一两秒左右，虽然拔出来的时候卡住，但还是选择用纸的笔
男	15 ~ 34	木	直接拿取了木质笔
男	15 ~ 34	铝	两手捏着铝制笔，用嫌弃的眼神看了一会儿，最后还是用了铝制笔
男	15 ~ 34	铝	用手指触碰木质笔，再是陶质笔，最后选了铝制笔
男	15 ~ 34	绒	拿起丝绒笔，用好奇的目光稍稍研究了一下整只笔
男	15 ~ 34	木	手指顺过丝绒笔、木质笔，拿取了木质笔
男	15 ~ 34	木	触碰丝绒笔，再拿起木质笔。木笔写不出来后换了塑料的笔
男	15 ~ 34	木	拿起了木质笔仔细看了一下再用
男	15 ~ 34	塑	立即拿了丝绒笔，拿起来仔细看了一下后放回去，拿了塑料笔
男	35 ~ 59	塑	全部看了一遍，准备拿塑料的笔，看了1s左右后转去拿金属笔。打开笔盖后看了一下，再放回去拿了塑料笔。 “对材质无所谓，能写就行”
男	35 ~ 59	陶	看了一遍，首先挑选了木质的笔，因为笔墨是绿色的，所以把木质笔放回。再看了一遍所有的笔，犹豫了一下，选择了陶质的笔。 “对材质没什么要求，个人喜欢粗一点的笔”
男	35 ~ 59	木	触碰了一下丝绒笔，手缩回拿了木质笔
男	35 ~ 59	塑	没按顺序，跳跃式地先从陶质、金属、丝绒、塑料笔一支支捏过来，捏到塑料笔的时候拿起笔

9. 结果：用户对不同材质笔的选择呈现明显的差异，14 人选择了塑料，13 人选择了木质；其余材质差异总体较小，男女差异不大，如图 5-24 所示。实验结果与实验预期有所不同，没有预期到木质笔会被多次选择。

根据实验记录表格，将用户在选择笔时的认知行为分成三种模式，如图 5-25 所示。

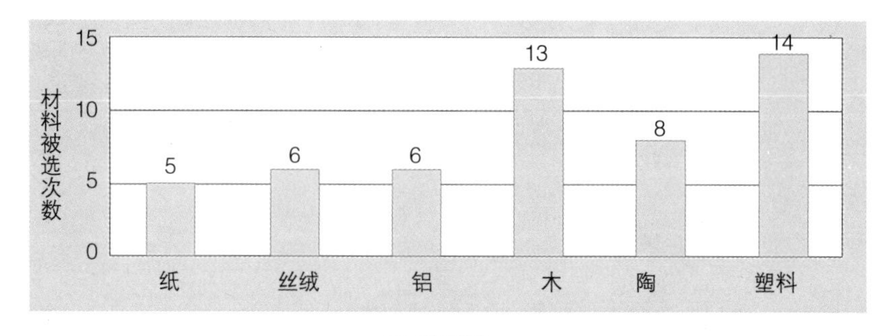

图 5-24
材质选择人数统计

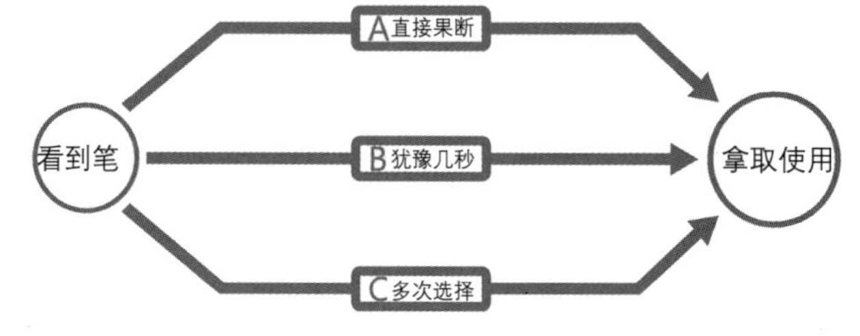

图 5-25
用户选择笔的三种行为模式

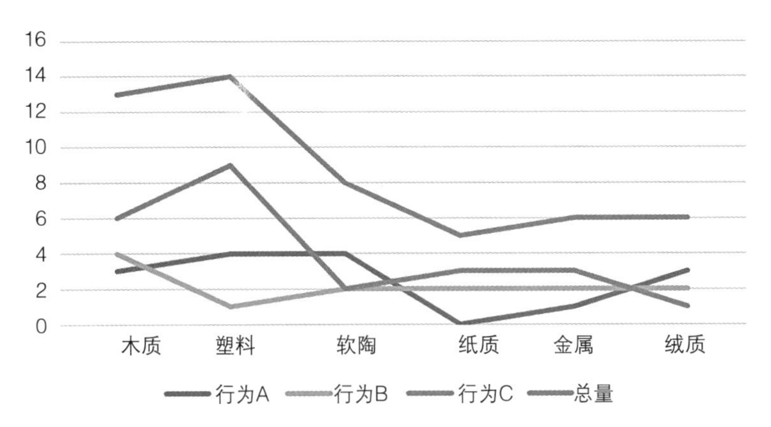

图 5-26
三种行为模式不同笔的选择次数

行为 A：用户直接拿取笔使用；

行为 B：用户经过 1 ~ 2s 时间的犹豫后选择笔使用；

行为 C：用户用手指轻触多支笔后选择一支笔使用。

针对用户三种行为模式，对不同行为与选择笔的材质进行统计，可以看出行为 C 对笔的选择次数与总量的走势最为相近，也最大程度上影响了总量的走势。由此得知当用户在直接选择或者有所犹豫才选择的情况下，笔的材质对于测试者的选择并没有过多的影响；当用户进行多次抉择后，不同的材质对用户的选择产生了较大的影响，用户的选择更偏向于木质和塑料，特别是塑料的数量，如图 5-26 所示。

10. 讨论：在签收快递的时候，用户一般都比较匆忙。由实验我们可以得知，用户在比较匆忙的情况下对于塑料和木质材质的笔选择比较多。通过访谈得知塑料材质给人以轻巧、方便的感受。同时，生活中也以塑料笔最为常见，当用户无法抉择时，多会选择一种自己更为常用的材质。木质给予人一种自然的感受，是亲和力较强的材质，这种感性特质也使得人们多次选择它。金属制的笔与快递点的环境不相适应；从访谈资料中发现，有较多的用户觉得感觉较为高档的金属笔在这种环境出现可能是坏的，从而没有选择。

5.3.2.2　实验二

1. 试验样本：不同材质碗 [塑料（密胺）、木质（竹）、金属（不锈钢）、陶瓷]。

2. 实验地点：学校食堂。

3. 实验对象：广大师生。

4. 实验目的：在食堂打汤时，测试测试者对于不同材质碗的选择以及使用时的行为特点。

图 5–27
实验用碗示意图

5. 原因变量：碗的材质。

6. 实验过程：周末两天的中餐和晚餐的时间，在食堂打汤点，将原来食堂的碗替换成试验用的四种材质的碗，如图 5–27 所示。将碗无先后顺序地“一”字排放。实验设计者一人在周围隐蔽拍照；一人用纸笔记录，观察用户在打汤时，对于碗的选择以及在使用过程中的行为差异。随机选取一定量的实验对象做实验后的简短访谈，询问选择某种材质碗的原因。实验累计时间 6 小时，有效实验人数 58 人。

7. 观察测试者的行为并记录，如表 5–18 所示。

实验二观察记录表　　表5–18

性别	年龄段（岁）	选择材质	选择过程中的行为记录
男	15～34	竹	看了一下，直接拿取竹碗
男	15～34	竹	直接拿取竹碗
男	15～34	竹	因为原来在食堂没有见到过，觉得很新颖，相比之下更喜欢木的材质
男	15～34	钢	直接拿取了钢的碗。“觉得比较有质感，比较好看”
男	15～34	竹	先是整体观察了一下，然后拿起一只竹碗仔细看过再使用
男	15～34	瓷	直接拿取了瓷碗
男	15～34	瓷	直接拿了瓷碗
男	15～34	塑	直接拿起塑料碗使用
男	15～34	竹	直接拿取。“觉得竹碗比较特别”
男	15～34	钢	全部都看了一眼，然后拿取钢碗使用
男	15～34	钢	直接拿取钢碗
男	15～34	塑	直接拿了两个塑料碗，抓握碗口
男	15～34	竹	先提起钢碗看了一下，放回后拿起竹碗使用
男	15～34	钢	“之前用过这种碗，知道有隔热的效果”
男	30～59	竹	直接拿取
男	35～59	瓷	看了一下，拿取了白色的瓷碗
男	35～59	钢	先是选了不锈钢的碗打汤；后用手捏竹碗口拿起，翻看碗底，仔细地观察了下。“没见过木碗，所以多看一下”
男	35～59	钢	捏着钢碗口，拿起看了一下。“下意识就拿了钢碗，平时就一直用钢碗”
男	35～59	塑	在拿取塑料碗时很仔细地观察了一下
男	35～59	竹	拿起瓷碗很仔细地观察了一下，放回。然后拿起了竹碗并仔细看了一下，再使用。“觉得瓷碗的品相不好”

续表

性别	年龄段（岁）	选择材质	选择过程中的行为记录
男	35～59	塑	边仔细看，边拿起塑料碗
男	60～80	瓷	在人群中伸手拿了一个瓷碗
男	60～80	瓷	左手拿起，看了一下
女	15～34	竹	“觉得竹碗给人感觉自然一点，健康一点”
女	15～34	竹	好奇地看了下，拿了竹碗
女	15～34	竹	拿起第一个竹碗看了一下，放回拿取第二个木碗
女	15～34	竹	一只手抓握瓷碗的碗口，提起掂量后放回，拿起竹碗使用
女	15～34	竹	直接拿取
女	15～34	塑	直接拿了两个塑料碗
女	15～34	钢	直接拿了钢碗使用
女	15～34	塑	直接拿取塑料碗
女	15～34	竹	表示很喜欢竹这种材质
女	15～34	竹	一个个看过来，选了木碗
女	15～34	塑	看了一下直接拿了塑料碗。 “相比竹碗，白色的碗看起来比较干净”
女	15～34	竹	直接走过来拿了竹碗。 “觉得很特别，一般食堂没有，很好看，很新颖，很喜欢”
女	15～34	竹	两手抓握竹碗碗口拿起
女	15～34	钢	手捏碗口拿起。“下意识地选择了钢碗，因为平时都是用钢的，觉得不锈钢肯定比塑料好的”
女	15～34	竹	拿起木碗看了一下，放回后拿起第二个木碗。“觉得竹碗比较亲切，比较特别，令我想起了无印良品”
女	15～34	钢	直接拿起了钢碗
女	15～34	钢	看了一下，拿起钢碗使用
女	15～34	塑	看了很久，拿了塑料的碗
女	15～34	钢	“觉得不锈钢的比较有质感”
女	15～34	塑	“看起来比较干净”
女	15～34	瓷	直接拿取瓷碗
女	15～34	竹	看了一眼，拿了两个竹碗
女	15～34	塑	直接拿了塑料的碗
女	15～34	塑	同上
女	15～34	钢	看了一眼，拿了两个钢碗
女	15～34	竹	准备拿钢碗的时候看见竹碗，拿了竹碗。之后又拿了一个竹碗
女	15～34	瓷	直接拿了一个瓷碗
女	15～34	塑	左手和右手同时拿起一个瓷碗和塑料碗，然后将瓷碗放回，又拿了一个塑料碗
女	15～34	塑	直接拿了塑料碗
女	15～34	竹	手捏碗口拿起
女	15～34	瓷	直接拿取了瓷碗。 “白色的比较干净，让人觉得比较有食欲点”
女	15～34	钢	直接拿了钢碗
女	15～34	竹	直接拿了两个竹碗
女	35～59	瓷	先拿了钢碗仔细看了下，放回又拿了两个瓷碗
女	35～59	钢	拿起第一个看了一下，放回拿起第二个

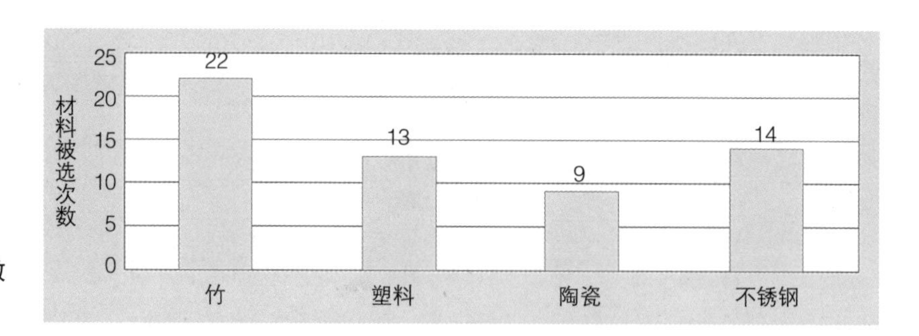

图 5-28
实验二不同材质选择人数统计

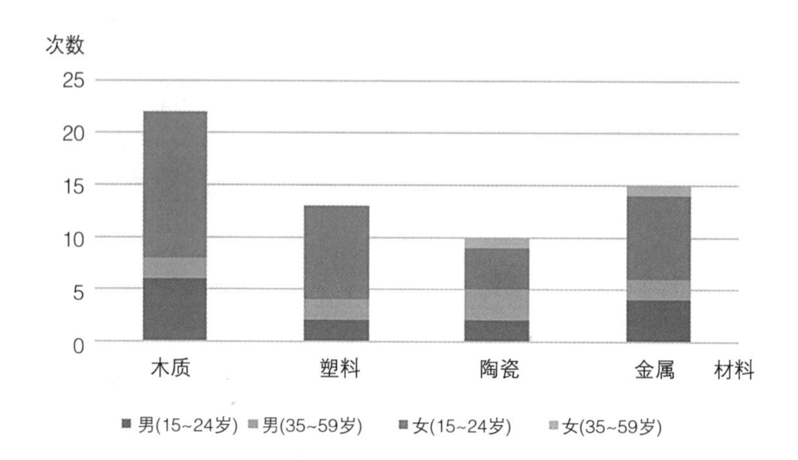

图 5-29
实验二中不同材质选择人数统计（按年龄细分）

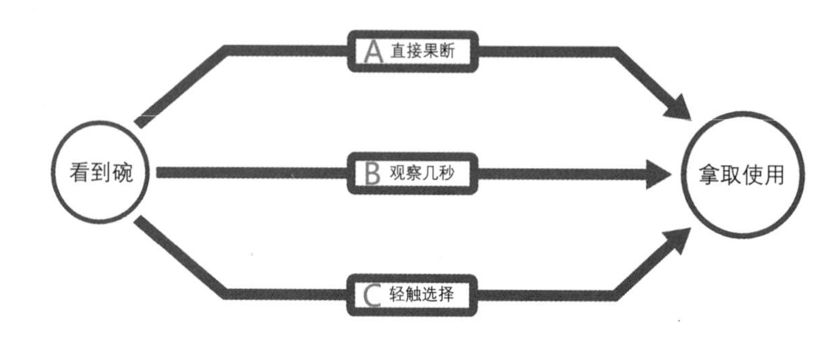

图 5-30
用户对碗选择的三种行为模式

8. 结果：测试者对于不同材质碗呈现较大的选择差异。对于木（竹）碗的选择较多，对于陶瓷碗选择最少。在男女差异上看，女性对于木（竹）碗的偏好相较男性更明显，如图 5-28 所示；瓷碗在 35 ~ 59 岁这个年龄段中的使用数明显增多，如图 5-29 所示。

根据实验记录表格，将用户在选择碗时的认知行为分成三种模式，如图 5-30 所示。

行为 A：用户直接拿取碗；

行为 B：用户经过 1 ~ 2s 时间观察后拿取碗；

行为 C：用户用手指轻触或拿起多个碗后作出选择。

针对用户的三种行为模式，选择不同材质的统计，如图 5-31 所示。

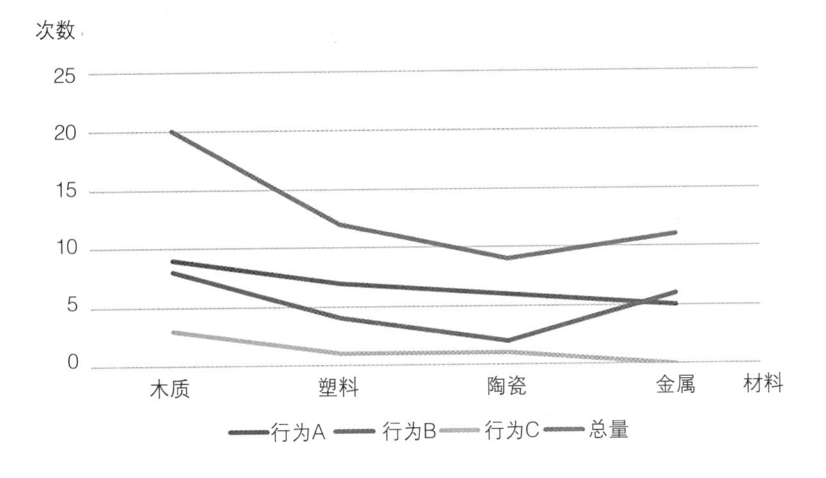

图 5–31
三种行为模式下不同碗的选择次数

5.3.3 结果

实验一的结果显示大多数人选择木质笔，而极少数人选择铝制笔，与实验预期不符；实验测试者在访谈中告知在选择时几乎没有考虑材质因素，与实验预期不符。实验二结果显示大多数人选择木碗和不锈钢碗，与实验预期一致；受访者均能说出与材质相关的选择理由，与实验预期一致。

5.3.4 讨论

人们在公共场所，对于免费提供的公共用品的选择是一种本能的行为，由该物品的用途及其与自身的关系密切程度决定使用者的选择。材质是这两种因素在产品上的客观表现元素之一。笔的使用时间短，用途单一，人们存在“随便哪只，好写就行”的心态；而碗的选择关系到测试者自身的健康，所以会更注重材质的选择。

两个实验中都有自然材料——竹和木，也是在两个不同场合实验中被选择最多的材质。这样的实验结果说明了木头和竹子这两种自然材料所具备的亲和力。实验用的竹木材料为未上漆的原色材料，给人感觉更贴近自然。在生活用品方面，竹、木质的东西较受人青睐。在实验二中，人们对公共场所用自然材料制作的器皿存在一种不方便清洗的认知，因此多选择看上去更干净、清洗起来更方便的人造与自然有机结合的材料。

男性与女性对材质的偏好存在差异：男性更偏向于冰冷的、坚硬的金属质物体；女性更偏向于绒、陶类比较温和的材质。

不同年龄段对材质的偏好存在差异：15~24 岁的青年更愿意选择创新材料，追求品质和现代感，类似竹、金属碗；35~80 岁的中老年群体则更多地选择瓷一类传统的材质。

5.3.4.1 研究的不足与局限

1. 实验一中，由于取件点业务繁忙，有几率出现几人同时用笔的情况，每只笔只备一支导致记录的结果有可能是在不得已的情况下作出的选择；实验二中，由于食堂人多，有几率出现一种材质的碗全被用光的情况，导致记录的结果有可能是在不得已的情况下作出的选择，体现不出实验者自身的心理认知，对研究结果造成影响。

2. 研究中对于受测者的性别、年龄段分布挑选不均衡。若能在研究中加入更多适当的人群，那么本研究的结论则会更加全面。

5.3.4.2 后续研究发展

1. 在实验过程中发现每个人对不同的材质都能产生一点联想，类似“金属的笔让人有复杂的感觉”，实验并没有深入发掘这一方面，后续研究可以以此为切入点展开探究。

2. 由于人力、时间等因素的制约，本研究实验个数过少，覆盖面较小，不能很好地体现普遍性问题，希望在日后的研究中能完善材质表面认知心理实验，深入衣、食、住、行各方面。

5.4 图标的含义与理解实验

案例：汽车内部功能按键图标的认知能力测试

设计团队：黄蕾、王梦佳、李陈宁、潘玉龙

摘要：用户对汽车内部功能按键图标的认知状况直接影响用户驾驶的安全程度。图标是具有引导意义的图形符号，具有高度浓缩并快捷传达信息、便于记忆的特性。本次实验主要是为了初步了解汽车用户对汽车内部功能按键图标的认知能力。包括对图标的理解能力、好感度以及对图标的颜色、图形、字母等各方面的认知。实验从三个方面展开：第一方面通过访谈方法，从具体的事例或者亲身经历来了解用户的认知心理；第二方面通过眼动仪辅助，获得测试者在认知图标过程中的眼动信息，从而分析其认知心理；第三方面通过问卷测试获知测试者对于汽车功能键图标的认知程度。实验参与者为学校在校生以及部分社会人员，年龄为 20 ~ 53 岁。

关键词：汽车仪表图标、设计心理学、认知心理实验

5.4.1 导言

在当今高速发展的社会，汽车已经慢慢成为人们常用的一个交通工具，而在驾驶汽车的时候必须很熟练整个操作的过程，当然汽车内室仪表操作也是很重要的一个部分，但是所有人都能对汽车仪表操作

很熟练吗？换句话说，都能很熟练汽车内室的仪表图标吗？我们从此处展开研究，对汽车内室仪表图标认知心理过程进行深入研究。实验主要从图标的形态出发，从不同的角度进行探究。

本次实验主要是为了验证以下几个问题：

1. 用户对汽车内部功能按键的使用情况；

2. 用户对汽车内部功能按键图标的辨识程度、理解能力；

3. 汽车内部功能按键图标存在的问题。

实验预期是简单的图标更容易让人辨识，复杂的图标会让人有厌恶的情感，记忆停留时间也比较短。为了完善本次实验，以达到实验目的，我们小组采用了调查法、测试法、个案法、问卷法、访谈法等方法。

5.4.2 方法

为了研究用户对汽车内部功能按键图标的认知能力，我们设置了三个部分的实验，分别是问卷测试、眼动仪实验和连线题。

1. 首先通过问卷法来初步了解用户的信息以及对于汽车内部功能按键的基本使用情况。在用户做问卷的同时，采用访谈法中视频的方式对用户进行详细的访问记录，以方便资料的全面搜集。从而对于“用户对汽车内部功能按键的使用情况”这一问题作一简单的总结。

2. 通过眼动仪设备对用户进行测试：测试分两个部分进行。第一部分，在不给用户设置任何任务的前提下，仅凭借用户本身的记忆以及好感度来观察汽车内部功能按键图标。结束后对用户进行访谈调查，记录并总结。第二部分，在给用户设置一些简单的任务的同时，要求用户迅速地找出任务所给的图标，进行辨认。结束后进行访谈调查，记录并总结，从而了解用户对于图标的辨识以及理解能力。

3. 通过给出图标和图标注解，打乱顺序，让用户进行连线判断图标的内容。结束后，进行访谈调查拍摄视频资料，记录并总结图标给用户的感觉以及图标本身所存在的一些问题。

5.4.2.1 实验一：问卷测试

实验目的：问卷测试实验是为了了解用户的信息以及对于汽车内部功能按键的使用情况，本实验将根据调查所得数据制作一系列图表，从而对数据进行透彻的分析、整理。预期获知用户对于汽车内部功能按键的基本使用情况。采用问卷的方式进行调查主要原因是：问卷法节省时间、经费和人力；问卷法的调查结果容易量化，其结果容易统计处理与分析；调查法可以进行大规模的调查，扩大调查面。问卷调查法的局限性：首先是设计比较麻烦；其次是回收率较低，会影响其代表性；最后是获取信息的质量问题，被调查者填答问卷时可能出现估计作答或回避本质性东西的现象，影响信息的准确性。因此，有时还要结合访谈了解深层次的信息。

实验设计：用户根据自身实际情况来填写问卷中相应的问题，回收问卷后对搜集到的资料进行整合。

实验参与者：本次实验参与者多为有驾驶经验的用户，实验参与人数为 20 人，其中男性比例占多数，年轻人比较多，驾龄大多是 1 ~ 3 年。而他们所拥有的车辆基本上为轿车。没有驾驶经验的用户由于条件受限，并不能准确地回答问卷问题，所以基本排除参与实验。表 5-19 为被调查用户的基本资料；表 5-20 为用户访谈对话记录，刘 × ×，年龄：53 岁，男，商人，10 年以上驾龄，常用车凯迪拉克；如表 5-21 为大量用户访谈中分析得到的用户关于图标认知心理的相关信息。

调查汽车内部功能按键使用情况的用户信息表 　　表5-19

用户	年龄（岁）	性别	职业	驾龄（年）	汽车类型	是否在驾驶过程中有找不到或找错按键的情况	是否有过因按键使用不当而发生危险的经历	是否认为不同车辆操作界面不同的现象十分明显	是否熟悉车内按键并在任何情况下能熟练操作
用户1	29 ~ 45	男	企业老板	>10	轿车	是	否	是	否
用户2	18 ~ 28	男	学生	1 ~ 3	SUV	是	否	是	否
用户3	29 ~ 45	男	自由职业	1 ~ 3	轿车	否	是	否	是
用户4	29 ~ 45	男	司机	7 ~ 10	轿车	否	否	否	是
用户5	18 ~ 28	男	司机	4 ~ 6	轿车	否	否	否	是
用户6	18 ~ 28	女	导购	1 ~ 3	轿车	是	否	否	是
用户7	18 ~ 28	男	司机	1 ~ 3	轿车	否	否	否	是
用户8	29 ~ 45	男	职员	1 ~ 3	轿车	否	否	否	是
用户9	45 ~ 60	女	金融业	>10	轿车	是	否	否	否
用户10	29 ~ 45	女	导购	1 ~ 3	轿车	是	否	是	是
用户11	29 ~ 45	女	营业员	1 ~ 3	轿车	是	否	是	是
用户12	45 ~ 60	男	老板	>10	轿车	是	否	否	否
用户13	29 ~ 45	男	商业	7 ~ 10	SUV	否	否	是	否
用户14	18 ~ 28	男	司机	1 ~ 3	轿车	否	否	是	否
用户15	18 ~ 28	女	学生	1 ~ 3	轿车	是	是	是	是
用户16	18 ~ 28	男	推销	1 ~ 3	轿车	否	是	是	是
用户17	29 ~ 45	男	商业	7 ~ 10	轿车	否	否	是	是
用户18	45 ~ 60	男	商业	>10	轿车	是	否	是	是
用户19	29 ~ 45	男	司机	>10	轿车	否	否	是	是
用户20	18 ~ 28	男	学生	1 ~ 3	轿车	否	否	否	否

用户访谈对话记录 表5-20

用户访谈	提问	在汽车驾驶的过程中，遇到过按键上的图标看不懂的情况吗
	回答	很多在车内的图标按键，我平时都是不使用的，所以没有很在意图标是不是都认识
	提问	那您在操作不认识的按键时是如何得知它的作用和含义的呢
	回答	碰到平时不用的，在用的时候就翻一下，使用手册，查一下
	提问	那您有没有因为图表不理解而把按键用错的情况
	回答	按错过一个座位的按键，是一个像镜子一样的对称的符号，我觉得这个是对称的嘛，可能是按下去以后车子左右的后视镜会自动收起来，图形很像。可是我按下去以后发现不是的，而是座椅开始加热了。我再仔细看了一下，里面还有一个看起来像加温的符号，而且我想把它关掉，再按一下也关不掉。后来我把车开到4S店里，叫工作人员给我关掉了

用户访谈的关于图标认知心理的相关信息表 表5-21

	实验对象	信息点
用户访谈	彭*（教师，开过车）	1.第一眼看到的是自己认识的，再是有好感的。最难懂和最没有好感的不会去看； 2.涉及很多字母的一开始就排除了，还有识别性太差的。如果图标识别度强，就能最快读出
	研究生（没开过车）	1.基本不认识图标； 2.简单图标更容易辨识
	游客1（开过车）	1.看得多的是不熟悉的图标； 2.图像更能让人接受、识别，而英文字母太难识别，特别是缩写，根本看不懂
	游客2（正在学车）	在车上看到图标，要想一下才能知道它是什么，但是感觉熟悉
	游客3(没开过车)	1.对常用指示灯都很熟悉； 2.对类似发动机，还有英文字母的不认识，也猜不出
	领导（开过车）	1.看到熟悉的会多看一会； 2.图标好辨识，英文缩写不好辨识

实验结果：与预期相符，我们得到了用户使用汽车内部功能按键的基本情况数据。结合视频采访，从中可以看出用户在使用按键的过程中，存在一部分用户虽然驾龄较大，但仍会发生找不到按键或按错按键的情况。采访得知，多数用户找不到或找错按键的主要原因是没有刻意地去理解和记忆这些按键上的图标，而是凭借自己的习惯来操作自己车内的按键，有的甚至单独拿出用户汽车内的图标让他进行辨认，他都会不认识，所以一旦换了一辆陌生的车，就会找不到或是找错按键的现象更是在所难免；并且在紧急时刻尤其容易发生这样的情况，人一处于紧张的状态下，就越发容易发生错误了。对于用户操作按键的基本情况有了初步了解之后，我们决定开始深入探究用户对于汽车内部功能按键图标的认知心理。

5.4.2.2　实验二：眼动仪实验

实验目的：眼动仪实验是为了了解用户对于汽车内部功能按键图标的好感度以及图标的辨识度，从用户的眼球运动轨迹来进行辅助研究。

实验器材：眼动仪（在相同情境下，记录被试者的眼动信息，可以探测到被试者对信息的选择取向，从而研究不同个体在相同情境下的动机与态度取向）。

实验设计：该实验分为两个部分：第一部分，不给用户任何任务，直接让他们参与眼动仪的测试，用第一感觉来判断对图标的好感度；第二部分，我们则会布置一些简单的任务，让用户进行查找，观察其心理变化。将国家标准的常见汽车功能指示图标导入眼动仪，设置好观察时所停顿的时间为 15s，请用户调整好眼睛的位置。开始之前，我们会告诉用户根据自己的感觉来看这些图标或是制定一些任务让用户进行查找，从而进行实验。

第一部分：不给用户任何任务，让他们参与眼动仪的测试，判断对图标的好感度。

实验参与者：本次实验参与者为随机从实验室周围抽取的老师、学生或是游客。参与调查的人男性居多，读图能力不同。他们都持有驾驶执照。详细信息见表 5-22 所示。

关于眼动仪实验参与调查者的信息表　　表5-22

用户	性别	职业	读图能力	有无驾照
用户1	男	老师	强	有
用户2	男	老师	强	有
用户3	男	研究生	一般	无
用户4	男	老师	强	有
用户5	男	茶商	弱	有
用户6	女	游客	弱	有
用户7	男	游客	弱	有

实验材料：实验采用样本一，图 5-32、图 5-33 所示为眼动仪实验所用的彩色图标。

实验方法：测试者对样本一进行无任务测试。

图 5-34 所示为测试者眼动仪区域停留图，红色为用户 1，黄色为用户 2；图 5-35 所示为测试者眼动仪热点关注图。读图能力较强的工业系老师，观察点集中在比较容易辨识的安全带指示图标、转向灯指示图标、电瓶指示图标等图标上。用户 1 的思维过程为首先观察自己所熟识的，接着观察的是自己对其有好感度的，至于字母一类的图

标完全没有兴趣，所以眼睛会跳过这些图标。用户 2 对识别性太差的直接不去看了，只看一些认识的图标。从视觉热点图可以看到两位用户关注的焦点都较为集中。

图 5-36 所示为测试者的眼动仪区域停留图；图 5-37 所示为测试者眼动仪热点关注图。该用户首先读图能力一般，区域停留较分散，时间停留得都不长，总体感觉用户观察图标是一带而过的观察方式，热点集中强度最大的是转向灯指示图标。后经采访得知，在他的印象里该图标是最熟悉的，而最左侧这些差不多形状的，都有圆形或图案的图标则较难辨识，就跳过了。

图 5-38 所示为测试者眼动仪区域停留图，红色为用户 4，黄色为用户 5；图 5-39 所示为测试者眼动仪热点关注图。用户 4 和用户 5 的视觉关注点较为分散，停留的图标为安全带指示图标、雾灯指示图标等一些常用图标；在采访中提及对油量指示图标和油箱开启指示图标分不清楚；用户 5 强调字母的标识比较难辨认，尤其是缩写字母。

图 5-32　眼动仪实验所用的彩色图标样本 a

图 5-33　眼动仪实验所用的彩色图标样本 b

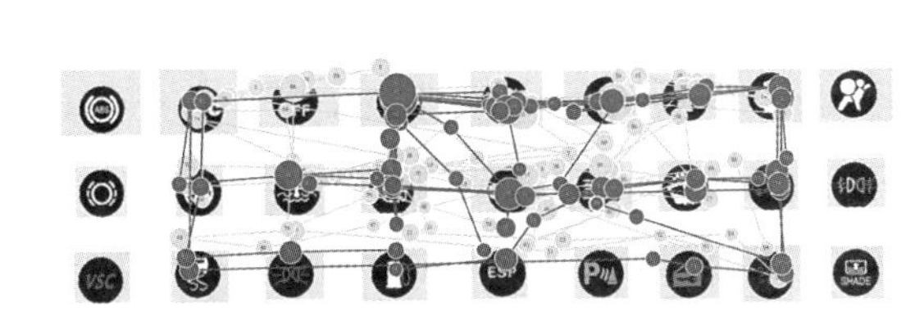
图 5-34　眼动仪区域停留图 1

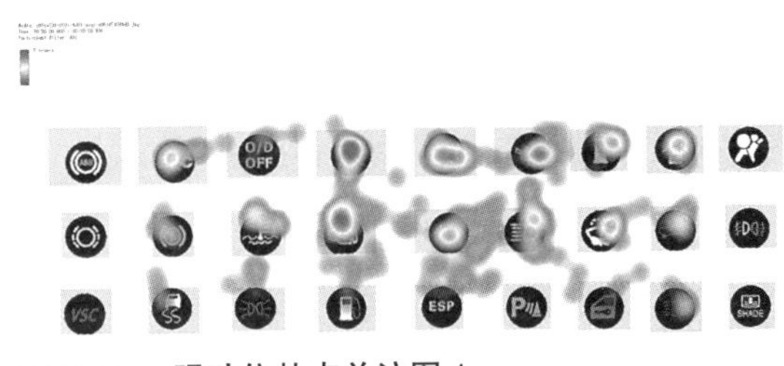
图 5-35　眼动仪热点关注图 1

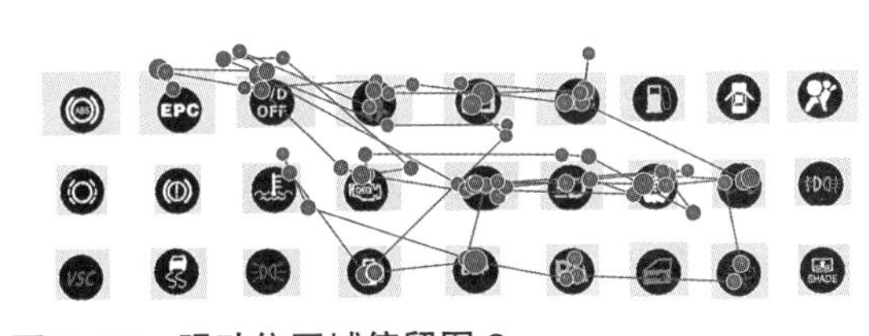
图 5-36　眼动仪区域停留图 2

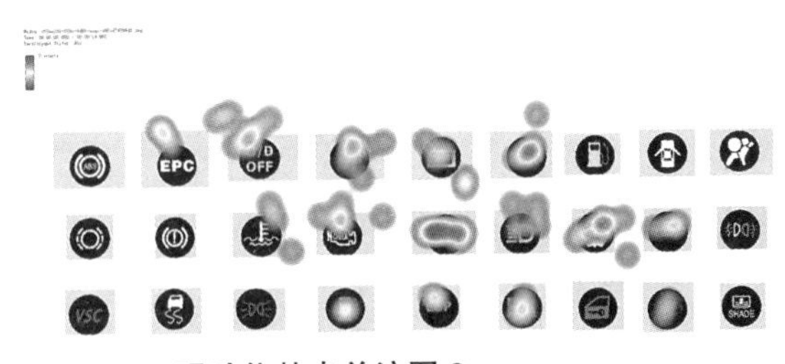
图 5-37　眼动仪热点关注图 2

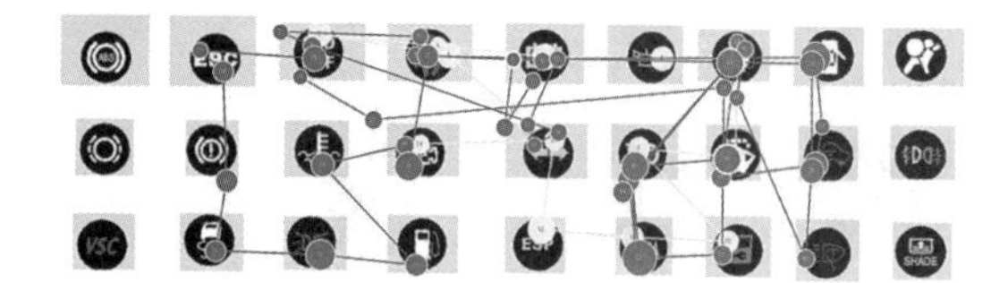

图 5-38　眼动仪区域停留图 3

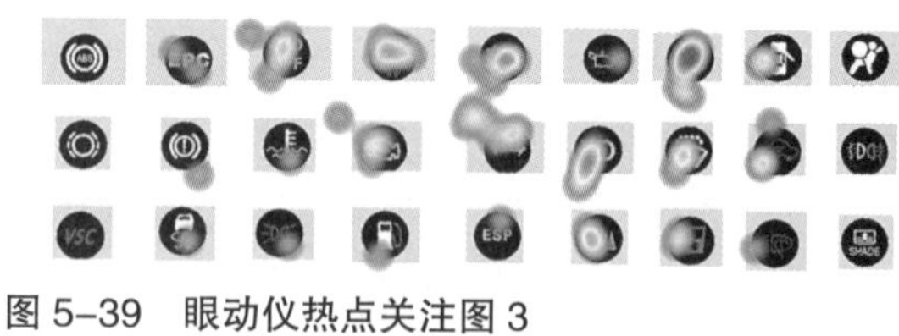

图 5-39　眼动仪热点关注图 3

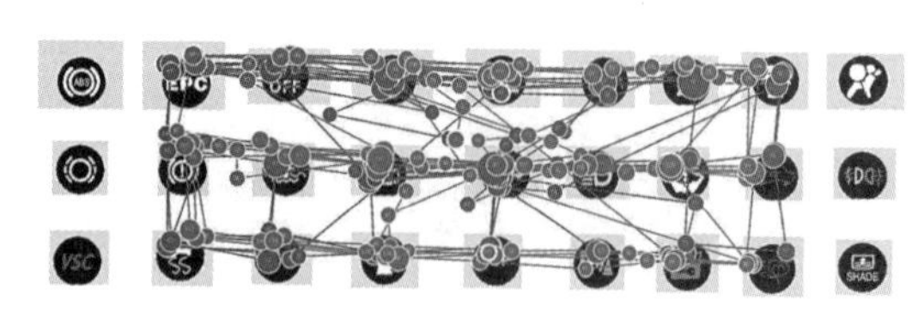

图 5-40　眼动仪区域停留图 4

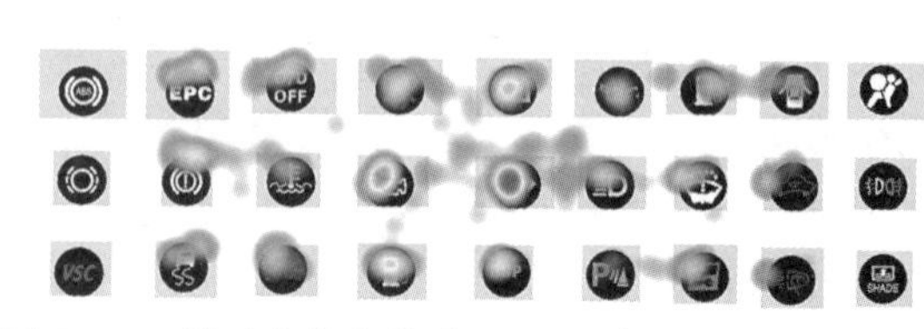

图 5-41　眼动仪热点关注图 4

图 5-42　眼动仪实验所用的黑白图标样本 a

图 5-43　眼动仪实验所用的黑白图标样本 b

图 5-40 所示为测试者眼动仪区域停留图，蓝色为用户 6，紫色为用户 7；图 5-41 所示为测试者眼动仪热点关注图。两个测试者的视觉关注点较为分散，时间区域停留较大，热点关注的是转向灯指示图标；在采访中提及在玻璃水指示灯指示图标上有所停留，感觉对它有印象，但具体是什么名字记不清了；对电瓶指示灯能辨认出，因为自己经常熄火，熄火时会有提醒。

实验结果：实验结果显示即使是开车多年的用户，在脱离操作后也不能完全辨识出图标的信息。在实验测试者 7 人中，有 6 人有驾驶经验，辨识出图标完全依靠日常操作的熟悉度，但在完全脱离操作的情况下，还是需要思考一段时间才可以辨识出。另一人为工业系研究生，读图能力虽然一般，但能凭借猜测识别出安全带指示图标、倒车雷达、邮箱开启图标。他认为，对简单易懂的无字母图标更有好感。

第二部分：实验设计人员采用实验样本二，图 5-42、图 5-43 所示为眼动仪实验所用的黑白图标样本。实验给测试者布置简单的任务，让用户进行查找，记录眼动轨迹。

实验参与者：该部分的实验参与者多为美院在校学生。

样本二实验方法：

1. 受测者：盛 ×× （男），钟 ×× （男）；任务图标：机油指示灯，内循环指示灯；测试结果：视觉观看顺序如图 5–44 所示，视觉关注热点如图 5–45 所示。

2. 受测者：李 ×× （男），王 × （女）；任务图标：雾灯指示灯，安全带指示灯；测试结果：视觉观看顺序如图 5–46 所示，视觉关注热点如图 5–47 所示。

3. 受测者：钟 ×× （男），李 ×× （男）；任务图标：示宽指示灯，发动机指示灯；测试结果：视觉观看顺序如图 5–48 所示，视觉关注热点如图 5–49 所示。

4. 受测者：王 ×× （女），潘 ×× （男）；任务图标：刹车盘指示灯，后遮阳帘键；测试结果：视觉观看顺序如图 5–50 所示，视觉关注热点如图 5–51 所示。

5. 受测者：赵 ×× （男）；任务图标：中控锁键；测试结果：视觉观看顺序如图 5–52 所示，视觉关注热点如图 5–53 所示。

6. 受测者：赵 ×× （男）；任务图标：发动机指示灯；测试结果：视觉观看顺序如图 5–54 所示，视觉关注热点如图 5–55 所示。

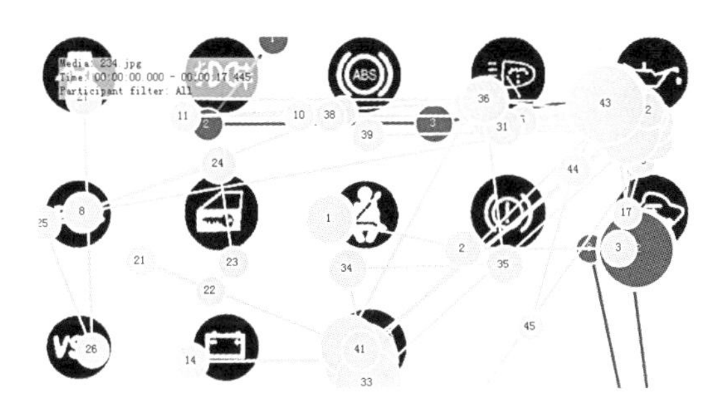

图 5–44　视觉观看顺序图 1

图 5–45　视觉关注热点图 1

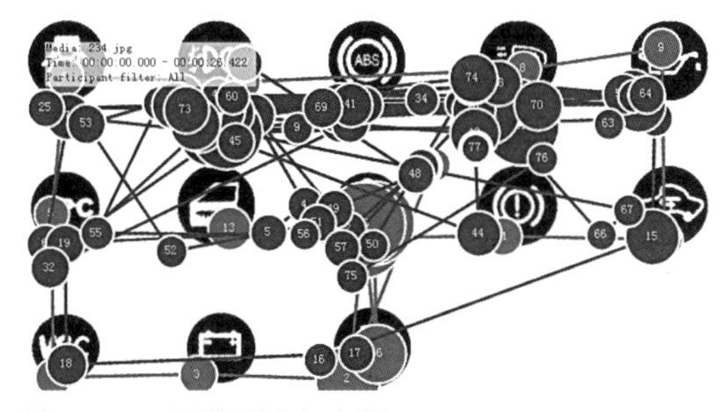

图 5–46　视觉观看顺序图 2

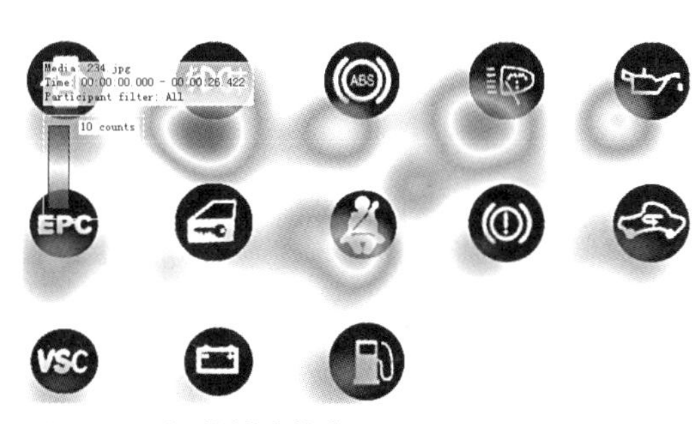

图 5–47　视觉关注热点图 2

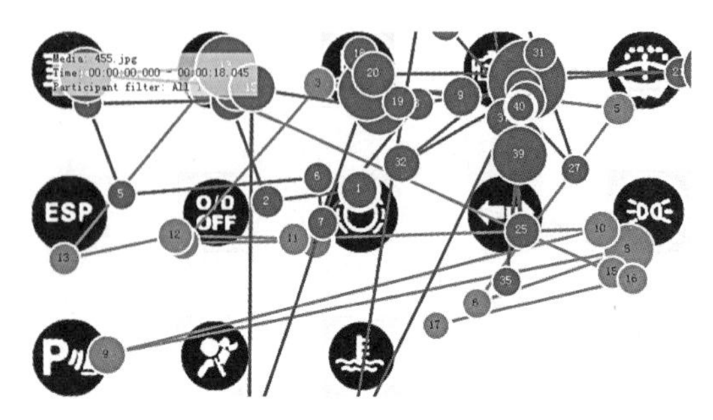

图 5-48　视觉观看顺序图 3

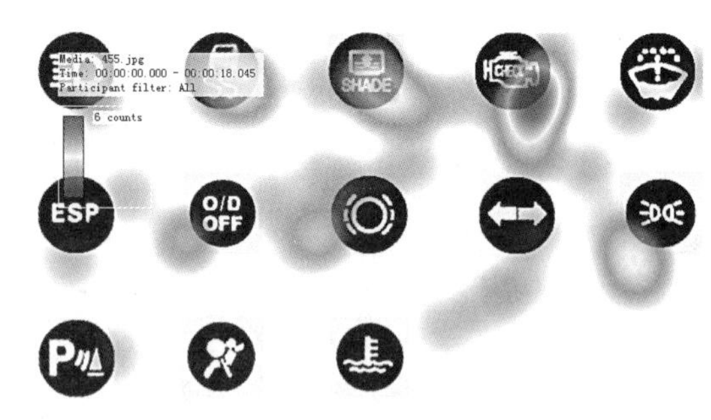

图 5-49　视觉关注热点图 3

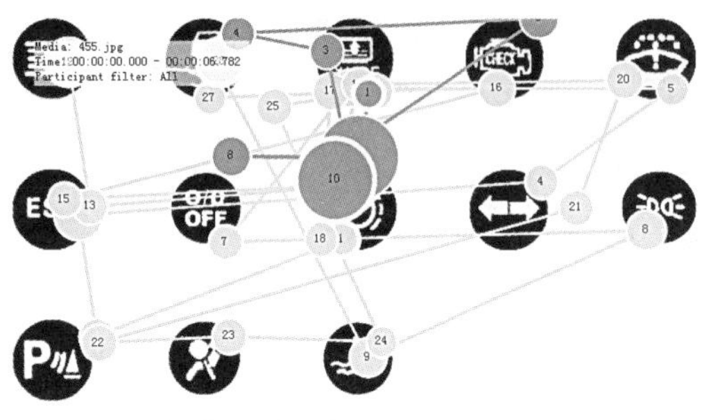

图 5-50　视觉观看顺序图 4

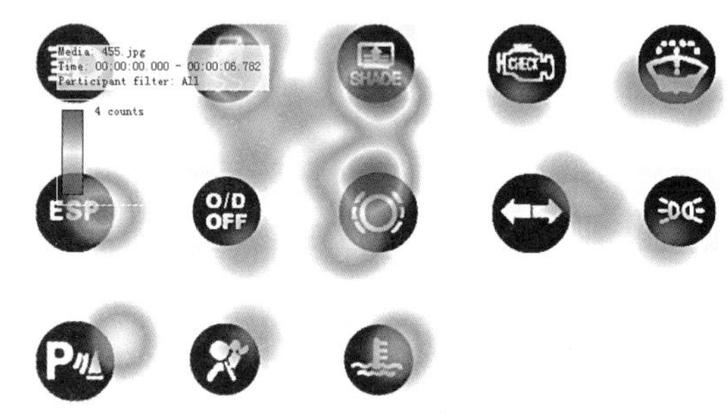

图 5-51　视觉关注热点图 4

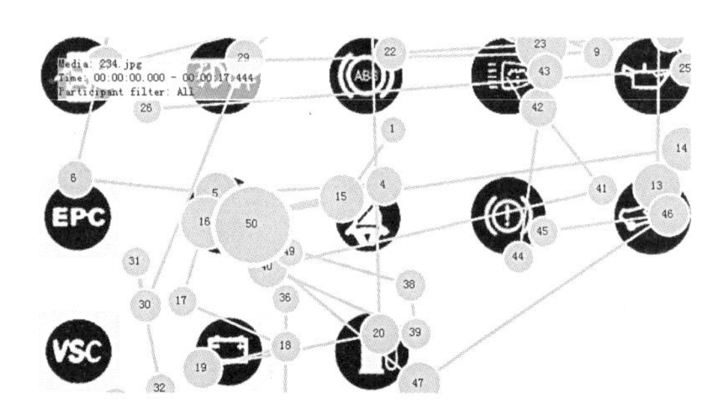

图 5-52　视觉观看顺序图 5

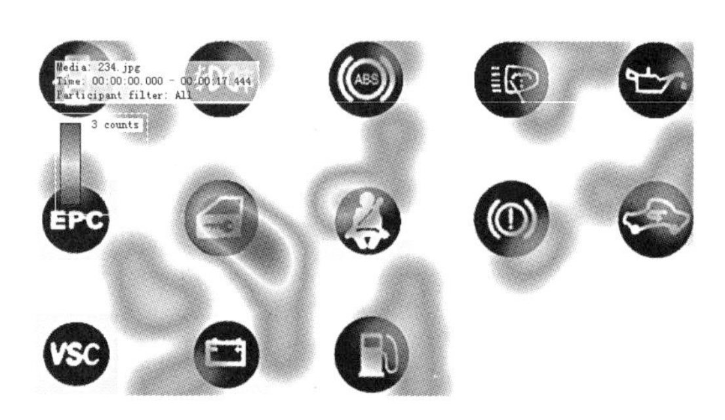

图 5-53　视觉关注热点图 5

7. 受测者：易 ×（女）；任务图标：电瓶指示灯；测试结果：视觉观看顺序如图 5-56 所示，视觉关注热点如图 5-57 所示。

8. 受测者：易 ×（女）；任务图标：气囊指示灯；测试结果：视觉观看顺序如图 5-58 所示，视觉关注热点如图 5-59 所示。

9. 受测者：李 ×（男）；任务图标：倒车雷达；测试结果：视觉观看顺序如图 5-60 所示，视觉关注热点如图 5-61 所示。

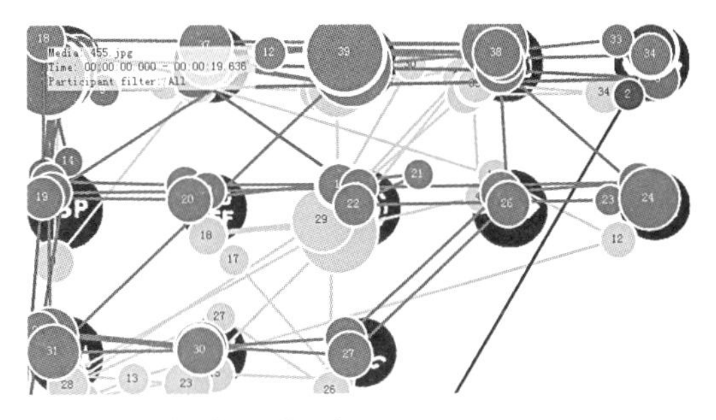
图 5-54　视觉观看顺序图 6

图 5-55　视觉关注热点图 6

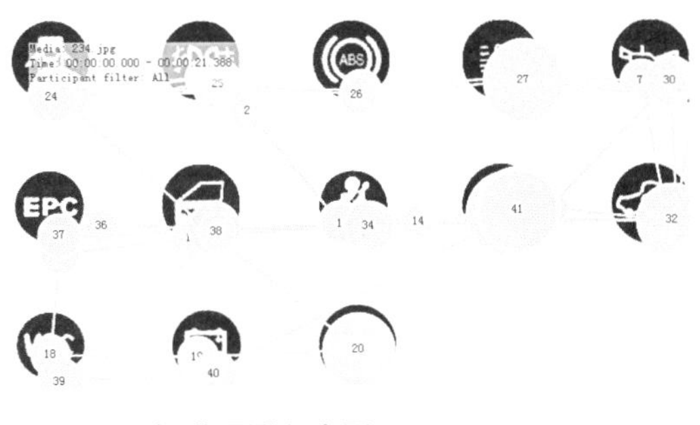
图 5-56　视觉观看顺序图 7

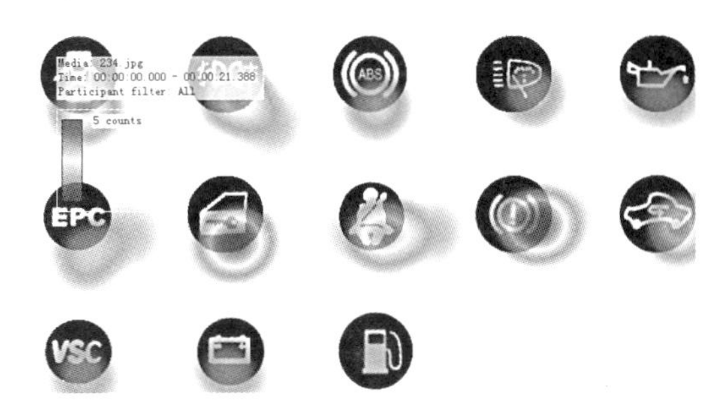

图 5-57　视觉关注热点图 7

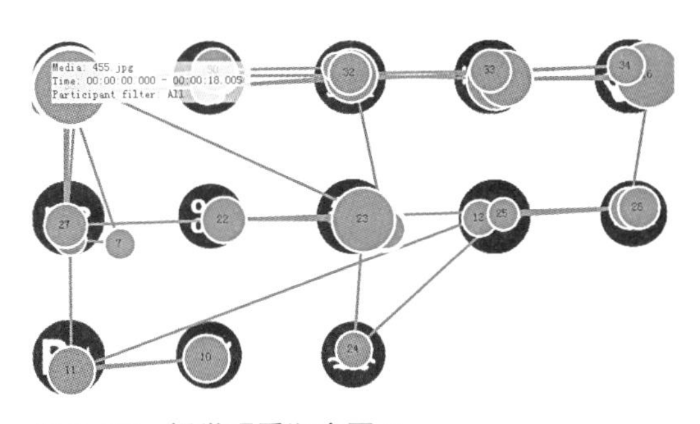
图 5-58　视觉观看顺序图 8

图 5-59　视觉关注热点图 8

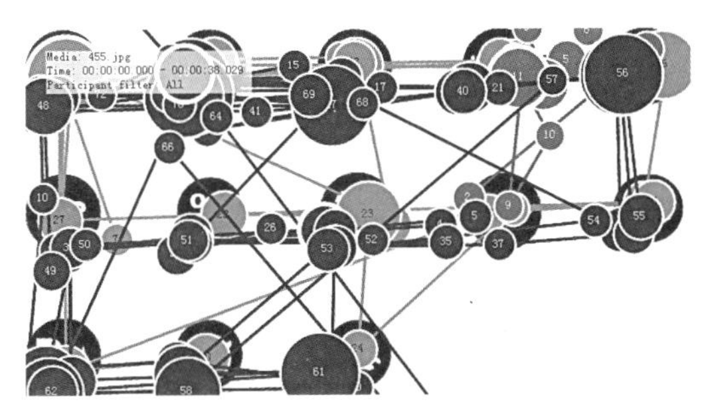
图 5-60　视觉观看顺序图 9

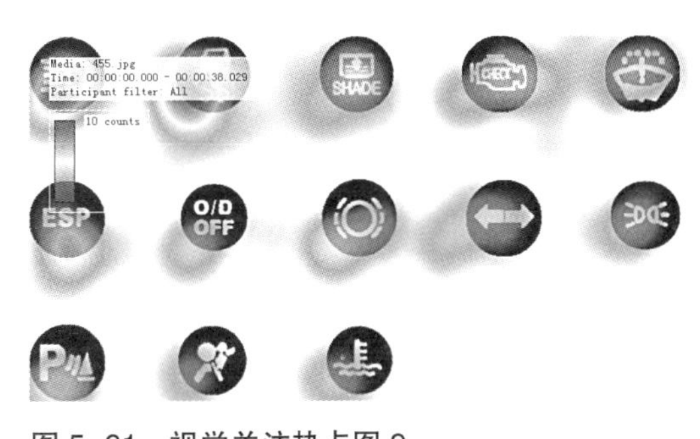

图 5-61　视觉关注热点图 9

样本二实验结果：在进行上述眼动仪实验之后对测试者进行了思维回顾访谈，如表 5-23 所示。

实验结果信息表　　表5-23

编号	姓名	驾照	任务图标	查找顺序	用时（s）	是否有错误	用户访谈
1	李**	无	1.雾灯指示灯； 2.发动机指示灯	1.前大灯清洗键→雾灯→安全带指示灯→雾灯→中控锁键→EPC指示→前大灯清洗键； 2.刹车盘指示灯→O/D档指示灯→发动机指示灯→刹车盘指示灯→发动机指示灯	1.20； 2.15	1.是； 2.否	1.之前没有接触过这些，对雾灯和前大灯清洗键分不清楚； 2.寻找的时候会思考它的图标哪个比较形象，觉得这个发动机指示灯还是比较形象的
2	钟**	有	1.内循环指示灯； 2.示宽指示灯	1.雾灯指示灯→前大灯清洗键→机油指示灯→内循环指示灯； 2.雾灯指示灯→ABS指示灯→玻璃水指示灯→示宽指示灯	1.10； 2.60	1.否； 2.否	1.因为之前接触过，所以比较熟悉； 2.熟识度较高，所以能很快找出
3	李**	无	倒车雷达	安全带指示灯→手刹指示灯→车门指示灯→倒车雷达→机油指示灯→远光指示灯→TCS指示灯	25.00	是	没有接触过，看到TCS指示灯标识为车，所以感觉可能是倒车雷达
4	王*	无	安全带指示灯	VSC指示灯→油量指示灯→内循环指示灯→安全带指示灯	10.00	否	虽然之前没有见过这些图标，但是安全带的标识还是非常明显的
5	潘**	有	后遮阳指示灯	刹车盘指示灯→后遮阳指示灯→发动机指示灯→玻璃水指示灯→TCS指示灯→后遮阳指示灯	20.00	否	之前考驾照的时候就学习过，所以思考了一下，还是可以选出
6	王**	有	刹车盘指示灯	TCS指示灯→发动机指示灯→转向灯指示灯→示宽指示灯→安全带指示灯→刹车盘指示灯	20.00	否	考驾照的时候见过，所以思考了一下，感觉刹车盘指示灯像一个盘子一样，所以觉得应该是
7	赵**	无	1.中控锁键； 2.发动机指示灯	ABS指示灯→安全带指示灯→中控锁键→电瓶指示灯→内循环指灯→中控锁键刹车盘指示灯→发动机指示灯→后遮阳帘键→倒车雷达键→示宽指示灯→发动机指示灯→后遮阳帘键	1.15； 2.20	1.否； 2.是	1.中控锁键上面有个钥匙，所以凭猜测还是可以猜出来； 2.这个不知道，随便猜的，看不出来，没有接触过
8	易*	无	1.电瓶指示灯； 2.气囊指示灯	安全带指示灯→雾灯指示灯→车门指示灯→油量指示灯→电瓶指示灯→VSC指示灯→中控锁键→手刹指示灯→远光指示灯→示宽指示灯→转向灯指示灯→倒车雷达键→气囊指示灯→倒车雷达键→转向灯指示灯→刹车盘指示灯	1.25； 2.25	1.是； 2.是	1.看不出来，全凭猜测，没接触过； 2.这个也看不出来，不认识

样本一与样本二讨论：从实验中我们发现，在脱离实际驾驶环境的情况下，即使是考过驾照的测试者也要经过一段时间的思考才可以作出正确的判断，这个时间点在 10 ~ 20s 之间；从测试者选择的顺序来看，一开始并不能够完全确定，需要经过一定时间的猜测，而在 10s 以内较快速度选出的测试者因为之前接触比较多，所以有较高的熟识度；从那些选择错误的测试者反馈得知，因为之前并没有接触，所以完全凭猜测，仪表图标实在不容易辨别；有些图标为英文缩写，这个更难猜测，所以对其好感度很低；而有的图标例如发动机指示灯、安全带指示灯就比较容易作出判断，因为图标形象感足够，很容易猜出；另外，有的功能相近的图标太容易使人搞混，即使是之前有过接触的，也要在 20s 以内进行思考。

图 5-62　眼动仪实验所用的相近图标样本

本次实验结果和实验预期基本一致：对于带有英文缩写、较复杂的图标，人们记忆时间短、辨别花费时间长、错误率高；而简单易懂、比较形象的图标更容易让人们熟识。

图 5-63　视觉观看顺序图 1

1. 识别错误原因分析

（1）通过测试发现，有 5 人都发生了错误，而这 5 人均没有考过驾照。从他们查找的顺序来看，比较杂乱，大都没有什么具体目标，完全仅凭猜测，最先的观看点就发生错误，中间对正确答案关注点低。

（2）从辨别用时来说，发生错误的测试者用时大都在 20 ~ 25s，之前对图标也没有任何接触，熟识度较低。

2. 识别正确原因分析

（1）较高的是那些有过驾照或者接触比较多的同学，但是数据显示，有三位同学虽然最终选择正确，但用时较多，在 20s 以上。从他们的关注点来看中间过程比较多，第一关注点不是正确答案，最终才确定下来。

图 5-64　视觉关注热点图 1

（2）从他们查找顺序来看，用时在 10s 以内的同学，第一关注点就是正确的答案，中间过程不超过 5 次，最终的关注点也是正确答案。

第三部分：实验设计人员采用实验样本三，图 5-62 所示为相近的黑白图标样本。实验给测试者布置任务，让用户进行查找，记录眼动轨迹。

实验参与者：该部分的实验参与者为美院在校学生。

样本三实验方法：

1. 受测者：王 ××（女）；任务图标：远光指示灯；测试结果：视觉观看顺序如图 5-63 所示，视觉关注热点如图 5-64 所示。

2. 受测者：刘 ×（女）；任务图标：示宽指示灯；测试结果：视觉观看顺序如图 5-65 所示，视觉关注热点如图 5-66 所示。

3. 受测者：李 ××（男）；任务图标：雾灯指示灯；测试结果：

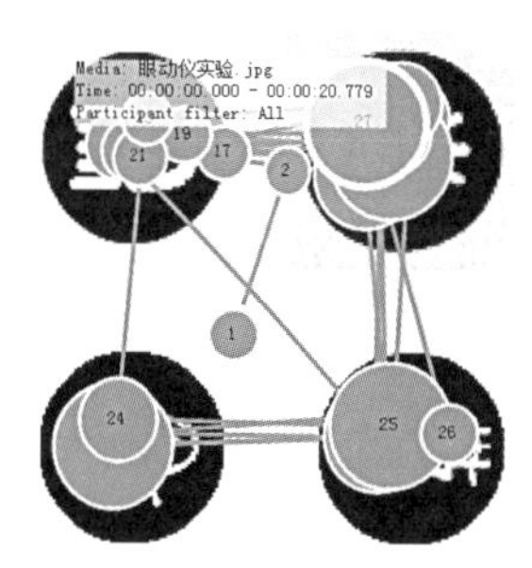

图 5-65　视觉观看顺序图 2

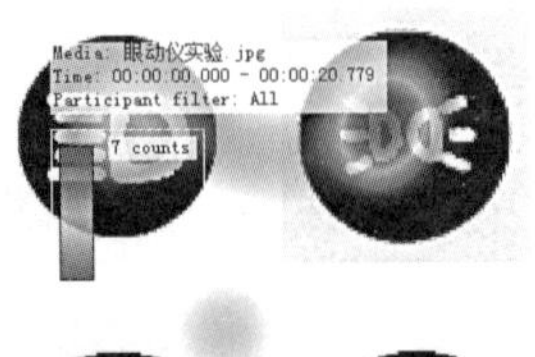

图 5-66　视觉关注热点图 2

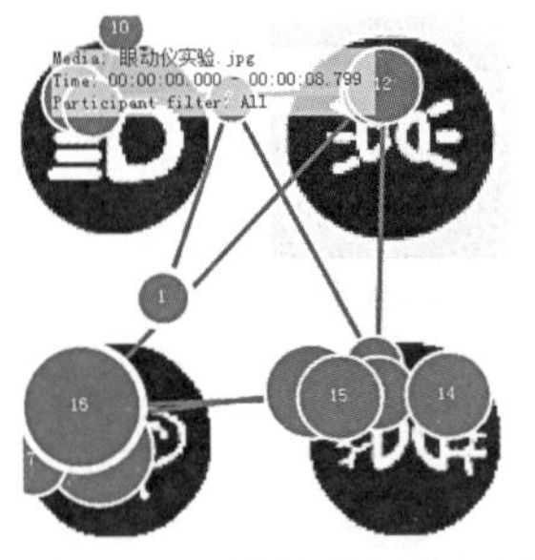

图 5-67　视觉观看顺序图 3

图 5-68　视觉关注热点图 3

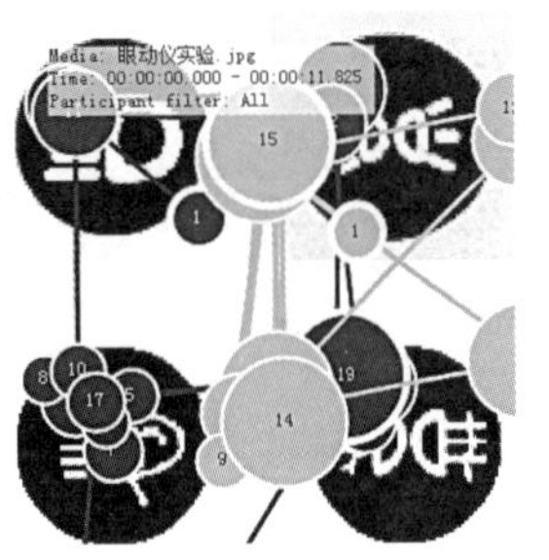

图 5-69　视觉观看顺序图 4

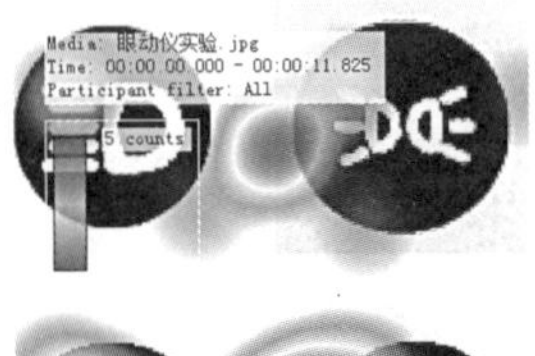
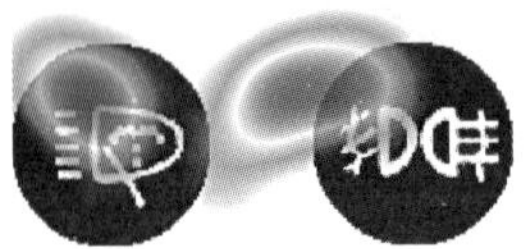

图 5-70　视觉关注热点图 4

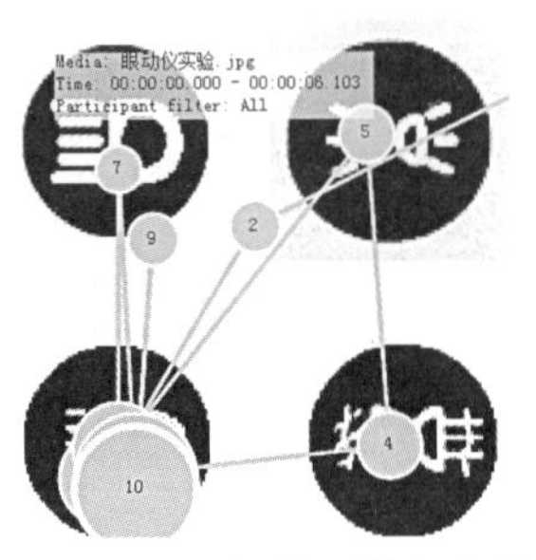

图 5-71　视觉观看顺序图 5

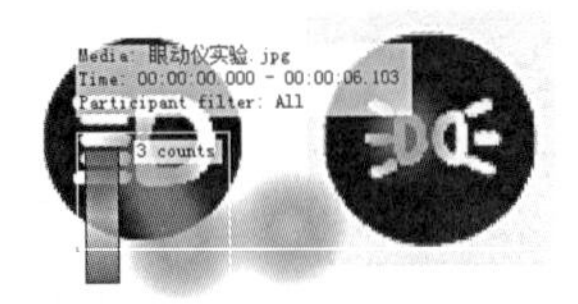

图 5-72　视觉关注热点图 5

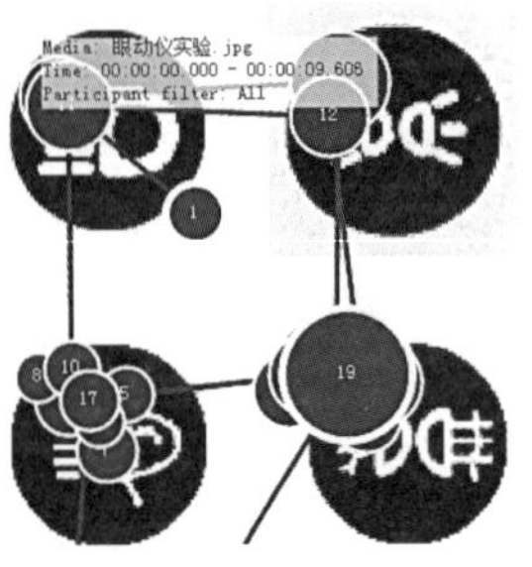

图 5-73　视觉观看顺序图 6

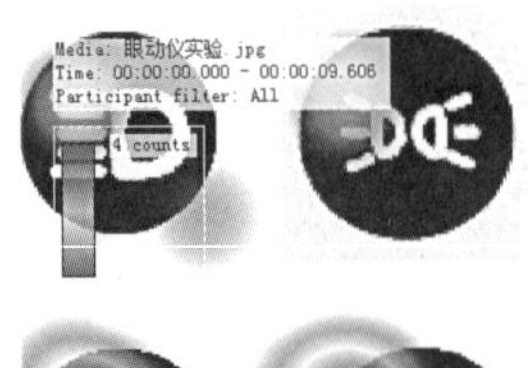

图 5-74　视觉关注热点图 6

视觉观看顺序如图 5-67 所示，视觉关注热点如图 5-68 所示。

4. 受测者：易 ×（女）；任务图标：前大灯清洗键；测试结果：视觉观看顺序如图 5-69 所示，视觉关注热点如图 5-70 所示。

5. 受测者：王 ××（女）；任务图标：前大灯清洗键；测试结果：视觉观看顺序如图 5-71 所示，视觉关注热点如图 5-72 所示。

6. 受测者：刘 ×（女）；任务图标：前大灯清洗键；测试结果：视觉观看顺序如图 5-73 所示，视觉关注热点如图 5-74 所示。

样本三实验结果：进行上述眼动仪实验之后对测试者进行了思维回顾访谈，如表 5-24 所示。

样本三实验结果　　　　表5-24

编号	姓名	驾照	任务图标	查找顺序	用时（s）	错误	用户访谈
1	王**	有	1. 远光指示灯； 2. 前大灯清洗键	1. 远光指示灯→示宽指示灯→远光指示灯； 2. 前大灯清洗键→示宽指示灯→前大灯清洗键	1. 60； 2. 10	1.否； 2.否	1.之前接触过，所以看一眼就知道； 2.之前接触过，又思考了一下，觉得这个有水的形态，所以确定是这个
2	刘*	无	示宽指示灯	示宽指示灯→远光指示灯→雾灯指示灯	20.00	是	雾灯指示灯和示宽指示灯分不清楚
3	李**	无	雾灯指示灯	前大灯清洗键→雾灯指示灯→远光灯指示灯→前大灯清洗键	20.00	是	分不清楚，感觉都差不多，之前没有接触过
4	易*	无	前大灯清洗键	示宽指示灯→雾灯指示灯→前大灯清洗键→雾灯指示灯	20.00	是	形态都差不多，区分不出来
5	刘*	无	前大灯清洗键	远光指示→示宽指示灯→雾灯指示灯→前大灯清洗键	10.00	否	看了一圈，感觉这个比较明显，因为有水清洗的形态

样本三讨论：本次试验是为了验证之前第一个试验用户所反馈的问题，就是功能相近的图标不容易辨识。在这六位同学中，有两位同学选择正确，有三位同学选择错误，选择正确的同学中一人有驾照，之前有过接触，但是同样是要经过思考，还有一位没有驾照，她的任务图标是前大灯清洗键，她是凭借猜测得出的，因为上面有水的标识，在几何形状的灯下，还是比较形象的，猜错的同学用时较久，观看顺序反复较多，他们同样表示，图标相似度高，不容易辨识，研究者觉得图标还是要以人为本，以用户的视角出发，这样才能达到图标的最佳优化。

1. 识别错误原因分析

（1）通过测试发现，有三人发生错误，这三人无驾照，之前没有过接触，对图标熟识度不高。从观看顺序来看，中间对正确图标也发生过犹豫，不能确定。

（2）从用时来说，发生错误的测试者时间大都在 20s，犹豫时间较长。

2. 识别正确理由分析

（1）选择正确的测试者犹豫时间较短，大都在 10s 以内。

（2）从他们的观看顺序来看，仅有一位测试者第一关注点不是正确图标，最终确定，而其他两位测试者第一关注点就是正确答案，犹豫时间短，最终确定。

数据显示有驾照的测试者完成任务的正确率要高于没有驾照的测试者，并且在他们两者都不认识的图标前，有驾照的测试者猜中的几率也略大于无驾照的测试者。了解得知，有驾照的测试者由于实际操作过，所以要辨认出图标会更容易一些。汽车内部功能按键图标的辨识度是有范围的，有驾驶经验的人可以从感官记忆上来判别它，而没有驾驶经验的人，只能从它的图形、字母上来观察判别它。从没有驾驶经验调查者的错误率来看，汽车内部功能按键图标不能被大众所理解，从大众心理不能理解上来看，它的普遍性和被理解性还不够到位。

5.4.2.3　实验三：连线题测试

实验目的：该实验主要是为了探知用户在连线的过程中，对图标判定的心理变化过程，从而深刻地了解图标在用户心中是怎样一个被认知的过程。

预期获知用户对于图标判定的心理变化过程。

实验设计：选择一些国家规定的常见图标，标注好图标名称后，打乱图标顺序，让测试者进行图标与图标名称对应连线。结束后通过视频采访用户在连线时的思维，获取用户辨识图标时的认知心理。

实验参与者：本次实验的参与者为美院设计学院学生，男女比例相当。如表 5-25 所示。

关于连线题实验参与者的信息表　　表5-25

	性别	专业	有无考过驾照	读图能力	测试中有无错误
用户1	男	平面设计	有	强	无
用户2	男	景观设计	无	一般	有
用户3	男	工业设计	有	强	有
用户4	女	工业设计	无	一般	有
用户5	女	服装设计	有	弱	有
用户6	男	玻璃设计	有	一般	无
用户7	男	摄影	有	强	无
用户8	女	动画设计	无	强	有
用户9	男	工业设计	有	一般	有
用户10	女	工业设计	无	一般	无

实验结果：实验记录了测试者做题时每个部分所花的时间及对错情况。具体信息如表 5-26、表 5-27、表 5-28 所示。

实验记录了用户参与实验的做题顺序，如表 5-29 所示。

测试者做题用时及对错情况1　　　　表5-26

	编号	 CHECK	 SHADE					 EPC	
用时/对错	1	6s √	2s ×	2s √	4s ×	2s √	4s √	2s √	4s ×
	2	6s √	4s ×	2s √	4s ×	2s ×	5s ×	2s √	7s ×
	3	7s ×	5s ×	3s √	2s ×	3s √	5s √	2s √	7s √
	4	4s √	6s √	2s √	3s √	2s √	4s √	2s √	6s ×
	5	6s √	4s ×	3s √	2s ×	2s ×	4s √	2s √	7s ×
	6	7s ×	6s √	2s √	3s √	2s √	5s √	2s √	7s ×
	7	6s √	6s √	2s √	3s √	3s √	5s √	2s √	6s ×

测试者做题用时及对错情况2　　　　表5-27

	编号	 ESP	 ABS	 − +				 P	
用时/对错	1	2s √	2s √	3s √	6s √	2s √	6s √	2s √	2s √
	2	2s √	2s ×	4s ×	2s ×	4s √	7s ×	7s ×	2s √
	3	2s √	2s √	3s √	2s √	3s √	2s √	2s √	4s √
	4	2s √	2s √	3s √	2s √	2s √	4s √	4s √	3s √
	5	2s √	3s √	3s √	6s √	3s √	5s ×	5s ×	4s √
	6	2s √	2s ×	3s √	4s ×	2s √	2s √	2s √	3s √
	7	2s √	3s √	4s √	2s √	3s √	4s √	4s √	4s √

测试者做题用时及对错情况3　　　　表5-28

	编号					 VSC			
用时/对错	1	2s √	2s √	3s √	4s √	2s √	3s √	3s √	2s √
	2	2s √	2s ×	3s √	5s ×	2s √	2s √	2s ×	2s √
	3	3s √	3s ×	3s ×	2s ×	2s √	2s √	2s ×	6s ×
	4	2s √	2s √	2s √	4s √	2s √	3s √	2s √	2s √
	5	2s √	2s √	2s √	4s √	2s √	2s √	2s ×	2s √
	6	3s ×	3s ×	2s √	5s ×	2s √	3s √	2s ×	2s ×
	7	2s √	2s ×	2s √	5s ×	2s √	2s √	2s √	2s ×

用户参与实验的做题顺序　　表5-29

	连线顺序（从图标看）	错误率（%）	读图顺序
实验表一	ESP CHECK SHADE	25	从文字到图标
	ESP CHECK SHADE	62.5	从图标到文字
	ESP SHADE CHECK	25	从图标到文字
	ESP CHECK SHADE	0	从图标到文字与从文字到图标相结合
	ESP CHECK SHADE	45.5	从图标到文字
	ESP SHADE CHECK	15	从图标到文字
	CHECK ESP SHADE	25	从图标到文字与从文字到图标相结合
实验表二	VSC	0	从文字到图标
	VSC	37.5	从图标到文字
	VSC	62.5	从图标到文字
	VSC	0	从图标到文字与从文字到图标相结合
	VSC	35.5	从图标到文字
	VSC	0	从文字到图标
	VSC	0	从文字到图标
实验表三	EPC ABS P	0	从文字到图标
	EPC ABS P	62.5	从图标到文字
	EPC ABS P	0	从图标到文字
	EPC ABS P	0	从图标到文字与从文字到图标相结合
	ABS EPC P	25	从文字到图标
	P ABS EPC	0	从图标到文字与从文字到图标相结合
	EPC ABS P	15	从文字到图标

续表

	连线顺序（从图标看）	错误率（%）	读图顺序
实验表四		50	从文字到图标
		75	从图标到文字
		0	从图标到文字
		0	从图标到文字与从文字到图标相结合
		25	从图标到文字与从文字到图标相结合
		0	从图标到文字
		0	从图标到文字与从文字到图标相结合

5.4.3 实验结果

1. 与预期实验结果相符的是：我们从中获取了用户对于图标的第一印象以及用户的个人理解。

2. 通过眼动仪实验对用户视觉信息提取过程中的生理和行为表现分析得出：用户对于汽车内部功能按键图标的好感度仅限于那些线条流畅、图形简单的图标；字母图标则是他们较为排斥的图标；测试者在参与实验的过程中较为关注的还有认识的、曾经操作过的按键；汽车内部功能按键并不能够被大多数人所理解，原因是字母简写按键较多，理解起来比较困难；操作过的人更能直观地解释图标的含义。

5.4.4 实验讨论

1. 用户思考并得出正确答案的正常时间为 2s 左右，也就是说对一个图标认知过程为 2s，如果一个图标是能被人们所认知的，那么这个过程的时间大概为 2s。而超过这个时间，那么就表明它被用户认知起来比较困难，并不能够直观被理解，所以这些花费时间较长的图标则可能是一些低好感度和复杂的图标。

2. 用户在做连线题时，多数同学是按照图标到文字的顺序来进行做题的，采访发现，他们认为图标更能辨识出它的功能，而字母除非选项给出相应的字母，否则是猜不出来它具体的功能的。

3. 以上三个实验的数据分析可以看出用户对于汽车内部功能按键图标是从简单到复杂、从图形到字母的认知方式；被用户接受的大多为造型简单、线条流畅的图形图标；用户所排斥的则是字母为主的好感度低的图标；对于没有接触过的图标很难形成直观的印象，所以会理解度不够，难以辨识；图形相对于字母而言，即便没有学过也可以将它转化成可以理解的概念，既简单又容易辨认。

附录 1：初步问卷调查表（图 5–75）。

附录 2：汽车内部功能键图标认知连线表（图 5–76）。

关于汽车内部操作界面认知心理问卷调查表

被调查人姓名　　　调查人员：李陈宁 王梦佳 黄蕾 潘玉龙　所属单位：中国美术学院

1.您的年龄?

a.18~28岁　b.29~45岁　c.45~60岁　d.60岁以上

2.您的性别?

a.女性　b.男性

3.您的职业?

（填空）

4.您的驾龄?

a.1~3年　b.4~6年　c.7~10年　d.10年以上

5.您的汽车类型? □ 国产 □ 进口

a.轿车　b.SUV　c.货车　d.跑车

6.您在驾驶过程中是否遇到找不到按键的情况?

a.是　b.否

7.您在驾驶过程中是否遇到按键使用错误的情况?

a.是　b.否

8.您是否有过因按键使用不当（如：未能及时找到按键；使用错误按键）而发生危险或事故的经历?

a.是　b.否

9.您是否认为不同车辆的操作界面不同的现象十分明显、普遍?

a.是　b.否

10.您是否熟悉你车辆内所有按键所在的位置并能在任何情况下熟练操作它们?

a.是　b.否

11.您在日常行驶过程中最常使用的按键是哪几个? 能从下列图标中找到吗?

EPC □　□　□　□　□　O/D OFF □　□　□　□　□

VSC □　□　□　□　□　□　□　□　□　□

12.请举例说明您对于您的车辆按键操作界面的不满意部分（如：位置不舒适；使用不便捷等）

图 5–75
关于汽车内部操作界面认知心理问卷调查表

图 5–76
汽车内部功能键图标认知连线表

5.5 传统器物的审美特征调研与分析

案例：中国传统器物的审美分析

团队成员：王朝月、王圆圆、刘晓东、黄沙

摘要：中国传统造物艺术是通过物品的形态语言而传达出一定的审美境界，体现出一种审美愉悦和审美功能的。本研究主要是为了初步了解大众对中国传统器物的感性印象，以及分析传统器物的审美特质。实验参与者由以美院学生为主的 20 ~ 25 岁在校大学生组成。实验结果表明大部分人认为中国传统器物给人的感觉是沉稳的、古朴的和雅致的，并且它们反映在传统器物上的特征具有很多包括造型、色彩、材质等方面在内的共性。

5.5.1 导言

中国传统造物艺术的审美特征主要体现在灵动美、意匠美、雅致美、材质美、工巧美五个方面。春秋战国时期的《考工记》解释了造物的基本原则，“天有时，地有气，材有美，工有巧。合此四者，然后可以为良”，其中“天时、地气、材美”是指自然的规律性，“工巧”是指人的主观能动性，只有二者的结合才能创造出“良”物。这种“天人合一”的理念，是中国人的和谐观，也是审美的最高境界。为了了解中国传统器物的审美特征，我们进行了本次研究。

5.5.2 方法

本次研究主要是为了初步了解大学生对中国传统器物的感性印象，以及分析传统审美观反映在器物上的特征。整个研究分成两个步骤进行：首先通过词汇与图片让参与者对传统器物的感性印象进行“选词”

和“选图”两个环节的测试;然后针对这些文字和图片对传统器物在形、色、材、质等方面提炼出特征元素。

1. 词汇的选择：通过查阅古诗词等文献资料，总结出可以表达传统审美的一些词汇。

清·弘历（乾隆皇帝）

白玉金边素瓷胎，雕龙描凤巧安排；

玲珑剔透万般好，静中见动青山来。

咏宣窑霁红瓶

晕如雨后霁霞红，出火还加微炙工；

世上朱砂非所拟，西方宝石致难同。

插花应使花羞色，比画翻嗤更是空。

赞邵大亨所制鱼化龙壶

紫砂莹润如和玉，香雾纷藤茗初熟。

七碗能生两腋风，一杯尽解炎方溽。

壶兮壶兮出谁手，鬼斧神工原不朽。

咏紫砂壶清·高江村

规制古朴复细腻，轻便可入筠笼携。

山家雅供称第一，清泉好瀹三春荑。

题与陶瓷馆（郭沫若）

后来居上数东洋，夺取万邦瓷市场；

年进美金七千万，数逾赤县十番强。

花纹形式求新颖，供应需求费数量；

国际水平应超越，发扬光烈陈堂堂。

2. 结合访谈与问卷，总结出下列词汇：活泼、奔放、古拙、空疏、清静、精巧、圆婉、富丽、丰满、粗犷豪放、刚劲、端庄、简约、健实、精致、繁缛、精炼、婉转、优雅轻便、素雅、沉静、对称、古朴、柔美、纤薄、清新、浑厚、柔和明快、奢华、雅致、含蓄、饱满、健实、豪放、娴雅、空疏、光滑清静、简洁、质朴、温润、清透、瑰丽、庄重、柔和、喜庆、浓郁

3. 因为课题时间等方面的因素，根据设计团队的集体商讨，从上述词汇中筛选出25个词汇展开测试者实验。

实验一

实验目的：了解实验测试者对中国传统器物的初印象与哪些形容词有关。

参与人员：20 ~ 25岁的在校大学生组成（以美院学生为主）。

实验形式：通过问卷调查和访谈展开实验。问卷调查表及结果如表5-30、表5-31所示。

问卷调查表1　　表5-30

1.您的信息	（姓名、性别、年龄、学院、专业） 例：王**，女，21岁，美院，工业设计
2.中国传统器物给您的感觉是什么？ 委婉的、自然的、柔美的、雅致的、素雅的、厚重的、淳朴的、古朴的、淡雅的、含蓄的、精致的、温润的、清透的、瑰丽的、庄重的、柔和的、喜庆的、奢华的、浓郁的、浑厚的、粗犷的、复杂的、古旧的、敦实的、沉稳的	（请从这25个形容词中选出5个您认为最符合的词汇） 例：柔美、雅致、温润、浑厚、敦实
3.选择这5个词的原因是什么？	（简述即可）

问卷调查表2　　表5-31

姓名	性别	年龄（岁）	身份	词汇选择	选词原因
瞿春山	女	22	美院 设计学专业	雅致、精致、沉稳、淳朴、厚重	说到古代传统器物第一会想到古玩，像青铜器、玉器等
谢文雨	女	20	美院 工业设计专业	雅致、庄重、古朴、古旧、厚重	古代木制品，造型感觉比较笨重，但是做工又很精良
王园	女	23	美院 建筑专业	柔美、淡雅、古朴、含蓄、沉稳	瓷器，首先想到这个，可能跟人的性格有关吧，不同人对同样的物体感觉会不一样
卢升亿	女	21	美院 平面设计专业	淡雅、温润、清透、浑厚、古朴	中国传统器物，像玉、瓷、青铜，都是很有内涵的，能够经过岁月的洗礼流传至今
骆丹	女	24	学生 平面设计专业	素雅、厚重、淳朴、古旧、沉稳	会想到陶土、青铜之类的，会有比较陈旧的感觉
周海	男	20	学生 平面设计专业	自然、素雅、温润、古旧、敦实	选这些词就是凭着自己对传统器物的印象选的，感觉很符合
李嘉敏	女	21	美院 工业设计专业	庄重、奢华、精致、雅致、瑰丽	中国传统器物让他联想到了皇室里的物品，辉煌的古代
孟凡	女	22	美院 网游设计专业	雅致、温润、浑厚、淳朴、沉稳	比较陈旧，但不俗气
张樱鹤	女	22	美院	雅致、温润、庄重、精致、奢华	雅致、温润，让她联想到了文人阶层儒家审美，庄重、精致、奢华，使她想到了贵族之重器
刘靖凯	女	22	美院	淳朴、厚重、精致、庄重、古旧	传统的器物青铜器给人如此感觉
王圆圆	女	22	美院 工业设计专业	厚重、古朴、奢华、粗犷、敦实	传统的器物的审美给人感觉倾向重量感，有华丽的外表
叶蒙惠	男	23	美院 工业设计专业	浑厚、淳朴、庄重、复杂、粗犷	早期传统器物还较为粗糙，发展的过程中逐渐变得精致、巧妙
张思	女	22	美院 工业设计专业	素雅、古朴、淡雅、庄重、沉稳	感觉像这些词，也不知道为什么
李怡文	女	21	美院 工业设计专业	雅致、厚重、古朴、精致、敦实	想到很多材质的器物，如玉佩、古代的青铜器皿
谢同生	男	22	美院 工业设计专业	素雅、沉稳、奢华、含蓄、厚重	根据物件的色泽，以及它的造型选择

续表

姓名	性别	年龄（岁）	身份	词汇选择	选词原因
毛爽	女	22	浙师大	雅致、柔美、古朴、厚重、奢华	物件的质感和颜色
黄浩	男	21	美院 工业设计专业	自然、精致、沉稳、含蓄、雅致	从传统器物的外观以及颜色感受选择
阮丹玲	女	23	上海张江校区	雅致、古朴、庄重、敦实、精致	传统的器皿的造型以及材料如青铜象征权力
汪欣悦	女	22	美院 工业设计专业	素雅、古朴、雅致、沉稳、古旧	有历史感的，如瓷器给人雅的感觉，青铜给人沉稳的感觉
时韵	女	22	苏州大学	委婉、自然、柔美、雅致、素雅	传统的物件如玉，温润雅致给人清淡雅致的感觉
王伟航	男	23	美院 工业设计专业	素雅、淳朴、柔和、自然、温润	从物件的色泽以及韵味最形象的是玉配件
刘卿	男	23	美院 工业设计专业	粗犷、自然、沉稳、浑厚、古朴	想到的是古代帝王的器皿精致、大气，是权力的象征
胡蓉	女	22	美院 工业设计专业	厚重、古朴、含蓄、沉稳、精致	最具感受的是青铜器沉稳、大气
邓方月	女	21	美院 工业设计专业	柔美、温润、精致、清透、沉稳	应该是一些颜色看上去很和谐柔美的器物
刘天文	女	22	工业设计专业	柔美、雅致、清透、温润、浓郁	想到的是一些瓷器、玉器颜色唯美
王雨	男	22	工业设计专业	精致、庄重、古朴、敦实、沉稳	传统器物中第一个想到的就是古代皇宫里的器物，庄重、严肃
徐娟	女	22	浙师大工业设计专业	雅致、温润、浓郁、柔美、清透	色泽剔透、雅致的玉器、瓷器之类
叶学朝	男	23	建筑学院	素雅、淳朴、柔和、浑厚、柔美	想到很多器物，像玉、瓷等，每种器物都有不同的特质
刘宇婷	女	22	建筑学院	雅致、含蓄、古朴、浑厚、沉稳	颜色很深，体积笨拙的
田庆义	男	22	建筑学院	自然、雅致、厚重、含蓄、粗犷	想到一些考古学家发现的文物
段文林	男	23	建筑学院	素雅、淳朴、瑰丽、精致、庄重	想到古代一些器物的颜色、特征

问卷调查表结果统计 **表5-32**

词汇	委婉	自然	柔美	雅致	素雅	厚重	淳朴	古朴	淡雅	含蓄	精致	温润	清透	瑰丽	庄重	柔和	喜庆	奢华	浓郁	浑厚	粗犷	复杂	古旧	敦实	沉稳
次数	1	6	7	15	9	10	8	13	3	6	11	8	4	2	9	2	0	5	2	6	4	1	5	5	13

针对这份问卷调查表的结果进行了统计，每个形容词的被选率如表 5-32 所示。

实验一结果：对传统器物的感性印象，选择率最高的词汇是：雅致的、沉稳的、古朴的。

基于实验一的结果，进行实验二的工作。

实验方法：收集大量传统器物的图片，从中筛选出 105 张最具代表性的图片供测试者选择，图片及编号如图 5-77 ~图 5-79 所示；对应的图片编号方式如表 5-33 所示。

实验目的：了解沉稳、古朴、雅致反映在器物上的特质。

参与人员：从上述实验参与者中随机抽取 15 名同学，作为第二个实验的测试者。

图 5-77　沉稳

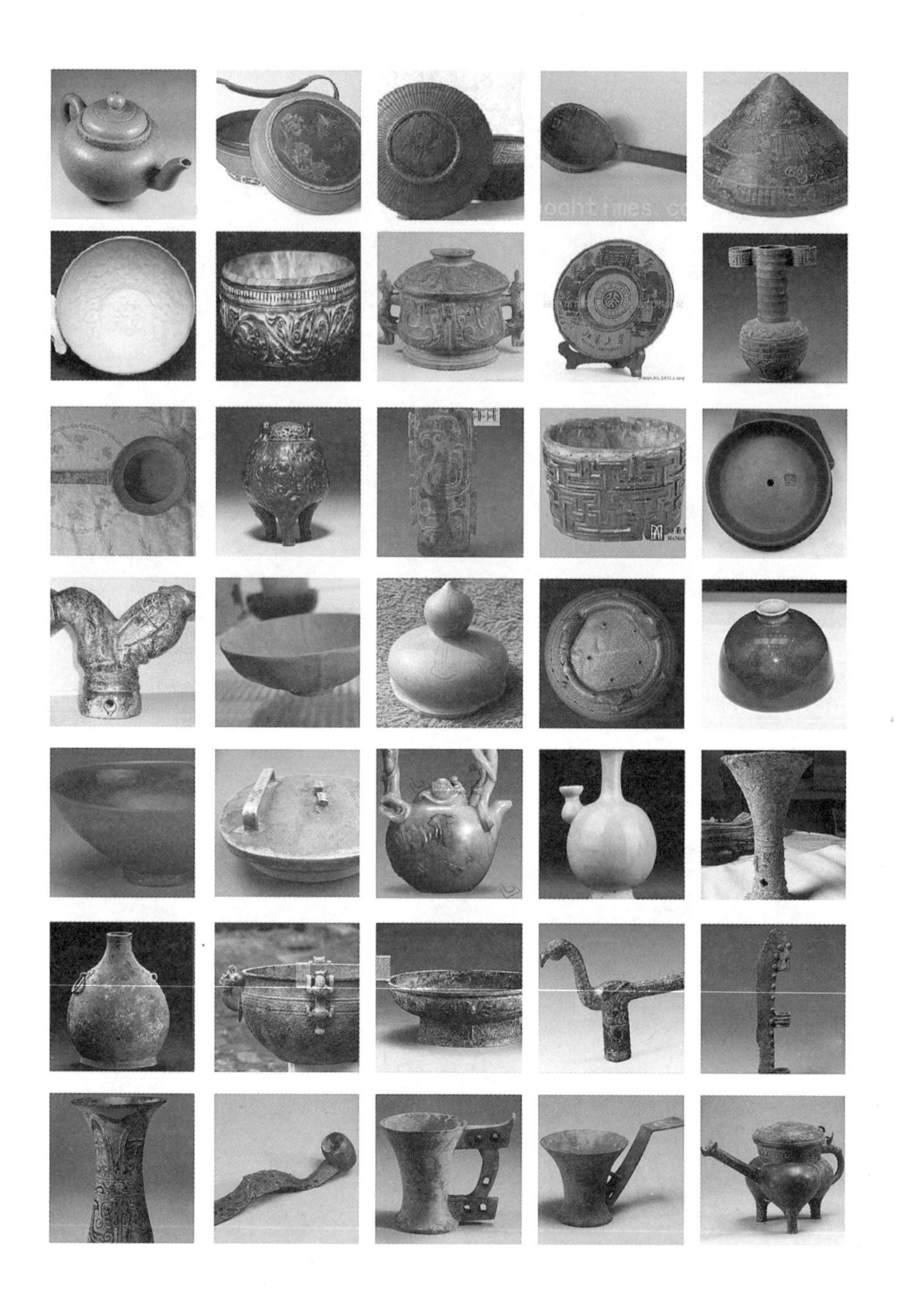

图 5-78　古朴

实验步骤：

1. 从大量的图片中选出了 105 张图片，制作出“沉稳、古朴、雅致”三块图板，每张图板上排列 36 张图，并按照图片的排列位置进行编号，以便后期的数据统计。

2. 让测定者凭自己的审美观从每个图板中选出 9 张对应于沉稳、古朴、雅致这几个词汇的图片。具体信息如表 5-34 所示。

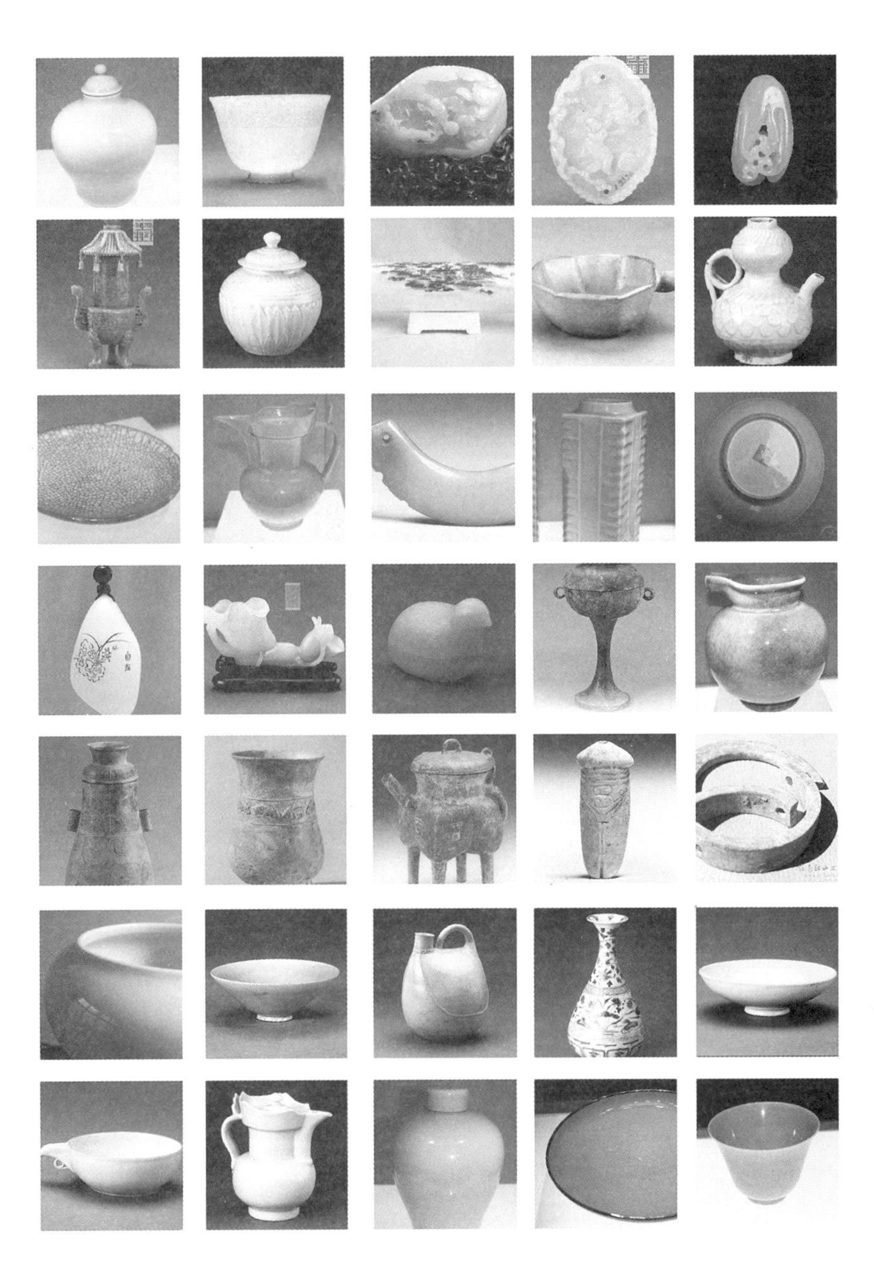

图 5-79　雅致

图片编号方式　　　　表5-33

	0	1	2	3	4
A	A0	A1	A2	A3	A4
B	B0	B1	B2	B3	B4
C	C0	C1	C2	C3	C4
D	D0	D1	D2	D3	D4
E	E0	E1	E2	E3	E4
F	F0	F1	F2	F3	F4
G	G0	G1	G2	G3	G4

测试实验结果汇总表 表5-34

	沉稳	外形提取	古朴	外形提取	雅致	外形提取
瞿春山	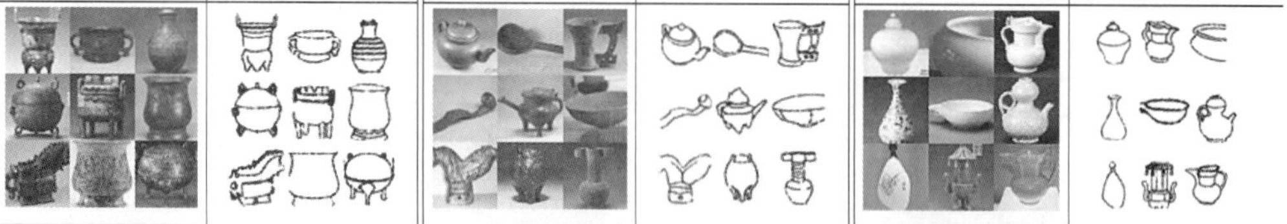					
姜伟	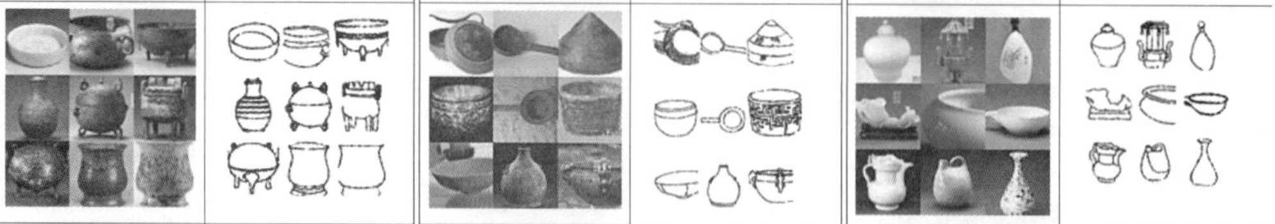					
王园	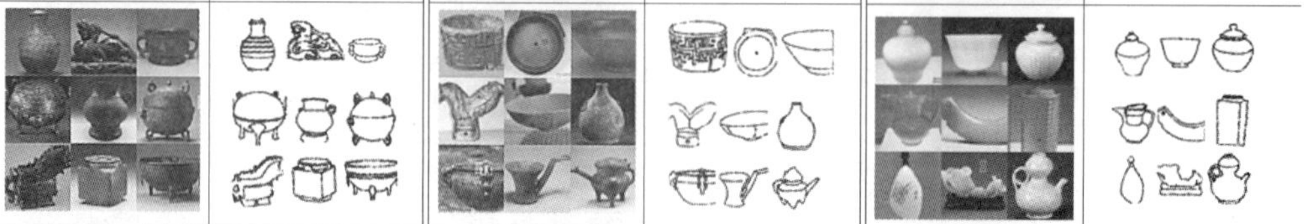					
王威	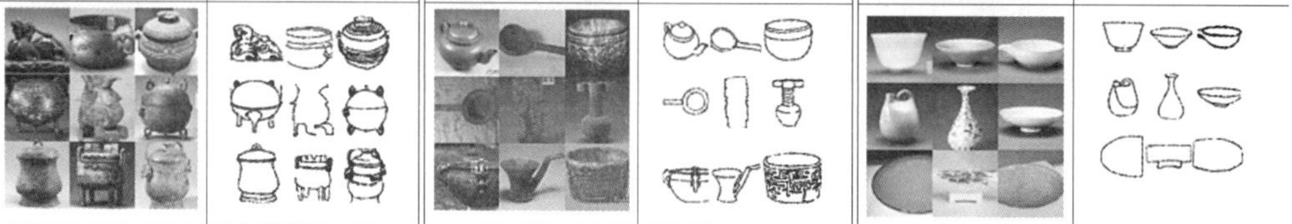					
骆丹	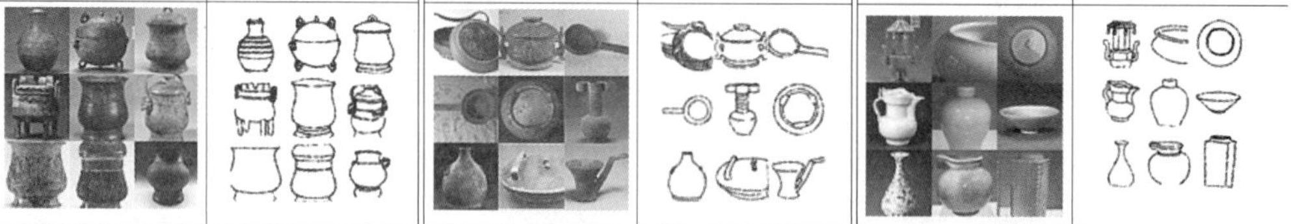					
毛爽						
李建安	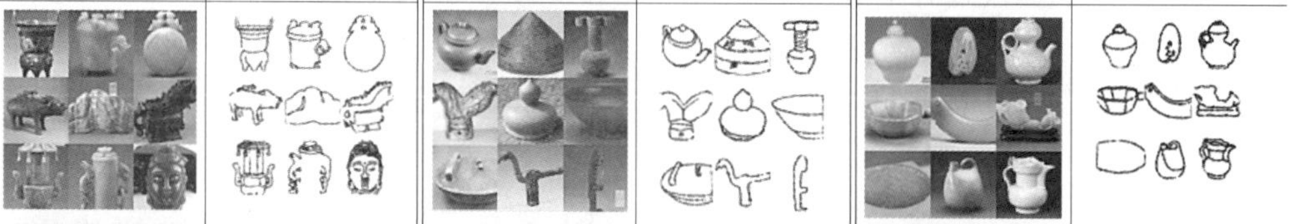					
李怡文						
章川冰岛	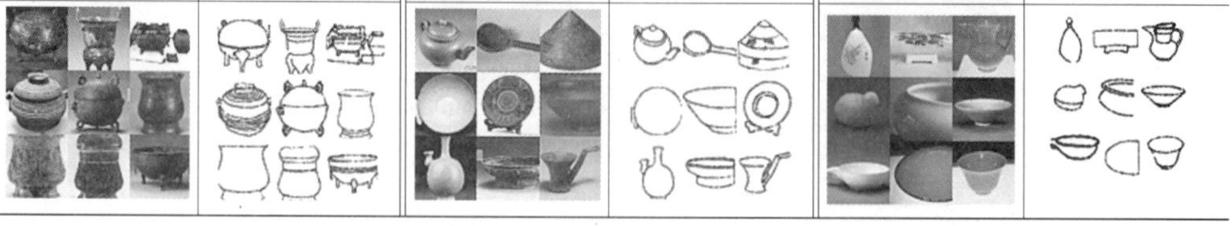					

续表

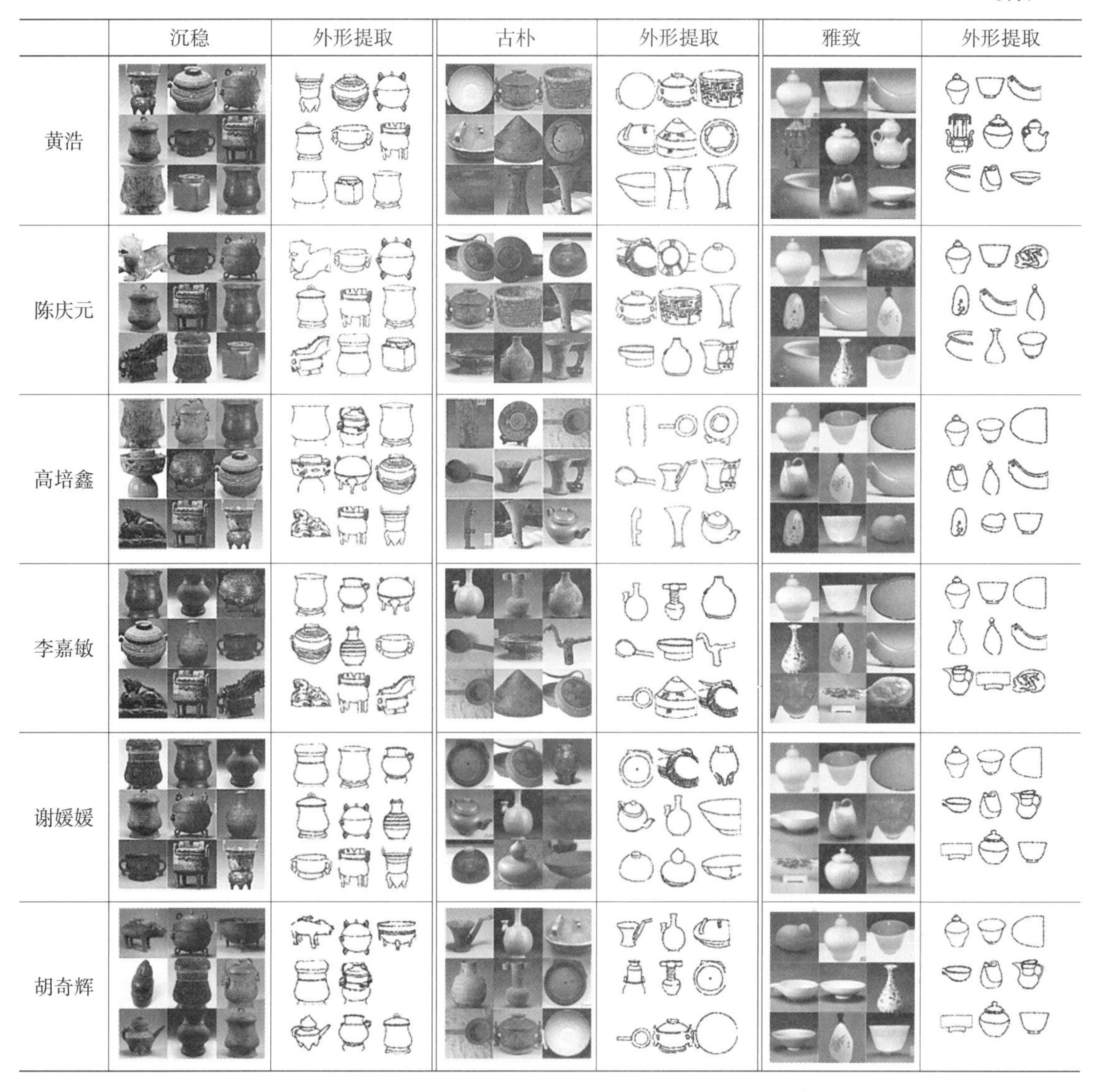

	沉稳	外形提取	古朴	外形提取	雅致	外形提取
黄浩						
陈庆元						
高培鑫						
李嘉敏						
谢媛媛						
胡奇辉						

实验结果：

1.“沉稳”图板的数据统计：编号 A4、B0、C0、C3、E2、E3 的图片的被选率最高，如图 5-80、图 5-81 所示。

2.“古朴”图板的数据统计：编号 A4、B0、C0、C3、E2、E3 的图片的被选率最高，如图 5-82、图 5-83 所示。

3.“雅致”图板的数据统计：编号 A0、A1、C2、D1、F3、G0 的图片的被选率最高，如图 5-84、图 5-85 所示。

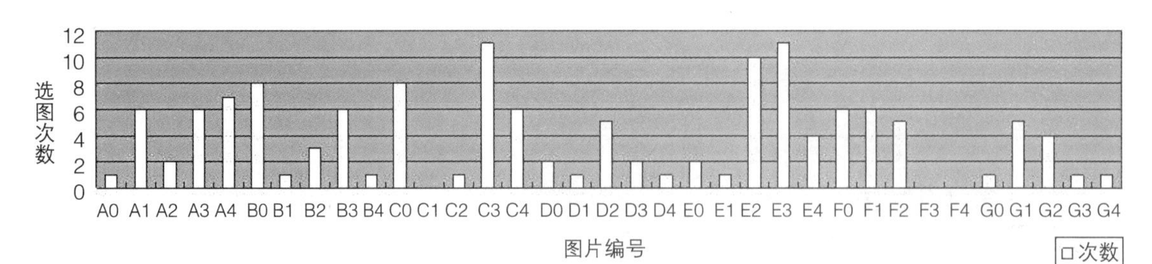

图 5–80
“沉稳”数据统计柱状图

图 5–81
“沉稳”高选率图

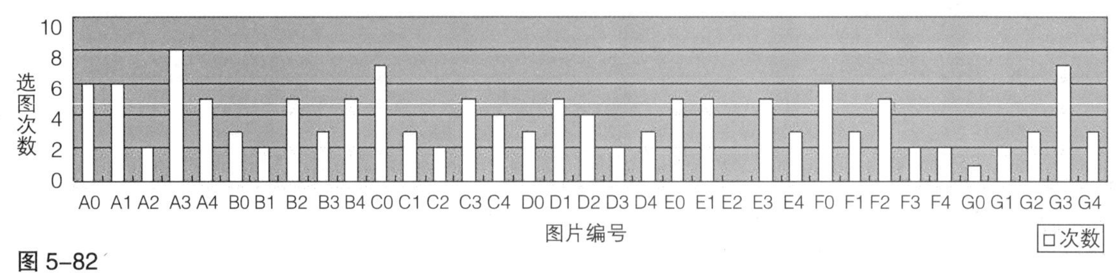

图 5–82
“古朴”数据统计柱状图

图 5–83
“沉稳”高选率图

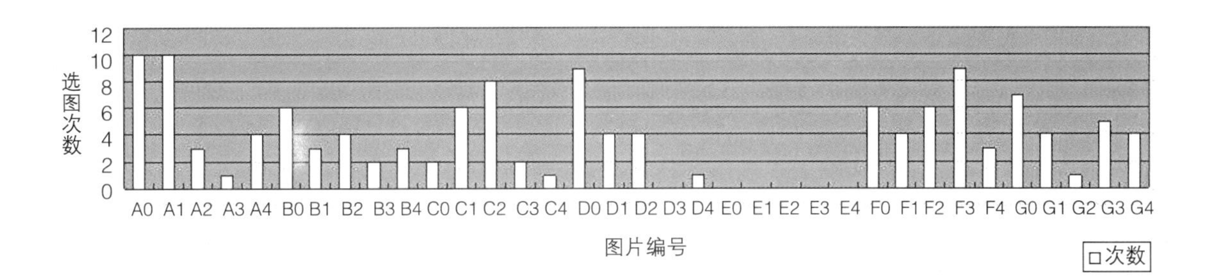

图 5-84
“雅致”数据统计柱状图

图 5-85
“雅致”高选率图

5.5.3 实验讨论

1. 从造型、色彩、材质三方面对被选率最高的图片进行分析：沉稳的器物造型端庄，外形方正或浑圆对应了中国传统文化中的天圆地方，充满体量感，器物上刻以铭文，暗示地位和权力，有些器物进行了造型的仿生；古朴的器物外形简洁，器物表面较为粗糙，有斑驳的痕迹;雅致的器物造型简洁，多以弧形出现，器物表面光滑细腻、清透。根据结果将这些代表性器物的形、色、材进行提炼，得出结果如表 5-35 所示。

2. 参与者在选择“沉稳”图板时多从造型、材质方面考虑，在选择“古朴”图板时多从器物的色彩方面考虑，在选择“雅致”图板时多从造型和色彩方面考虑。

3. 实验一和实验二的实验结果与预期接近：实验参与者认为的中国传统器物的审美表述和前人研究结果相似，都是如古朴、端庄、雅致、沉稳之类的描述。这和我们民族的文化与历史也是密切相关的。实验三使人直观、生动、现实地感受到传统器物的形、色、材。在实验中，

将代表性器物的形、色、材进行提炼所得出的结果　表5-35

	被选率最高的图片	造型分析	色彩分析	材质分析
沉稳		大部分器物的中心下移，视觉感更为稳固，在造型上注重方与圆的和谐关系，直线与曲线的交叉运用，展现了器物的力度和美感，满体量感	主要是以青灰色为主，并泛有青绿色、红铜色	以青铜为主
古朴		造型简约朴实，体现了造型与实用性的有机统一，表面较为粗糙，有斑驳的痕迹	暖色调，偏赭石、熟褐	竹、青铜、陶
雅致		多以弧形出现，器物的尺寸小巧，做工精致，表面细腻光滑	在色泽上以蓝绿、牙黄为主，白色为次	以玉、瓷为主

很有趣的是好几个参与者看到图片的时候都会说“这图片看着好舒服啊”。说明这样类型的物品可以让我们在视觉上得到满足。

4.“我们应当站在当代的角度和高度，从源头汲取中国人的审美趣味和审美理想的精华，借鉴西方美学等外来资源，从历代的艺术品、器物乃至史料中对日常生活的记载等，对中国古人的审美意识进行研究、概括和总结……”这句话让研究小组及时走出了研究的瓶颈。如果在时间允许的情况下，希望再完善下去。

不同时期在器物上的审美倾向及影响因素　　表5-36

朝代	年代	审美倾向	影响审美的因素	典型器物
原始社会	远古～公元前21世纪	装饰性强，节奏感，韵律美，简洁	自然崇拜，图腾崇拜，技术相对落后	
夏商周	约公元前21～前771年	平实质朴到繁缛，诡奇到严整规矩	宗教信仰的影响，青铜器技术逐渐精湛	
春秋战国	公元前770～前221年	雄强古拙	理性主义精神的崛起和高扬，儒家兴起	
秦汉	公元前221～公元220年	轻快活泼、飞动奔放	承继原始文化传统的充满激情和浪漫色彩的形式有机统一	
魏晋南北朝	公元220～公元581年	空疏、清静、平淡	崇尚主体人格精神的造物倾向。玄学思想、佛教思想渗入	
隋唐五代	公元581～960年	沉静典雅、平淡含蓄、心物化一	发达的手工业和尚文重理的文化氛围	
辽宋夏金	公元916～1234年	典雅优美，静穆含蓄，慕奢之风	国家分裂，宋经济发达	
蒙元	公元1206～1368年	粗犷、豪放和刚劲	尚武的游牧文化的影响	
明	公元1368～1644年	端庄、简约、健实	新的文化和科学的产生，承继了宋以来的美学追求	
清	公元1644～1911年	矫饰雕琢、精致繁缛	上层贵族审美趣味的以技艺取胜的造物观念	

5. 在第四步深入分析中，团队对每一张图片都很认真地筛选。从这些图片中可以看出不同时期我们对审美的追求都有不一样的地方，会因为文化、经济、宗教、自我意识的增强而发生变化。这也印证了：审美意识是在各种社会生活因素的影响下所造就的心理特征，因而受到社会文化形态和一般文化心理的影响，是人们总体社会意识的有机组成部分。它与其他社会意识形态既相辅相成、互相影响，又迥然有别。审美具有时效性和变异性，即便到了当代，我们的审美观也一定产生了很大的变化。

附录1：收集的十个不同时期的各八张器物图片，如图5-86所示。

附录2：不同时期在器物上的审美倾向及影响因素，如表5-36所示。

图 5-86
收集的十个不同时期的各八张器物图片

5.6 工具类产品改良设计

案例：史丹利 11 头螺丝刀头改良设计

设计团队：房成宇、邓亚杰、叶景、张方圆、张明圆、栾学智、朱丽霞、孙守辉、叶钰

5.6.1 课题背景

课题小组成员在使用这款螺丝刀的时候发现产品存在一些使用缺陷，于是针对螺丝刀更换刀头的问题，展开了课题研究。

5.6.2 课题研究方向

研究用户在进行更换螺丝刀头任务时的认知特征。

1. 从用户的注意和思维符合出发：了解在更换这款螺丝刀头时对用户注意的要求，了解用户在操作过程中的思维负荷以及能力要求；

2. 从知觉引导出发：了解这款可更换螺丝刀头的外形以及符号设计是否给用户提供了正确的知觉引导；

3. 从可视性以及可识别性原则出发：了解这款螺丝刀头更换的操作方法是否可视、相关操作指示是否可识别；

4. 从反馈性原则出发：了解这款螺丝刀头在更换过程中，用户是否需要信息反馈、是否提供、效果如何等；

5. 从知觉预料与期待心理出发：了解这款螺丝刀头的更换过程是否符合用户经验，满足用户的预料与期待心理。

5.6.3 初步调查展开

随机选定专业用户与非专业用户作为实验对象；给他们设定“更换螺丝刀头”的实验任务；通过摄像记录用户的行为过程；分析用户出错、思考的环节；用户回顾思维分析。

1. 实验参与者信息，如表 5–37 所示。

2. 拍摄了用户进行任务操作时的视频，对其任务进行分解，结合用户的思维过程访谈记录展开分析，如表 5–38 所示。

3. 用户回顾思维，绿色为思维部分，如图 5–87 所示。

4. 用户使用过程问题分析，如表 5–39 所示。

实验参与者信息　　表5–37

实验参与者	性别	年龄（岁）	教育程度	专业	现在职业
用户A	女	21	大学在读	工业设计	学生
用户B	男	21	大学在读	服装设计	学生
用户C	男	24	高中毕业	—	自行车摩托车修理
用户D	男	32	高中毕业	—	图文店店员
用户E	男	45	初中毕业	—	家庭主妇
用户F	男	47	初中毕业	学过电焊	驾驶员
用户G	男	46	中专	—	画具店老板
用户H	男	35	高中毕业	—	家用电器修理工
用户I	女	34	初中毕业	—	电话卡销售员
用户J	男	29	中专	电子技术	电脑维修
用户K	男	28	大专	家具安装	家居公司技术人员
用户L	男	42	本科	计算机	公务员
用户M	男	54	大学本科	金融管理	教师

用户视频分析 表5-38

视频分解	图解	动作目的	使用问题	使用者思维	问题分析	问题解决探究
步骤一		取出螺丝批	没有注意到隐藏的提示旋转的标识，不明确应旋转外罩，对应开口可拿出螺丝批	螺丝批是否是抠出来的，或是倒出来的，或是按进去的等	1.标识不易见； 2.没有给人提供很好的旋转的知觉引导	将圆环和标识换一种材质或者颜色，使其更明显
步骤二		倒出螺丝批	当正确操作倒出螺丝批不成功后，不知所措	在没有倒出螺丝批时会换一种方式去尝试，是抠，是拔，或者是用力磕出来的	对齐开口时，底部还有一部分挡住螺丝批，不易取出	将底部挡板去掉，完全暴露螺丝批，使其易取出
步骤三		旋转方向	1.旋转时发现所需要的旋转方向不能用力； 2.发现只能单方向旋转	不能用力，坏了；不好用，不用了；开关在哪里，寻找开关但是找不到	没有给用户提供反馈信息，使用户在错误操作时无法及时寻找到正确操作方法	1.方向的单一性，操作的单一性； 2.能及时给用户提供反馈信息
步骤四		调整旋转方向	在发现旋转方向不对时不知怎么调整旋转方向	不知道怎么调整，是拔出来的，还是根本就是坏的，放弃	调整方向的标志意思不明确、不醒目，不能明确表示圆环的实际意义	1.将标识变成黄色或者其他醒目的颜色； 2.在圆环上添加密竖纹理，给人"转此处"的知觉引导
步骤五		经提示调整旋转方向	1.多数用户需要提示后才知道正确的操作方法； 2.多次旋转、反复试验后才明确用法	提示要旋转圆环实现操作，旋转后有没有转换，再试一试，不对，再转一下圆环，再试一试	反馈信息不及时，使用者操作后不能了解是否成功	将圆环上的标识与手柄上的旋转方向相吻合，指示操作结果
步骤六		熟练使用	经过数分钟的实验与摸索，在同学的提示下终于可以熟练使用	终于会用了，真不容易啊！这么麻烦，还不如买个电动的呢	整体结构过于复杂，对于手工工具来说，简洁实用更关键	在保证功能多样的情况下，使其结构尽可能的简单易操作

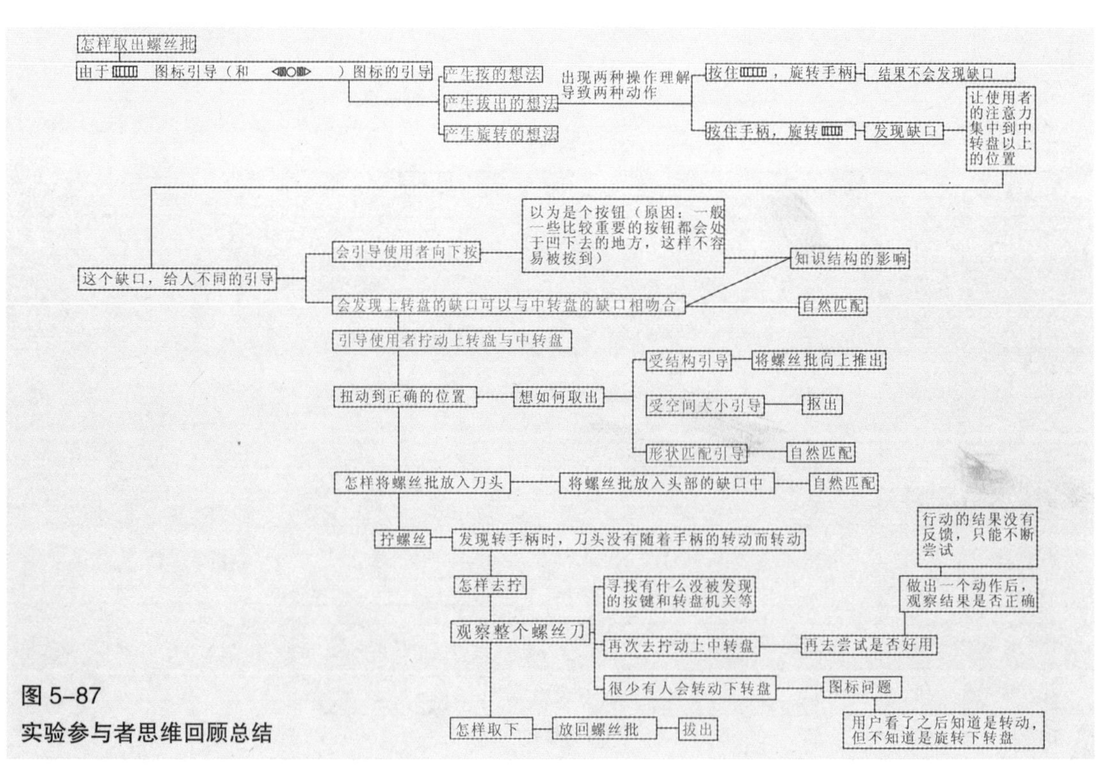

图 5-87
实验参与者思维回顾总结

实验参与者使用过程问题分析　　表5-39

实验参与者	装卸螺丝刀头过程中出现的问题
用户A	较快地将上旋转盘和中旋转盘转到合适的位置，但是在想取出中间各类螺丝刀头时遇到问题：开始用指甲抠，没有成功；接着用手指试图粘出来，没有成功；接着停留思考了一下，开始寻找是否有按键可将其弹出，在没有得到答案的情况下开始不断地反复旋转转盘
用户B	一开始用的力气较小，不停地旋转，但是没有将两个转盘相互转动起来。发现没有任何反应之后，开始仔细观察并研究上面的图标。接着，开始用两手拽，试图分开两段部件。最后，无意中转动了两个转盘，螺丝刀头藏匿部位显露出来，将刀头抠了出来
用户C	比较顺利地完成整个任务过程
用户D	直接找到旋转转盘，转到正确位置后，看到了螺丝刀头藏匿部位，试图将螺丝刀头倒出，但试了几次没有成功。然后，改由手指伸进将其抠出。安装螺丝刀头时试图找到一个按钮，发现没有就开始试着强按了进去
用户E	试图将两截旋转盘分离开来取出螺丝刀头，试了几次没有成功。开始乱转，花了很长时间，宣布放弃
用户F	接到任务就很自然地将转盘来回旋转。最终发现螺丝刀头藏匿部位，将刀头倒出，任务顺利完成
用户G	先无意识地拧手柄，然后一只手拿住下面的转盘，开始拧手柄。接着，另一只手找到上面的转盘，开始相互交错旋转。这时候发现了螺丝刀头藏匿部位，试着倒出。倒了三次，最后一次用螺丝刀轻轻地敲击地面，螺丝刀头终于倒出
用户H	先转了转下面的转盘，接着找到上面的转盘，开始相互交错旋转。发现了螺丝刀头藏匿部位，倒了一下没有出来，就用手指甲抠了出来
用户I	先转了转下面的转盘，接着找到上面的转盘，开始相互交错旋转。发现了螺丝刀头藏匿部位，找了一下看有没有按钮可将其弹出，发现没有。于是倒了一下，倒出来了
用户J	看了一下，然后很顺利地完成整个任务过程
用户K	先一只手拿住下面的转盘，另一只手抓着手柄开始转，发现没有什么变化反应。接着找到上面的转盘，开始相互交错旋转。这时候发现了螺丝刀头藏匿部位，试着倒出，重复多次，螺丝刀头终于倒出
用户L	拿在手上有意识地旋转两截转盘，很快发现了螺丝刀头藏匿部位。于是定位，并将螺丝刀头倒出
用户M	先观察了一下，然后开始有意识地旋转两截转盘。发现螺丝刀头藏匿部位后，小心地将螺丝刀头倒出。安装好后，还很小心地试了试会不会脱落

5. 上述参与者完成任务的时间统计，单位为秒，如表 5-40 所示。

6. 对部分用户有明显动作失误的记录与分析，如表 5-41 所示。

7. 对参与者完成任务视频进行分析，并展开参与者任务过程回顾思维访谈，得出一些分析结果，如表 5-42 所示。

8. 深入调查：根据前期实验结果，进行了一次问卷访谈调查，结果如图 5-88 所示。

完成任务的时间统计　　表5-40

过程 \ 用户 / 时间(s)	A	B	C	D	E	F	G	H	I	J	K	L	M
安装螺丝批时间（s）	38	69	10	30	35	10	28	8	67	7	14	29	23
拧下螺丝时间（s）	49	171	20	88	12	114	172	6	4	104	55	67	88
拧上螺丝时间（s）	31	31	10	51	11	21	20	4	78	11	13	32	35
将螺丝批放回原处时间（s）	176	4	4	5	5	4	3	3	3	3	3	4	3

部分用户动作分析 表5-41

步骤 用户	安装螺丝批时的过程及出现的问题	拧下螺丝批时的过程及出现的问题	拧上螺丝批时的过程及出现的问题	将螺丝批放回原处的过程及问题
A	较快地将上旋转盘与中旋转盘转到合适的位置，但在要取出螺丝批时，没能较快拿出。开始的时候是用指甲在抠，后来想用手肚的摩擦力将它蹭出来，最后还是硬抠给抠出来了	拧螺丝时，发现在逆向旋转螺丝刀的手柄时，螺丝刀的刀头也跟着旋转，无法拧动螺丝。这时又有一颗螺丝批从螺丝刀上掉了下来，所以停止拧螺丝，将掉下的螺丝批放回原处。再开始拧，发现螺丝无法拧紧时，又拧了下下边的转盘，发现可以拧下螺丝了	在将螺丝头对准螺丝钉的凹陷处时，手一直在晃，只能借助右手将其固定住位置	在取下螺丝批的时候，尝试了下将其拔出，但没有成功，就很疑惑怎样拔出。开始寻找螺丝刀上有没有什么按键可以将螺丝批取出，但没有发现特殊的按键，就只能来回旋转那些旋转盘，又不断旋转螺丝批，或者一起配合着旋转，都没有效果
C	很快取出，没有什么问题。就是觉得随着转盘的旋转会使螺丝刀的长短发生变化	没有问题，试了几下就会使用下旋转盘	没问题，过程顺利	没问题，过程顺利
D	首先转动中转盘，又一手按住中转盘，一手拧动手柄，又试图将上转盘拽开。尝试按住中转盘，拧动上转盘，拧到了合适的位置，却不知怎样取出。又拧动了手柄和下转盘，以为可以弹出，又抠了抠，但还是没能拿出	这个环节由于档位正好，所以很快	发现拧动手柄时，刀头没有跟着转，感觉很奇怪，想了半天。然后就开始一直拧手柄，发现没用，就又开始拧中转盘和上转盘。唯独没有拧下转盘	没有问题，过程顺利
E	首先就旋转上中转盘，但是并没有发现缺口。开始慢慢地旋转转盘和手柄，发现缺口对准后开始往上推转盘。倒出螺丝批的动作很小心。安装成功后多次试验螺丝批会不会坠落	发现无法拧出螺丝时，不停地旋转，旋转的过程中发现下转盘的功能，旋转之后继续拧螺丝	拧下螺丝时成功，重复拧上拧下的过程	没有问题，过程顺利
F	尝试将上转盘与下转盘掰开，使其分离，取出螺丝批，但没有成功。“怎么掰不开？”然后拧了一下转盘，见没有什么反应，又将上转盘与下转盘往各自相反的方向拧了下，就一直在拧，但没有看到吻合的出口部分，还是没有取下	拧的时候较为顺利，因为下转盘的档位正好在中间，刀柄与螺丝刀头是固定的，所以没有问题	拧的时候较为顺利，因为下转盘的档位正好在中间，刀柄与螺丝刀头是固定的，所以没有问题	没有问题，过程顺利
G	看到后就知道要旋转上中转盘。旋转到正确的位置后，不知应该怎样取出。先是试了试能不能倒出来，但是是平着倒的，就没有倒出来。然后又抠，没抠出来，就又使劲倒了一下，终于倒了出来。拿出螺丝批以后，没有直接将螺丝批插在刀头上，而是先看了下整个螺丝刀，看有没有按钮，可以使螺丝批固定住，发现没有后，才将螺丝批放入	拧的时候发现手柄和螺丝刀头没有同时动。尝试着旋转转盘，一边旋转，一边看螺丝刀和手柄能不能同时使用	和上一个过程一样，一边旋转每个转盘，一边看螺丝刀和手柄能不能同时使用	没有问题，过程顺利
K	先拧了拧手柄，又按住下转盘，拧了拧手柄。之后一起拧了上中转盘，还是拿不出，又拽了拽上中转盘。发现中转盘的缺口后，拧动上转盘，使其吻合，接着一倒就取出了螺丝批	发现转动手柄时，刀头不转。又找了找螺丝刀上有没有什么开关或者是提示能够固定住螺丝刀头。翻来覆去地看了一遍，并没有发现有什么可以按的，就又不断拧动上转盘和中转盘，就是没有拧下转盘	一边拧下转盘，一边尝试哪个档位是正确的	没有问题，过程顺利
M	看了一下之后，就按住中转盘，拧动上转盘，使其上中转盘有吻合缺口出现，倒了一下就将螺丝批取出	发现转动手柄时，刀头不转，首先看了看手柄，接着转了下上转盘，又看了下尾部，继而按住刀头，不断旋转手柄和中转盘，并握住刀头和手柄，往两边拽，就是没有拧下转盘	知道下转盘扭动会改变螺丝刀的使用状况之后，就不断试着转下转盘，看哪个档位合适	没有问题，过程顺利

参与者实验结果分析　　表5-42

分析 心理学总结		图示	出现的问题	具体分析
用户的知觉特性	可见性	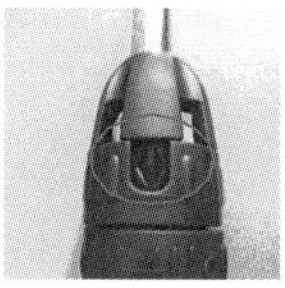	此图标的位置不能使人看见，其实际存在的意义已经被削弱，没有指示作用	这个图标的作用在于提醒用户这是一个通过左右旋转实现操作的结构，可是实际调查中发现，用户在拿到螺丝刀时根本不会注意到这个标识，或者根本就找不到这样提醒操作方法的图标，只能靠自己摸索，尝试，起不到提示的作用。不具备图标的可见性原则
	可识别性	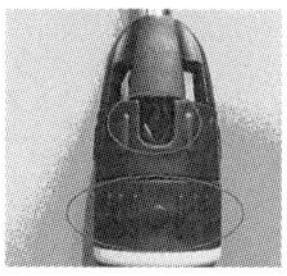	此图标的意思不明确，指示内容不可识别	这两个符号的实际意思都是向左右旋转，下方符号的意思是有三个档位，左右和中。实际调查中用户根本不明白符号的意思，有些人认为是装饰，有些人认为中间的圆点是按钮……各种想法都有，而实际明白是三个挡位的却不多。此符号的意义不能被用户快速识别，不具备图标的可识别原则
	表面知觉	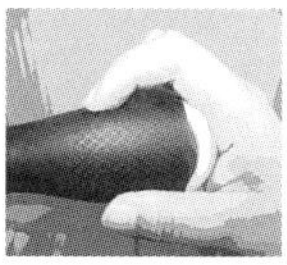	表面纹理不符合用户的审美需求，许多用户不喜欢	根据用户的直接知觉经验，工具中的橡胶部分是可用于抓握的部分，以材质的特性和肌理表达操作方式符合用户表面知觉特性
	结构知觉	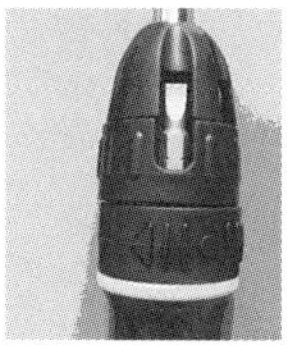	这样的结构给用户以误导，操作方式不明确	此结构的意义在于通过旋转圆环，使缺口与螺丝批吻合，从而倒出螺丝批。实际调查中用户会根据自己的经验采用多种取出方式，如抠出，推出，直接拿出，按进去等。结构知觉的要点是要求智力和思想去把感官获得的信息与已有经验结合起来，当感官信息没有提供完整理解时，不得不使用知识和推理。不符合用户的结构知觉特性
	行为过程知觉（对反馈信息知觉）		此按钮在操作后无任何反馈信息	此结构的作用在于实现螺丝刀旋转方向的改变，旋转向左市逆时针操作螺丝刀，旋转向右是顺时针操作螺丝刀，旋转到中间是固定方向，顺时针逆时针皆可。但是调查中当用户需要顺时针旋转时，不知道怎么调节，在调节操作后也无法知道操作是否正确，要一次次的反复试用才能得到最终结果。造成这种问题的关键就在于此结构没有提供明确的操作反馈信息
	行为过程知觉（因果关系知觉）	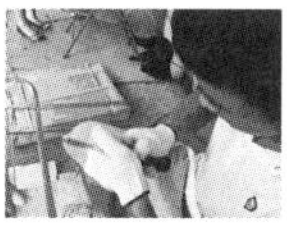	寻找发现识别每一个操作和结果之间的联系	用户在拿到螺丝刀后，会根据自己以往的经验尝试操作，当用户看到结果本身与自己的经验有相吻合的地方的时候便会按照自己的方法去操作。当看到螺丝批处是子弹头型时，便会产生拔的想法，但是却是错误的操作，与用户的经验期待和操作习惯不符
	知觉预料与期待	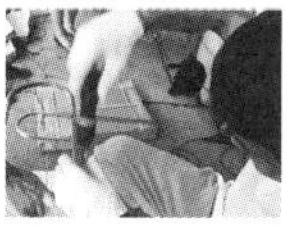	手柄的结构与用户使用习惯不符	手柄设计过长，而且重量偏大。调查中发现用户在使用时往往是几根手指握住螺丝刀的尾部，不会全部手掌抓握把柄。手柄显得过长，整体重量上过重，增加操作难度和疲劳度。过重的重量使用户更加觉得辛苦。而且网格纹的防滑设计一般用户都觉得不舒适
	产品的行为状态与行为过程透明		机械类产品的外观结构应反应操作方式，可被感知	螺丝刀的整体结构给人以操作方式的引导，但细节部分的结构过于隐晦或者不明确，不能给用户以实际操作上的有效感知，用户在拿到螺丝刀时不能从结构上直观的感知其操作方式，不符合产品行为状态和行为过程的透明这一原则
	知觉引导	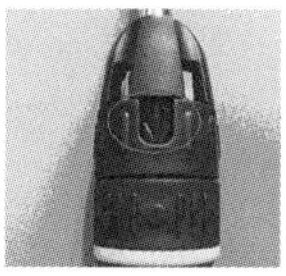	此按钮的设计不能给也能过户提供明确的知觉引导	此圆环上的条状突起实际意义在于提醒用户这是一个可旋转的操作方式，但是由于突起过于稀疏，使用户认为这只是一个装饰或者是为了防滑而设计的，没有起到其原本的意义，失去了结构知觉引导的意义，使用户产生误解

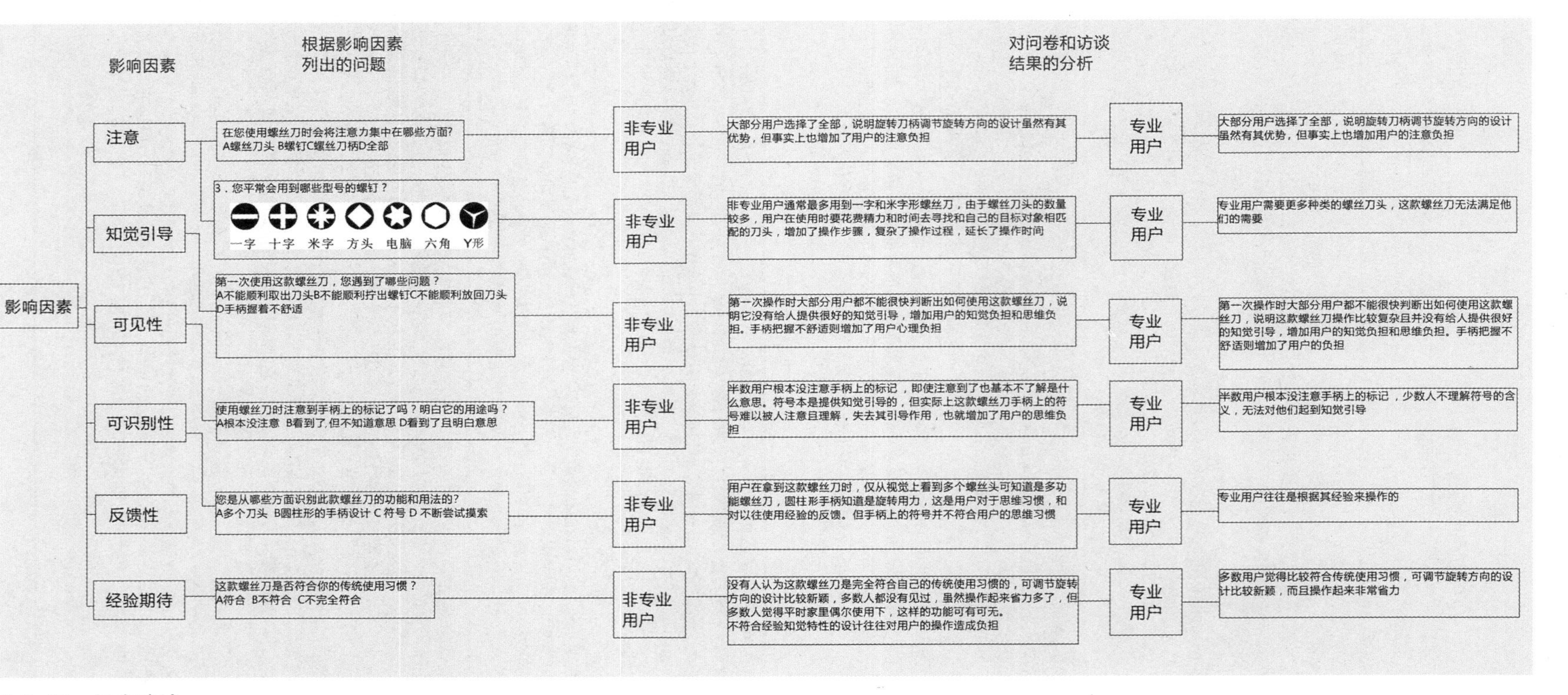

影响因素
根据影响因素列出的问题
对问卷和访谈结果的分析
影响因素
注意
知觉引导
可见性
可识别性
反馈性
经验期待
在您使用螺丝刀时会将注意力集中在哪些方面?A螺丝刀头 B螺钉C螺丝刀柄D全部
3．您平常会用到哪些型号的螺钉？
一字 十字 米字 方头 电脑 六角 Y形
第一次使用这款螺丝刀，您遇到了哪些问题？A不能顺利取出刀头B不能顺利拧出螺钉C不能顺利放回刀头D手柄握着不舒适
使用螺丝刀时注意到手柄上的标记了吗？明白它的用途吗？A根本没注意 B看到了,但不知道意思 D看到了且明白意思
您是从哪些方面识别此款螺丝刀的功能和用法的?A多个刀头 B圆柱形的手柄设计 C符号 D 不断尝试摸索
这款螺丝刀是否符合你的传统使用习惯？A符合 B不符合 C不完全符合
非专业用户
专业用户
大部分用户选择了全部，说明旋转刀柄调节旋转方向的设计虽然有其优势，但事实上也增加了用户的注意负担
非专业用户通常最多用到一字和米字形螺丝刀，由于螺丝刀头的数量较多，用户在使用时要花费精力和时间去寻找和自己的目标对象相匹配的刀头，增加了操作步骤，复杂了操作过程，延长了操作时间
第一次操作时大部分用户都不能很快判断出如何使用这款螺丝刀，说明它没有给人提供很好的知觉引导，增加用户的知觉负担和思维负担。手柄把握不舒适则增加了用户心理负担
半数用户根本没注意手柄上的标记，即使注意到了也基本不了解是什么意思。符号本是提供知觉引导的，但实际上这款螺丝刀手柄上的符号难以被人注意且理解，失去其引导作用，也就增加了用户的思维负担
用户在拿到这款螺丝刀时，仅从视觉上看到多个螺丝头可知道是多功能螺丝刀，圆柱形手柄知道是旋转用力，这是用户对于思维习惯，和对以往使用经验的反馈。但手柄上的符号并不符合用户的思维习惯
没有人认为这款螺丝刀是完全符合自己的传统使用习惯的，可调节旋转方向的设计比较新颖，多数人都没有见过，虽然操作起来省力多了，但多数人觉得平时家里偶尔使用下，这样的功能可有可无。不符合经验知觉特性的设计往往对用户的操作造成负担
大部分用户选择了全部，说明旋转刀柄调节旋转方向的设计虽然有其优势，但事实上也增加用户的注意负担
专业用户需要更多种类的螺丝刀头，这款螺丝刀无法满足他们的需要
第一次操作时大部分用户都不能很快判断出如何使用这款螺丝刀，说明这款螺丝刀操作比较复杂且并没有给人提供很好的知觉引导，增加用户的知觉负担和思维负担。手柄把握不舒适则增加了用户的负担
半数用户根本没注意手柄上的标记，少数人不理解符号的含义，无法对他们起到知觉引导
专业用户往往是根据其经验来操作的
多数用户觉得比较符合传统使用习惯，可调节旋转方向的设计比较新颖，而且操作起来非常省力

图 5–88　问卷访谈

分析结果 表5-43

用户认知因素	心理取向描述	近似图示或案例	设计提炼
注意	1.操作过程中要同时注意多个方面 在使用螺丝刀过程中还要改变档位以改变旋转方向，很麻烦。 2.增加记忆负担 在操作时还要思考转到哪个档位才能达到自己想要的旋转方向，希望档位标识能更明确些	电动螺丝刀	减少操作步骤，使其操作只有一种可能，单一性
知觉引导	螺丝刀本身给用户提供的引导不够 1.无法引导用户了解其功能。可调节旋转方向的设计，普通用户基本都没有接触过，有些用户在没有提示的情况下便无法探索出这个功能，从而不能正确地使用这款螺丝刀，希望有更明确的标识引导操作。 2.没有很好地引导用户如何取下螺丝批。这款可换头的多功能螺丝刀，有些用户不知道刀头是从杆中拔出来的，会以为有自动换头按钮，螺丝批发出的知觉引导不够	斧头的设计给人的知觉引导明确：手柄处抓握；钝头砸；锋利头砍	将旋转图标与手柄处的图标相吻合，指示旋转方向
可见性	标识不够显眼，没注意到 1.标识位置隐蔽，放螺丝批的旋转刀头处隐藏有一个旋转提示，一般人难以注意到，因此只是通过习惯性操作和反复操作试验后探索出正确的操作方法，希望标识可以更显眼一些，能够使人一眼就看见，减少操作负担。 2.标识颜色不突出，都是黑色的，与手柄颜色一样，难以引起注意。一般就是直接忽略掉了，即使看到了也不会去研究它有什么含义	此螺丝刀的黄色旋转环十分突出，颜色醒目加上肌理给人提供的信息非常明确	变换图标颜色或材质，把图标的颜色换成醒目的黄色或红色，或选用与手柄不一样的材质，使用户第一眼就能注意到
可识别性	不能理解手柄上的标识的意思 1.放螺丝批的旋转刀头处藏有一个旋转提示，即使看到了可能也不知道是干什么用的。 2.调节螺丝刀旋转方向的按钮，一般人都无法理解它有什么含义，因此不能充分了解这款螺丝刀的功能	红色使人警示，骷髅使人恐惧，明确指示危险性	转换成更易懂的标识。三个旋转方向与手柄处一个指示标识吻合表示此旋转方向，明确操作结果
反馈性	没有及时为用户提供反馈信息 很多用户在不了解单向旋转的功能之前，遇到只能单向旋转的问题后便被难住了，以为螺丝刀是坏的。对于用户的错误操作没有及时地提供反馈信息，导致用户无法进行下一步的正确操作	反馈明确，每一步操作都写在屏幕上，一目了然	明确手柄旋转方向的操作方式，将旋转按钮做成密集竖条纹状，看到即明白应该旋转来实现操作
经验期待	不符合以往的操作经验 1.取出螺丝刀的设计跟以往的习惯不同，有点烦琐。 2.可调节旋转方向的设计以前没有接触过，不符合习惯，其在使操作变得更轻松的同时，也增加了操作步骤。希望可以在符合操作经验习惯的同时，能使操作变得更简便些	按钮操作	将可回旋这一功能保留，换一种旋转方向的选择方式，用简单的按钮式取代旋转式操作，方便、快捷、明了

9. 深入分析：对上述材料展开讨论，得到如下表 5-43 所示。

10. 方案改良与评估：根据上述的各项结果，展开螺丝刀头改良的方案设计以及评估，如表 5-44 ~ 表 5-46、图 5-89、图 5-90 所示。

表5-44

	原方案	方案一	方案二	方案三	方案四	方案五
图示			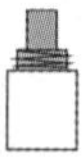		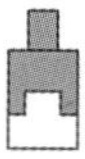	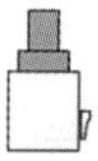
使用舒适度；哪里不舒服；怎么不舒服	不舒适。 1.刀头的材质是铁，六边形的尖角处在拔出状态的时候容易伤手。 2.刀头短而容易打滑，刀杆利用了吸铁石防止使用脱落，所以较紧。但对于特殊的用户，如手常出汗的人，在拔的过程中常常打滑，多次重复动作会使手疼痛	1.舒适 与手的接触面积增大了，拔出时手握着螺丝批柄比较舒适。 2.仍然会手滑 没有增大摩擦的设计，即使增长了螺丝批柄，手滑的人仍旧会有点握不住	28%的用户表示使用时会磕手 1.纹路在抓握呃使用过程中会磕手。 2.螺丝批短小，螺纹设计的面积不够，手会痛。 3.金属材质的坚硬会令用户感到硌手	两种拔出方式造成对舒适度的不同评价。 1.纵向用力拔出63%——硌手，手肚会痛。用这种方式拔出螺丝批的人自我防范意识比较强。他们觉得如果横向用力拔出会使自己拉伤，因为不知道需要多大的力气去拔它，如果计划的力气比实际要用的力气大，那么就会使自己拉伤。所以他们选择纵向拔出，感觉在拔出时手会有些痛（特别对于女性用户来说）感觉很硌手。 2.横向用力拔出37%——指甲痛 使用这种方式拔出的人有74%用指甲拔出：一手握住螺丝刀的前杆，一手用食指和大拇指的指甲抠住凹进去的部位，拔出。由于螺丝批的磁力较大，会感到指甲痛	98%用户认为手感舒适。 因为手指与螺丝批的受力面积增大了。在拔出螺丝批时也非常的容易	舒适度很好。 推头的手指形弧度使推头能很好地和手指接触，不易打滑
用户对外形的感受；是否提供拔出的条件；使用时的顾虑	外形还好。用时是否会因为使用者手上有油污而使更换丝批根本无法实行。螺丝批的经常更换会不会使磁铁的磁性减弱，而使螺丝批无法吸附在上面	1.不安全感 螺丝批柄长了给人不安全感，怕使用时易断 2.受力不足 螺丝批柄长了感觉受力不足 3.不稳 螺丝批柄长了使用时刀头会感觉不稳固 4.收藏不便 整个螺丝批加长了会不方便收藏 5.易掉 螺丝批会容易掉出	螺纹的设计会积累污垢。在使用过程中，会积累脏东西和细菌，工作中有太多油腻或污垢残留的话，就失去了螺纹增大摩擦效果的意义	感觉螺丝批固定不稳，使用时会歪掉。 使用者在看到这个结构的螺丝批后会产生一种不信赖感，主要由于其结构是往里收的，会给人一种立不住的感觉，所以使得使用者产生一种不信赖感。会想它会不会一使劲就断掉啊，会不会不稳啊，会不会不好用	1.容易断 用户认为螺丝刀头和螺丝批连接的地方不论是看上去还是使用上去都感觉太细小，让用户产生不安全的感觉，而且强度也不够，用户认为用久了或是用力过度会断。 2.容易掉 用户认为螺丝批的衔接部分所用的材质容易打滑，导致螺丝批容易掉出。而且固定螺丝批有用到磁铁，时间长了会失去磁性，也会导致螺丝批易掉	外形还好，但推推头太用力是否会使螺丝批突然飞出，而且按现在的设计方案，推头离顶部很近，会不会影响螺丝刀进入一些狭窄的地方使用
是否容易拔出；认为是什么原因使其好拔；着力点在哪里	很难拔出 因为拔出螺丝批时与受接触的面积过小而难以拔出，而且刀头越小难度越大。  由于这里会碰到螺丝批的头，所以拔出时也很硌手。手会痛	容易拔出 手的着力点在螺丝批柄上而不在刀头上，因此拔螺丝批时不会握住刀头而硌手，能很舒适地握住螺丝批柄并轻松拔出 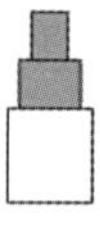	68%的用户认为在拔出螺丝批这方面，与原来相比要好拔一些。 得到改进的原因是：螺纹增大了拔出这个动作的摩擦力，从而易拔出。 32%的用户觉得在这方面没有得到改进。 认为没有得到改进的原因：螺丝批太短，即使有螺纹也用处不大。 用户建议：若刀头再加长一点会更好拔 	容易拔出——结构 因为螺丝批柄部分与手肚的接触面积大，便于使力，斜进去的部分便于用手指握住螺丝批，也便于使力 	很容易拔出螺丝批 用户认为与手接触面积增大了，受力面积也大了，所以都认为这款设计相对而言很好拔出。有用户建议在外部（与手的接触面上）再加上螺纹，会更容易拔出 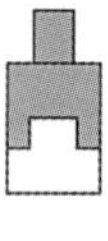	容易拔出 因为使用推头向上推时使螺丝批和内部的磁铁分离了，从而可以轻松地取出螺丝批
螺丝批柄与手的接触面积是否合适	太小了	合适 95%用户的手指能完全握在螺丝批柄上而不用与刀头接触，因而能轻松抓握住并取出，手感舒适	32%的用户表示螺丝批取出时与手接触面积太小，不合适接触面积太小，面积有限的螺纹在手上有汗或者油腻的时候并不能发挥什么作用，对于螺丝批难以拔出这一缺陷没有根本性解决，这也是导致32%的用户认为螺丝批仍然难以拔出的原因	较为合适 螺丝批柄与手的接触面积有点小，从着力点就可以看出，使用者的着力点大多落在尖角处，这样使用者在拔出时会感到疼痛。如果加长一些手与批柄的接触面积就可以移到斜处了	合适 用户认为螺丝批柄与手的接触面积与其他几款设计相比，这款明显受力面积增大了。原来的用户只能拿着面积细小的螺丝批，现在的受力面积则相当于螺丝刀头。手感也相当舒适	在没有用推头将螺丝批推出时，接触面积过小，但推头推出螺丝批时，那段接触面就足够将螺丝批取出了
评分	3.98分	4.65分	3.8分	4.3分	4.2分	4.13分

表5-45

项目 \ 方案	原方案	方案一	方案二	方案三	方案四	方案五
设计意图想让使用者怎样取出	抠出	倒出	倒出	倒出	倒出 缺口对准后螺丝批自动倾斜	拔出
使用者在使用的过程中是倒出的还是抠出的（这个方案实际更容易抠出还是倒出）	59%的用户抠出费劲，空间小。 抠出的使用者在抠的时候会比较费劲，给手指的空间太小。 41%的用户倒出经过尝试后才能知道怎样倒出。 一下子倒不出来，会倒两遍，经过尝试后才能知道如何倒出，即必须向前倾斜着才能倒出，或者用力甩一下，才能倒出	78%的用户认为就是倒出的。 因为螺丝批完全暴露在外给人非常容易倒出的引导。 22%的用户会试着用手指抠出。 由于经验习惯有些用户就直接用手指去抠，由于螺丝批是完全暴露的，所以抠出也很省力	绝大多数用户在看到新增加的空间时知道用抠出的方式。 大多用户认为存放螺丝批的右上方有了明显的空间，指示性就一下明显了，起到很明显的提示作用，使用户清楚地知道是用手指把螺丝批抠出。 极少数用户喜欢或习惯倒出。 极少数的用户即使看到了空间上的指示性，还是因为个人喜好或习惯，选择倒出螺丝批	61.4%的用户选择抠出来。 用户初次使用时难以看到替换螺丝批后面斜面的设计，以为和原方案相同，可以抠出来。 38.6%的用户会直接选择倒出来。 替换螺丝批后面斜面的设计为用户倒出螺丝批这一动作提供一个支撑点，使得螺丝批更容易倒出来	72%的用户倒出倾斜向外。 容易倒出的原因是刀头倾斜在外，没有阻碍。 28%的用户抠出刀头向外，手指容易抓握。 当物体的一边朝向正面，用户下意识地会用手直接取，发现还是吃力后才会选择倒出	62%的用户选择拔出，较直观。 根据外壳上面的小提示，62%的用户第一次使用就会选择拔出。 38%的用户会选择扭动等其他方式。 小提示与手柄颜色相同，而且螺丝批存放位置太过隐蔽，需要用户认真观察。不能在第一时间引导用户使用
缺口的形状和缺口的外形是否能够提供正确的取出方式分析原因 使用者在使用的过程中是倒出的还是抠出的（这个方案实际更容易抠出还是倒出）	方形的缺口不能提供正确的引导方式。 准确地说是红色的部分不能够提供正确的取出引导方式。 抠出分析： 红色的部分是一个空出的空间，会使使用者有手指插入的想法，所以导致使用者想将螺丝批抠出。 倒出分析： 又由于白色的部分几乎要将这个方格填满，所以使用者只想将螺丝批倒出	1.缺口的外形不能提供正确的引导方式。 使用者看到方形的口不能确定该用什么样的取出方式，所以也有些用户是抠出的。 2.完全暴露的螺丝批能比较好地引导用户的取出方式。 因为螺丝批完全暴露在外给人非常容易倒出的引导，所以78%的用户会用倒出的取出方式，但也有22%的用户会受红色区域的引导选择抠出	增加的红色部分产生的缺口形状和外形能够提供正确的取出方式。 抠出分析： 增加的红色空间给用户提供了明确的引导指示，使用户在使用时一目了然地知道取出螺丝批的方式	方形的缺口不能提供正确的引导方式。 准确地说是红色的部分不能够提供正确的取出引导方式。 倒出分析： 增加一个斜面的设计，意图是方便螺丝批的倒出。但是在引导用户取螺丝批的方式上面没有明确指引。 如上图所示，26%的用户认为这小小的一个遮挡令他们产生误解，认为螺丝批是倒不出来的	倾斜的角度能够正确引导取出方式。 倾斜的角度能够正确引导取出方式。 倒出分析： 红色区域上往下倾斜，刀头向外，所以当刀头2/3的身体在外时就会产生倒的想法。 抠出分析： 倾斜的角度偏向外，用户在使用过程中会自觉性地用手取出	全封闭的保存方式难以让人第一眼发现螺丝批的所在。 揭开盖子后，只有拔出螺丝批一种动作可以满足用户需要。 限制用户使用动作，引导正确取出方式。 拔出分析： 26%的用户反映，在螺丝刀中间的位置加这样一个可以拔起来的设计，由于有上盖与螺丝批柄间的摩擦，导致在操作上来说不很方便。 32%的用户表示，拔出这一动作更为省力、方便。限定了用户的使用动作，不会产生动作误导
在旋转缺口的过程中，螺丝批是否易掉出	不易掉出 只有在将螺丝刀头朝下拿的时候，旋转缺口螺丝批才容易掉出	很容易掉出 很多用户在没有找准缺口位置时转动盖帽，若缺口没有朝上螺丝批就会很容易掉出来	不易掉出 从侧视图中可以看出，放螺丝批的空间底部前有一个小的挡板，它可以使用户在旋转螺丝刀时，螺丝批不易掉出	不易掉出 只有在将螺丝刀头朝下拿的时候，旋转缺口螺丝批才容易掉出	不易掉出 缺口对准后螺丝批倾斜的角度呈40°，不会掉出	不易掉出 替换螺丝批存放位置隐蔽，没有裸露在外的部分，既不易掉出，也不易损伤
初次使用时，拿取螺丝批时是否方便 分析原因	不方便，不知怎样取出	很方便取出 不论是选择倒出的用户还是选择抠出的用户都能很快、很容易地取出螺丝批	多数用户觉得方便。 大多数用户在用手指抠出螺丝批时觉得方便，可以用手指轻易地从增加的空间中抠出螺丝批。 少数用户觉得不方便 也有少数用户觉得增加的空间并不够大，不足以用手指轻松的抠出螺丝批，认为只有用指甲才能抠出	比较不方便，不知怎样取出，但和原方案比则易倒出	方便——螺丝批自动向前	由于螺丝批存放太过封闭，用户初次使用不易找到替换螺丝批。 这种没有明确指示螺丝批位置的设计，需要初次使用的用户自己找标记，看说明。导致38%的用户不知怎样取出
评分(满分5分)	3.87分	3.83分	4.2分	4分	4.5分	3.6分

表5-46

方案 / 项目	方案一	方案二	方案三	方案四	方案五
改进方案的成功点	非常容易取出 无论用户选择抠出还是倒出都很方便，没有给用户造成任何如何取出的困扰	增加空间，易取出 多增加的空间给了用户明显的引导指示，使用户能直观地知道操作方法	斜面的设计使得替换螺丝批更易倒出	方形缺口倾斜 使螺丝批处于主动的地位	有效保护替换螺丝批。全封闭的设计不易使螺丝批损伤，也解决了替换螺丝批易掉落、丢失的问题
不成熟的地方	1.在易取出的同时又增加了易掉出的问题； 2.没有很好地解决引导不明确的问题，22%的用户仍选择抠出的方式	增加的空间不够大 有用户反映增加的空间不足以用手指轻松地抠出螺丝批，是因为螺丝批槽的周长没改变，而它一圈又要放六个螺丝批，所以能增加的空间是有限的	引导用户取替换螺丝批的方式做得不够。增加一个斜面的设计，意图是方便螺丝批的倒出。但是在引导用户取螺丝批的方式上面没有改进	倾斜的角度 倾斜的角度或多或少都影响在使用时产生的不同取出状态	对于螺丝批的位置提示不明确，没有起到引导用户的作用
再要改进建议	1.在易取出的基础上改进容易掉的问题，如不要让螺丝批完全暴露在外； 2.给用户提供更好的倒出的知觉引导		改进存放替换螺丝批槽口的形状，限制用户其他错误操作，达到引导正确操作的效果		明确标识，利用标识引导用户发现替换螺丝批
排名	4	2	3	1	5

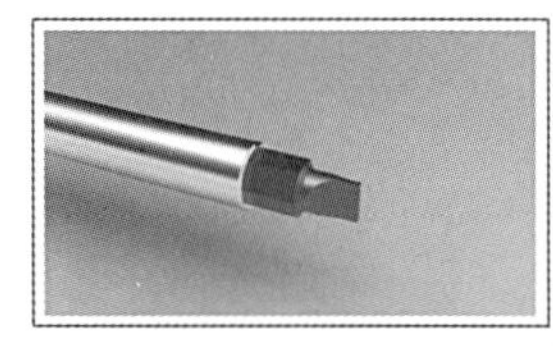
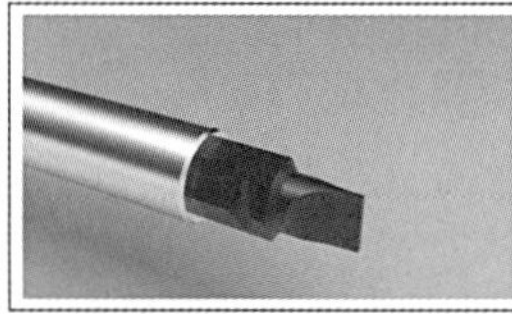

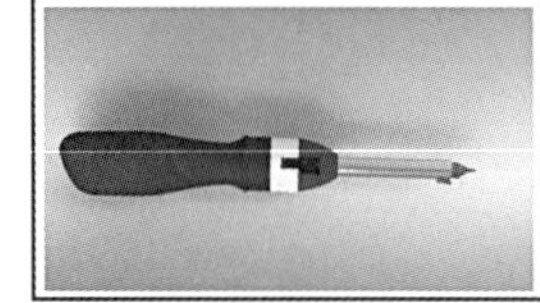

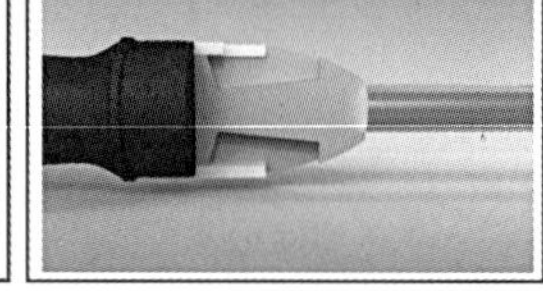

图 5-89（上）
螺丝刀头改良设计 1
图 5-90（下）
螺丝刀头改良设计 2

5.7 工具类产品操作界面改良设计

案例：西门子 1098XS 洗衣机操作界面改良

设计团队：洪徐菁、谢彦聪、王斌、彭颖姣、韩雨亭、张磊、戴继松、冯永洁、刘春阳

5.7.1 课题背景：选择一款家用电器，对其界面的操作进行改良设计

5.7.2 课题研究方向：选择西门子 1098XS 的操作界面展开设计分析与改进

5.7.3 前期调研

1. 对销售员的访谈，如表 5-47 所示。

结论：用户在购买洗衣机时注重品牌、功能、节能、形状。在材质、颜色方面的要求不高。

对销售员的访谈 **表5-47**

问题	答案
现在最畅销的洗衣机类型是什么	滚筒式
一般家庭购买洗衣机时最注重哪些方面	品牌、功能、节能
白颜色和银色的洗衣机哪个销量好	根据洗衣机的放置位置而定，一般放厕所的选白色，放阳台的选银色
用户对操作界面有什么要求吗	他们主要还是认准品牌和功能，操作简便的、人性化的就更好了
针对操作界面而言，哪种更受顾客青睐	程序选择旋钮和大LED显示屏的机型更受欢迎

对中青年的经验用户的访谈 **表5-48**

问题	答案
家里的洗衣机是给谁用的	丈夫/妻子/夫妻2人
当初为什么要购买洗衣机	布置新房/劳务需要/没时间洗衣服/衣服多/现在家庭必备家电
以什么条件去选择洗衣机	外观>品牌>节能/相信品牌的力量/品牌、功能
你们很少提到关于洗衣机的颜色、材质要求，难道购买前没有考虑吗	很少考虑，洗衣机这种家电颜色、材质基本就那么几种，在放置位置显得不突兀就行
家里的洗衣机放在哪	阳台/厕所
主要负责洗衣服的那个人不在家时，需要用洗衣机怎么办	嘱咐其他家庭成员，自己先设定好程序/设置预约，定在晚上峰谷电时洗，省电
多长时间使用一次洗衣机	每天使用/一周2～3次，冬天会减少使用次数
一般在什么时候洗衣服	下班后/等到峰谷电的时间

2. 对中青年的经验用户的访谈，如表5-48所示。

结论：在中国家庭中，一般还是女主人使用洗衣机的多。原因是减少劳务的时间，体现自己的价值。购买时主要还是考虑品牌与功能。随着季节不同，使用频率也会不同。为省电，很多用户会在峰谷电时间使用洗衣机。

3. 对老年经验用户的访谈，如表5-49所示。

结论：老年人对洗衣机这种家电产品是比较接受的；期望滚筒洗衣机操作简单；复杂的功能反而增加老年人对操作的能力要求。

4. 西门子1098XS的操作界面前期分析。

（1）开关是由旋钮控制的。分为几大区域：化纤洗、超柔洗、羊毛洗、棉织物、单洗涤、漂洗、脱水；数字表示温度；如图5-91所示。

（2）运行状态的反馈。灯光闪烁指示了洗衣机现阶段所处的状态、一般正常状态反馈信息由洗涤、漂洗到脱水，洗衣机依次开启洗涤对

对老年经验用户的访谈 **表5-49**

问题	答案
您家里在用的洗衣机什么时候买的	大概是2007年、2008年买的吧。这是第三台洗衣机了
为什么需要换一台洗衣机	实际上，这个我不大喜欢。那个单缸的好用。单缸的把电插上去、一开、电开关一按启动/暂停、水打开，就启动了；洗完了就停在那里了。这个简单，只是用的久了，洗衣筒脏了，就换了
这个洗衣机的操作对于您是不是太复杂了	那个复杂、没有用的，毫无意义。我觉得它这个，又多这么一个热洗，还有一个烘干的功能，干漂洗也有
家里有这么一台洗衣机，为什么还要买这么一台	后来，这个我就洗洗脏的东西，什么鞋啦、拖鞋啦，很脏的东西；抹布啦，一般用这个洗

应灯；单洗涤、漂洗、脱水时开启相对应的灯，全部运行完毕时灯全灭。如图 5-92 所示。

（3）强力去污功能通过在主洗时段自动增加摔打揉搓的时间和强度实现；强力去除污渍；额外漂洗功能，可在完成洗涤后，额外增加一次漂洗，将洗衣粉的味道彻底去除；开始、暂停键，开启机子，暂停时附带中途添衣功能，您可以在洗涤的过程中添加衣服。如图 5-93 所示。

5. 用户期待调查与结果如下。

（1）您期望的洗衣机是否有提示音？如果有，请问您倾向于以下哪种提示音？（结果如图 5-94 所示）

A.“滴滴”声作按键反馈；

B. 每个按键音乐不同以作区分；

C. 语音提示下一步该如何操作；

D. 不希望有提示音；

E. 其他__________

（2）洗衣机洗涤结束后，您是否有忘记拿出衣物的经历？如果有，请问您希望如何改进？（结果如图 5-95 所示）

A. 没有；

B. 有；

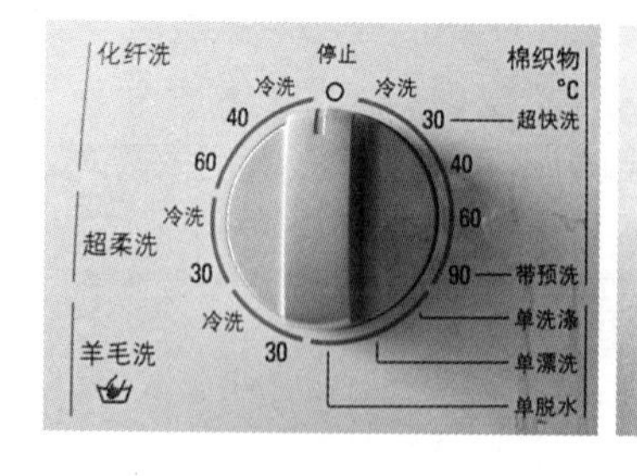

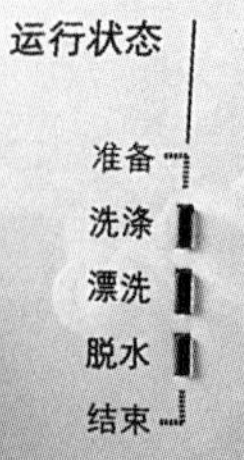

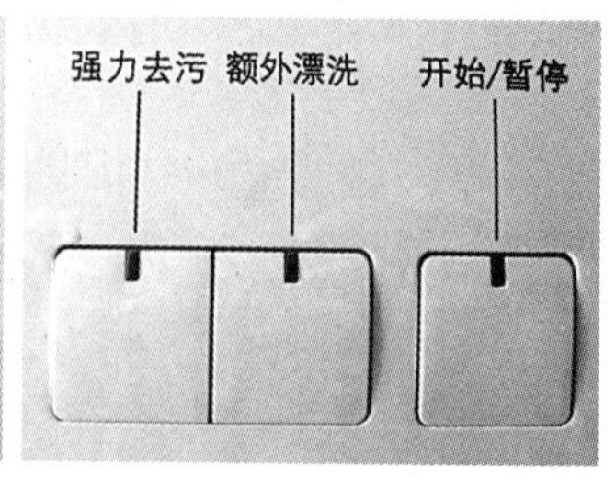

图 5-91（左）
图 5-92（中）
图 5-93（右）

C. 增大提示音量；

D.LED 灯闪烁；

E. 音乐声提示；

F. 语音提示；

G. 其他__________

（3）您倾向于一下哪种按键注解方式？（结果如图 5-96 所示）

A. 文字在上，图标在下型；

B. 文字加按键型；

C. 文字在按键内型；

D. 图标在上，文字在下型

（4）您平时是否留长指甲？长指甲是否影响您使用按键？（结果如图 5-97 所示）

A. 不影响；

B. 偶尔影响；

C. 影响很大

（5）您是否希望洗衣机盖板设计成透明材质，以观察洗衣机工作状态？（结果如图 5-98 所示）

A. 希望；

B. 不希望

（6）您喜欢洗衣机怎样的操作方式？（结果如图 5-99 所示）

A. 全按键型；

B. 旋钮加按键型

（7）您希望液晶屏都有哪些内容显示？（结果如图 5-100 所示）

A. 仅洗涤剩余时间显示；

B. 全面显示（包括洗涤类型、转速、水温、时间等）；

C. 无液晶屏型

（8）您希望主要的按键用其他颜色来标示吗？（结果如图 5-101 所示）

A. 用其他醒目的颜色标示；

B. 不用，只要形状和字体稍作区分即可

（9）您对按键的文字大小和文字形状有什么意见？（结果如图 5-102 所示）

A. 文字大一些，要有趣的形状；

B. 文字大一些，正规字体（如黑体、幼圆等）；

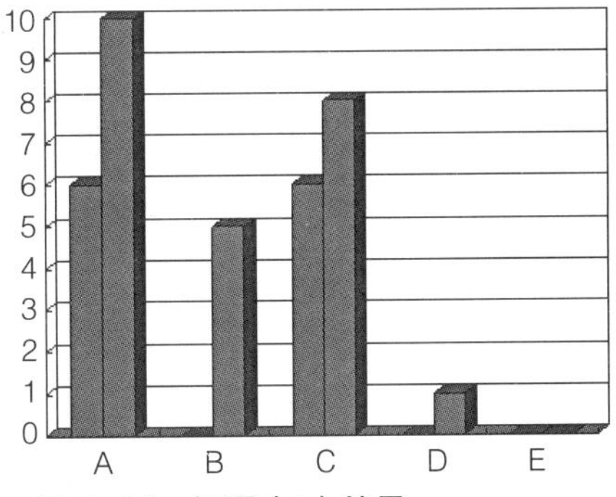

图 5-94　问题（1）结果

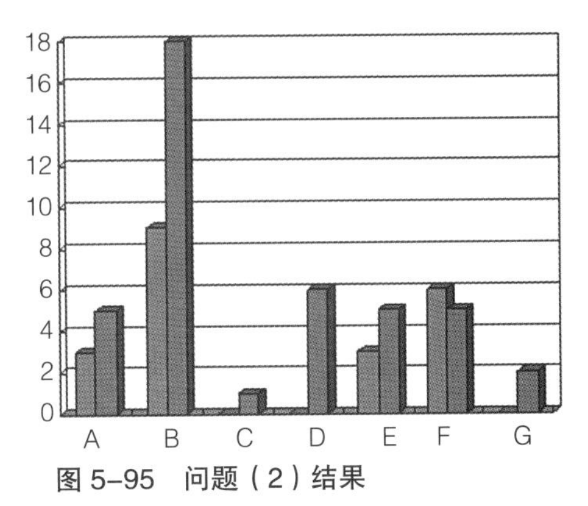

图 5-95　问题（2）结果

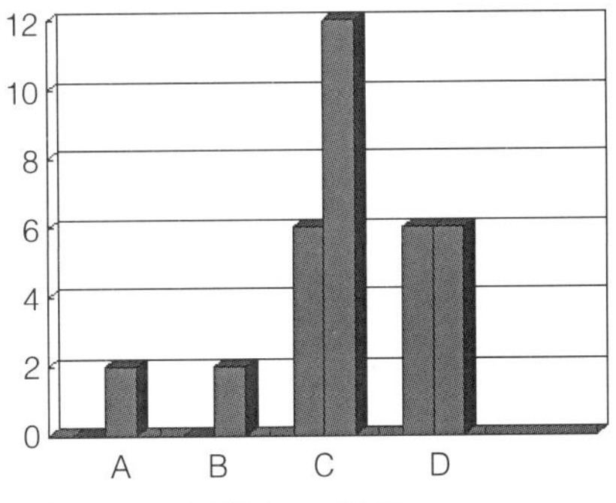

图 5-96　问题（3）结果

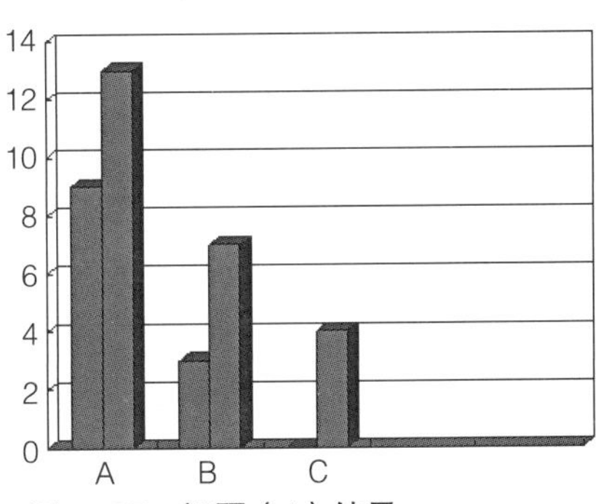

图 5-97　问题（4）结果

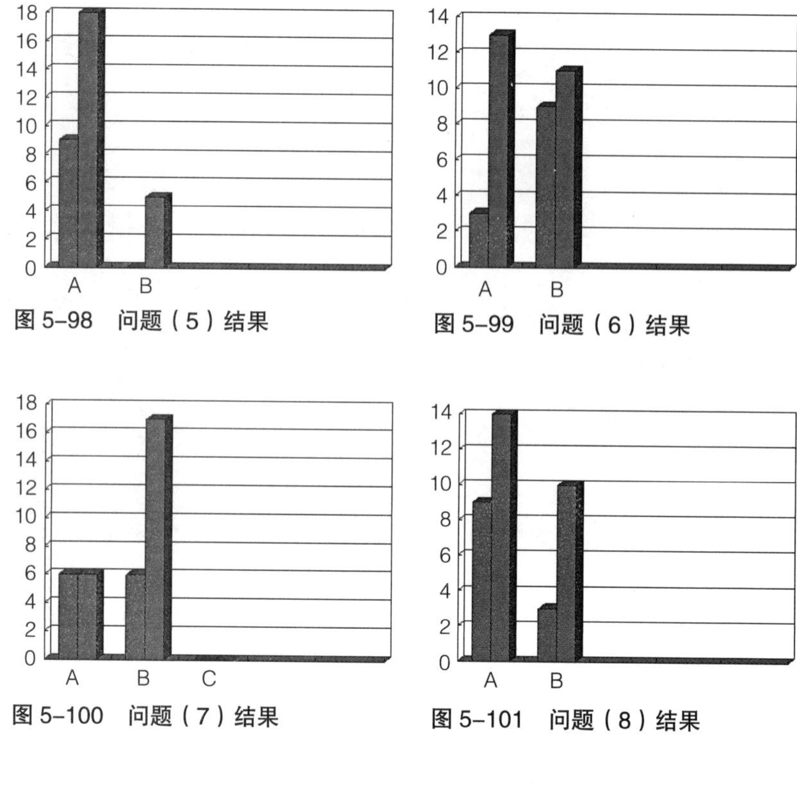

图 5-98　问题（5）结果

图 5-99　问题（6）结果

图 5-100　问题（7）结果

图 5-101　问题（8）结果

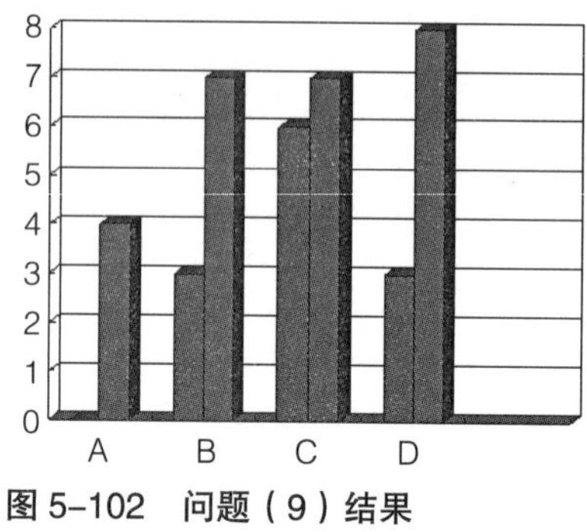

图 5-102　问题（9）结果

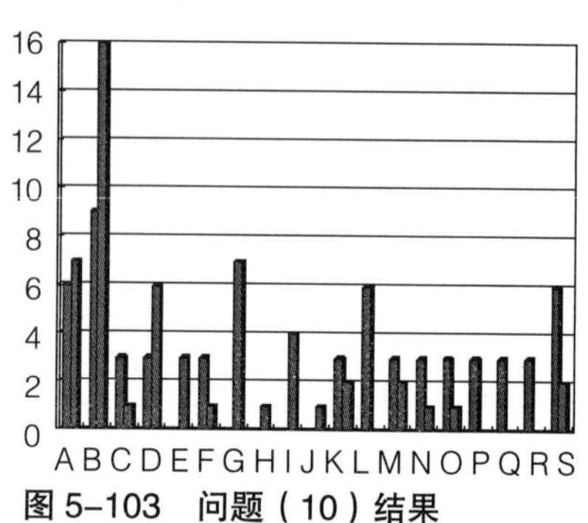

图 5-103　问题（10）结果

C. 和其他机体已有的正常文字大小一样即可，要有趣的形状；

D. 和其他机体已有的正常文字大小一样即可，正规字体（如黑体、幼圆等）

（10）您平时操作洗衣机时经常用到哪些功能按键？除常用的键以外，其他的按键会影响您操作吗？（多选）（结果如图 5-103 所示）

A. 不用的按键会影响到操作；B. 不会影响到操作；C. 浸泡；D. 洗涤强度；E. 洗涤温度；F. 自清洁；G. 脱水转速；H. 烘干；I. 时间预约；J. 超快洗；K. 大件洗；L. 延迟脱水；M. 精洗；N. 羊毛洗；O. 超柔洗；P. 丝绸洗；Q. 儿童洗；R. 化纤洗；S. 其他__________

5.7.4 问卷调查分析

针对上述问卷结果如图5-94～图5-103所示，得出下列分析结论。

1. 在关于洗衣机的操作按键方面，大多数用户更青睐全键式的操作界面，并喜欢简单明了的只用文字标注的按键。虽然大部分时间只用几个主要的功能键，但也觉得非主要功能键并不会影响平时的操作。

2. 很多用户都希望可以通过透明的洗衣机盖随时观察机器内部的工作状态。同时，希望液晶显示屏可以将洗衣机的剩余时间和温度等信息全面地显示出来。

3. 大部分用户希望洗衣机有相应的程序及警报提示音，并且偏好于简单的“滴滴”声和人工提示音的人群占多数。多数用户有在洗衣机洗涤结束后忘记把衣物拿出的经历，原因是洗衣机的工作结束提示音的音量太小，希望通过人工提示音等功能来进行改善。

5.7.5 用户操作观察

1. 选择一位从来没有使用过该机器的生手用户，完成“洗干净一条床单”的任务。拍摄视频记录任务完成过程。之后对其视频进行分解并展开分析。如表5-50所示生手用户任务操作视频分析：

2. 选择一位经验用户，完成“洗干净一条床单”的任务。拍摄视频记录任务完成过程。之后对其视频进行分解并展开分析。如表5-51所示经验用户任务操作视频分析：

3. 针对测试者的问题展开分析，如表5-52所示。

4. 问题分析结果

（1）一般用户对于界面上的数字标示的认知，会依赖于单位和图形符号的解释，这是由于用户对于数字标志含义的一般认知所引起的。

（2）带有隐含用途的数字和图标，在用户实际操作的过程中，会增加用户的思维负荷和记忆负荷。

（3）用户在使用洗衣机时会受到需要动机的引导，会重点关注操作界面上那些与到自己目的有关的选项。而当操作面板上没有符合的命令或者概括不清楚时，用户会感到困惑而不知所措。

（4）对于程序旋钮旁的温度数值设定，用户习惯的认知思维只会注意一两个数值跨度。对于后面的数值，会做出潜意识的顺序推理，所以数值的设定也要符合用户的潜意识思维。

（5）用户对于洗衣机面板上“冷洗”和温度数字的认知，一个模糊定量，一个量化具体。所以，用户对于“冷洗”的温度把握和理解就比较难了。

生手用户任务操作视频分析　　表5-50

视频分解	图解	动作目的	使用问题	使用者思维过程	问题分析	问题解决探究
步骤一		设定脱水任务	用户初次上手，不知该如何开始。洗衣步骤不明确	先把功能键调到脱水键	面对一个陌生的操作面板，人们首先产生的心理反应会是不知所措	面板应该设计得更具有亲和性，能够通过设计引导用户一步步完成操作
步骤二		等待运行状态栏进行脱水功能反馈	灯迟迟不跳到脱水键	是不是我的操作无效	界面反馈信息时间较长	应提高信息反馈速度
步骤三		等待脱水	一会儿后，提示灯跳到漂洗栏	为什么设定脱水功能，却跳到漂洗栏	是不是文字和功能键不对应，检查发现导致操作上的错误是因为旋钮的功能指示线设计得不合理，不能让用户直观地了解信息	功能刻度与文字对应一定要清晰明了
步骤四		修改设定功能	功能键调错了	思考，我为什么会调错的	注意标记跟文字的对应关系，却没留意下面的导视线的和文字的对应关系	功能刻度与文字之间是用折线连接，应突出用户目的，减少直觉注意的负荷
步骤五		启动开始进行脱水	要按开始键后，运行状态栏才跳到脱水	时间有点久，这时我的操作才算得到了反馈	反馈时间太长，用户易出错	及时反馈

经验用户任务操作视频分析　　表5-51

视频分解	图解	动作目的	使用问题	使用者思维过程	问题分析	问题解决探究
步骤一		转动旋钮调节洗涤时间	用户不知道数字所指示是时间，还是温度	这个数字所指示的到底是时间还是温度呢	操作界面上数字旁没有标注任何温度或是时间的单位	面板的文字设计应该更加明了、易懂
步骤二		将旋钮调至冷洗洗涤	用户在实在不知道数字代表含义的时候，只能折中选择冷洗	不了解数字的具体含义，调至冷洗比较保险	不明确的标注使得用户一般洗涤时只能使用一个功能键	标注更加明确些
步骤三		按下开启键，开始洗涤				
步骤四			用户在使用过程中用手轻轻擦拭字体，字体就被抹掉了	用户开始认为是钢笔痕迹，擦拭完后才发现是字体本身	字体印刷质量有问题	使用现在比较通用的丝网印刷或激光技术刻字，以免字体遇水模糊
步骤五		用户等待洗涤的过程中发现对羊毛洗下面的标志不了解				设计图标时应做到与文字良好的对应关系
步骤六		洗涤结束	结束后洗衣机发出蜂鸣声，但此时机舱还不能马上打开，需等气压排尽后5分钟后才能打开。这时用户很容易忘记拿出衣服	蜂鸣提示时用户认为等一会儿才能打开，就不去管洗衣机。这时用户很容易就忽略拿出衣服	蜂鸣提示时用户认为等一会儿才能打开，就不去管洗衣机。这时用户很容易就忽略拿出衣服	洗衣机提示音应在舱门可以打开时才提示用户

针对测试者的问题分析 表5-52

图片	问题	心理分析
	1.不理解洗衣机面板上按钮旁边的数字是表示时间还是温度。 2.知道了数字表示温度后，也不知道每个数字背后预设了时间，而且没有标明，让用户很难记住其隐含了所需的洗衣时间	一般用户对于界面上的数字标示的认知，会依赖于单位和图形符号的解释。这是由于用户对于数字标志含义的一般认知所引起的
		带有隐含用途的数字和图标，在用户实际操作过程中，会增加用户的思维负荷和记忆负荷
	1.由于程序旋钮旁的数字是等距排列的，从30到40以后的数值跨度越来越大，用户容易忽视这个变化，而按照自己的习惯思维来操作，将温度调得很高，损坏衣物。 2.界面“冷洗”的标示和温度的数字并放一起，而且较多地出现在不同温度的数字旁，让用户很难区分每一个“冷洗”标志的温度标准	对于程序旋钮旁的温度数值设定，用户习惯的认知思维只会注意一两个数值跨度。对于后面的数值，会做出潜意识的顺序推理，所以数值的设定也要符合用户的潜意识思维
		用户对于洗衣机面板上“冷洗”和温度数字的认知，一个模糊定量，一个量化具体。所以，用户对于“冷洗”的温度把握和理解就比较难了
	1.将“单漂洗”理解为一次漂洗，额外漂洗理解为外加漂洗，其实单漂洗只是单独执行漂洗的任务 2.“带预洗”的功能只标注在“90℃”的后面，使人难以理解难道只有90℃才能带预洗	1.对于“单漂洗”和“额外漂洗”的理解，在量和程度上都难以区分，究竟额外漂洗是外加程度的洗涤还是外加次数的洗涤，在语义上会产生歧义，使用户产生矛盾的使用心理。 2.用户在使用洗衣机时会受到需要动机的引导，会重点关注操作界面上那些与达到自己目的有关的选项，而当操作面板上没有符合的命令或者概括不清楚时，用户会感到困惑而不知所措
	界面左下角羊毛洗下面的图标语义不明了，很容易让人误解	图标没有很好的按键功能含义，使用户产生操作的矛盾心理
	在棉织物文字的下面标有温度符号，让人费解	用户在界面的认识时，会用一定的习惯思维去认识不同的图形和符号，而出现在文字后的温度单位，用户就比较难以理解了

（6）人的记忆能力有限，而往往容易分心。所以当人离开洗衣机的操作环境后，在没有合适的提示音提示时，用户很容易忘记洗涤已完成，应该从感知上加以提示，弥补人的记忆缺陷。

（7）对于“单漂洗”和“额外漂洗”的理解，在量和程度上都难以区分，究竟额外漂洗是外加程度的洗涤，还是外加次数的洗涤，在语义上会产生歧义，使用户产生矛盾的使用心理。

（8）对于洗衣机界面操作过程中，指示灯的反馈信息应该及时满足用户感知和认知过程，以便于用户确定自己操作的正确性和心理期待。

5.7.6 用户认知分析

根据前面的各类用户调研，进行用户认知分析，如表 5-53 所示。

表5-53

认知因素	心理趋向描述	近似图或案例	设计提炼
注意	人的记忆能力有限，而往往容易分心。意识的聚焦或专注，以便有效处理其他事情		在没有合适的提示音时，用户很容易忘记洗涤已完成。应该从感知上加以提示，弥补个人的记忆缺陷
知觉引导	因为视觉造型心理闭合律特点，所以功能区色条不明显	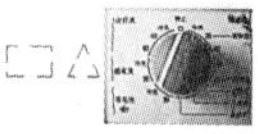	设计上应该考虑人的视觉心理闭合律的特点
可见性	用户能够依靠这些信息建立操作目的、明了操作过程、知道操作结果、获得反馈信息、确定下一步操作的界面		修改设定任务后，要按开始键，运行状态栏才跳到该功能。在设计中，应该及时反馈信息
可识别性	比如某类物体的关键特征、代表某类唯一含义信息显示、按照用户使用目的提供完整信息		图标设计更有针对性，语义更明了
	减少对动作复杂度、动作负荷、动作速度和精度要求	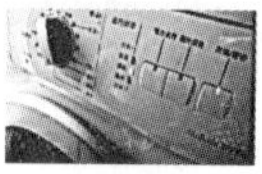	旋转按钮的刻标与数字的对应关系有视觉上的误差。设计中可以改变旋钮的形态，也可以换成触屏方式
反馈性	每一步操作通过知觉感知外界获取和行动有关的信息；冷洗提示键	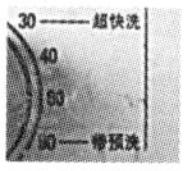	带预洗功能，是包括30℃~90℃这个区域都有待预洗，还是只针对90℃应把它设计明了
经验期待		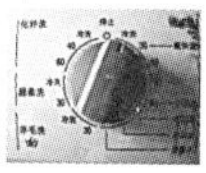	摄氏度标识位置不明确。用户根据自己的经验都以为数字是工作时间
思维	一般用户对于界面上的数字标示的认知，会依赖于单位和图形符号的解释，就是由于用户对于数字标志含义的一般认知所引起的，所以用户更倾向于带单位或说明的数字	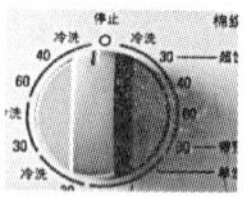	将界面上数字设定单位，或者用具象的图形加以功能解释
	对于程序旋钮旁的温度数值设定，用户习惯的认知思维只会注意一两个数值跨度。对于后面的数值会做出潜意识的顺序推理，所以数值的设定也要符合用户的潜意识思维，防止用户转过头了	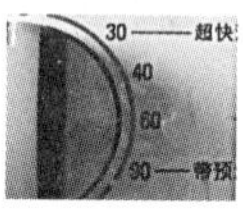	应将数字设计得更加具有渐变规律，更符合人的习惯思维
	界面“冷洗”的标示和温度的数字并放在一起，而且较多，出现在不同温度的数字旁。用户很难区分每一个“冷洗”标志的温度标准，更想知道每一个冷洗的具体区别	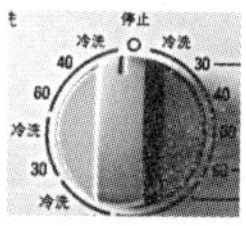	将冷洗的温度标准标明
记忆负荷	温度数值带有隐含用途（时间）的数字和图标，在用户实际操作过程中，会增加用户的思维负荷和记忆负荷，用户更趋向于简单具体的数字和图标	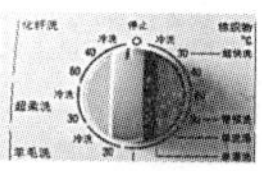	将界面上数字的含义具体化，将其用途表示清楚，也可以将隐含用途也标注出来，尽量不要一个数字含有两种用途
	洗涤结束后会有短暂的声音提示，但是洗衣机门不能被及时打开，需要过一定时间等气压排尽后才可以打开。这时用户会经常忘记拿出衣服，用户希望很好地得到时间反馈而不要增加不必要的时间记忆		洗衣机在衣物洗涤完成后，应该在气压排尽后发出提示音，不要设置无用的时间段来增加用户的记忆
操作理解	用户在需要设定带预洗的时间时，会重点关注操作界面上那些与达到自己目的有关的选项。而当操作面板上没有符合的命令或者概括不清楚时，用户会感到困惑而不知所措	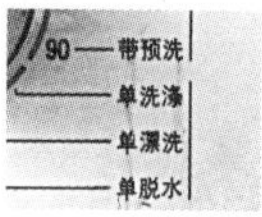	将带预洗的功能增加时间控制点，设定一个时间的显示屏

续表

认知因素	心理趋向描述	近似图或案例	设计提炼
操作理解	对于“单漂洗”和“额外漂洗”的理解，在量和程度上都难以区分。究竟额外漂洗是外加程度的洗涤，还是外加次数的洗涤，在语义上会产生歧义，使用户产生矛盾的使用心理		对于按键图标的文字解释，尽量让语义更清晰些
图标识别	用户对于羊毛洗的含义比较好理解的，但其下面的图标会让用户捉摸不定		界面上已有文字能说明清楚的，就可以省掉一些不必要的图标提示
	用户在界面的认知时，会用一定的习惯思维去认知不同的图形和符号，而出现在文字后的温度单位，用户就比较难以理解了		将温度符号设定在数字旁，使其更好地说明数字的含义，不让人误解

5.7.7 改进方案

根据用户认知分析结果，展开新方案的设计提案。

1. 旋钮和按键的设计改进：将旋钮和按键在人机关系上寻找更舒适、更便捷的造型，同样结合旋钮和按键的功能和导视性，解决旋钮造成的视觉误差和相同形式按键的功能明确区分。

2. 文字和数字的设计改进：针对原洗衣机文字、数字功能表达的不明确和程序功能背后隐含的功能数据，进行可识性的标注，以及简易单位和文字的解释说明，使文字和数字的功能语义更加明了。

3. 排版的设计改进：整个洗衣机面板考虑到原洗衣机在操作顺序的矛盾和信息反馈的时间差，面板在排版上更加符合人的视觉规律，引导用户实现从左到右的正确操作过程，完成操作、启动后，实现正确的反馈。

4. 图形指示的设计改进：面板上图形文字的不合理分布和形式，造成了读取的准确性问题，通过对衣物、洗涤功能的选项的合理排版，以线框图形的方式将衣物、洗涤功能进行明确的区域划分和按键功能的正确指引。

5.7.8 改进方案进行用户测试

1. 根据改进方案，设计团队制作了实验样本，并选择非经验用户设定任务：清洗一件羊毛衫。如表 5-54 所示。

2. 根据改进方案，设计团队制作了实验样本，选择非经验用户设定任务：假设衣服已经浸泡、洗涤、漂洗过，现在需要甩干。如表 5-55 所示。

3. 根据改进方案，设计团队制作了实验样本，选择非经验用户设定任务：假设要清洗一块很脏、很重而且需要多洗几次窗帘。如表 5-56 所示。

清洗羊毛衫测试 **表5–54**

步骤	图解	使用问题	用户思维过程	问题分析	改进方案
羊毛物冷洗	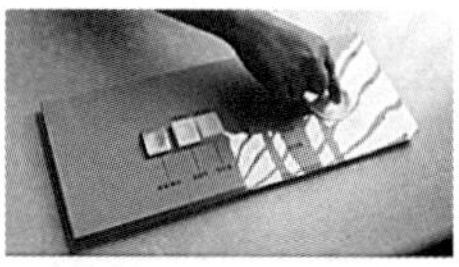	不明显	思考羊毛衫材质，属羊毛，即指针需要对准羊毛物	操作凭借直觉。用户是非经验用户，认为左侧旋钮区域的选项不包括洗涤功能；不能正确理解强力洗、加漂洗的正确含义	将强力洗、加漂洗按键下的解释说明移至该文字下
加漂洗	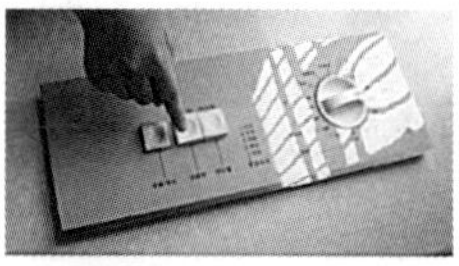		洗涤需要漂洗，选择加漂洗		
开始	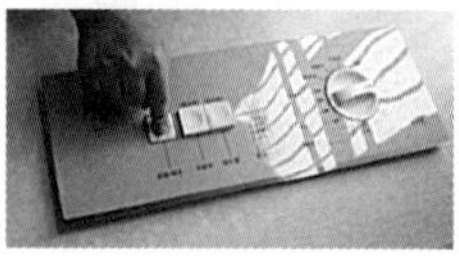		启动运作		

用于测试 **表5–55**

步骤	图解	使用问题	用户思维过程	问题分析	改进方案
单脱水	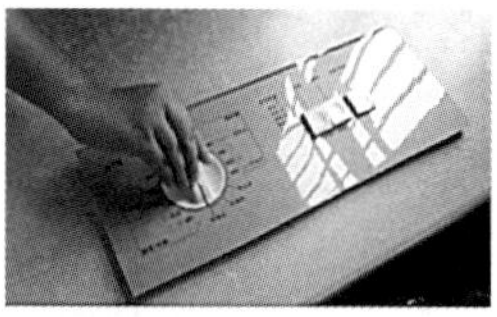	开始没有注意到单脱水选项	只需要脱水即可，指针对准单脱水	几个单独洗涤、漂洗、甩脱水的功能容易被用户忽略，在界面设置的位置上需再考虑	将棉织物区块的位置与单洗涤、单漂洗、单漂水的位置上下互换
开始		无	启动动作		

清洗一块很脏、很厚且需多次清洗的窗帘测试 **表5–56**

步骤	图解	使用问题	用户思维过程	问题分析	改进方案
棉织物待预洗	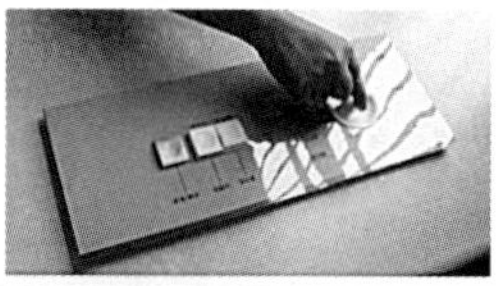	加漂洗的意思是加漂洗的次数。应选择强力洗，增加洗涤的时间	思考窗帘材质，认为属棉织物，同时需要浸泡，因此选择待预洗	操作正确，用户是经验用户，思路清晰，操作熟练，但却在强力洗和加漂洗的按键上理解有误	虽然我们加了文字说明，但是和按键的字离得不近，应调整位置
加漂洗	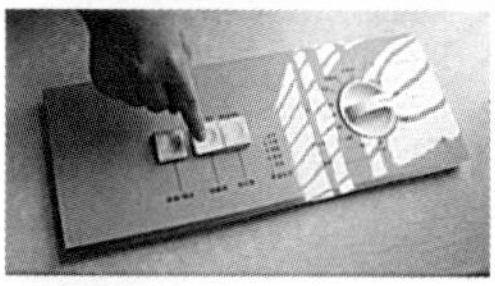		注意到加漂洗按键下的“加次数”，认为要多洗几次，选择加漂洗		
开始	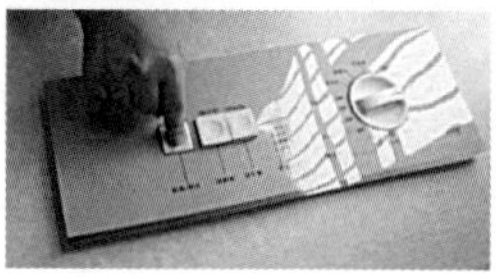		启动运作		

5.7.9 再改进方案

根据实验样本测试评估后，提出问题以及再改进方案。如图 5-104 所示为评估分析图。

第五章小结

上述七个案例均为学生课堂作业，首先感谢他们的努力和支持，才得以让“实验的设计心理学”这门课程在教学实践中得到不断的完善。选择的这批优秀作业可以作为其他学生学习的参考，但是切不可依样画葫芦。因为一方面，本身这些案例的研究方法和研究结果还有待进一步商榷；另一方面，设计心理学作为一门方法学，为设计提供的是一种思路，根据具体的课题以及研究者的能力都会有不同的宽度和深度的拓展。仅希望这些案例能抛砖引玉，为设计心理学形成一套完善的研究方法和研究成果提供借鉴。

实验测试评估

方案一

界面展示

1.将材质分类区域化
2.每个相对应的数字后面添加使用时水温度数
3.每个相对应温度后面添加使用时间
4.加过渡色引导操作方向
5.标注强力洗和加漂洗的意思
6.强调开始键
7.配合机身，设计另一款颜色较亮丽的线框

测试行程

测试内容：洗衣机操作界面的易用性
测试人数：14
测试时间：2010.09.27——2010.09.28

评估小结

影响因素	产品图片	改良后的设计亮点或问题
注意		在没有设定显示屏操作界面，用户首先注意到了设定的旋钮及开关点，从左往右的按键设计，迎合了用户的注意心理。
知觉引导		在洗衣程序选择区域，我们将文字、数字单位相互对应的基础上用虚线框定出来，用户清楚的知道衣物的分类和选择。
可见性		针对改良前控制旋钮高度引起的视觉误差，对旋钮的高度和导视性上进行了调整，使信息更容易读取。
可识别性		对旋钮旁的数字含义的识别，通过简易单位和文字说明，达到了我们对面板数字识别的目的。
反馈性		面板运行状态的反馈，我们将其用显示灯的方式，设定在操作启动结束后的时间点，这样使用户准确的知道操作的正确性。
经验期待		在界面功能的排版，程序功能的说明，信息的反馈上，基本上符合了用户的经验期待。
思维		改良面板上“超柔洗”、“强力去污”、“额外漂洗”都产生了歧义，增加了用户的思维负担，改成“超柔/丝绸”、“强力洗”、“加漂洗”使用户更加明确按键的功能。
操作理解		界面功能按键基本上从人的视觉习惯，信息反馈，操作从左到右的规律分布，使用户操作更加简单。

改进方案

1.把MIN改成中文，更易理解
2.标注上移，集中视觉
3.强调开始字样
4.将2组合位置互换，方便操作从左到右的顺序。
5.将开始键颜色与其他按键颜色区分。

任务评估

用户任务	步骤	图解	使用问题	用户思维过程	问题分析	改良方案
假设要清洗一件羊毛衫	1.羊毛物冷洗		不明显	思考羊毛衫材质，属羊毛类，即指针需要对准羊毛物。	操作凭借直觉，用户是非经验用户，认为左侧旋钮区域的选项不包括有洗涤功能，不能正确理解强力洗、加漂洗的正确含义	将强力洗、加漂洗按键下的解释说明移至该文字下
	2.加漂洗			洗涤需要漂洗，选择加漂洗		
	3.开始			启动运作		
假设衣服已经浸泡、洗涤、漂洗过，现在需要甩干	1.单脱水		开始没有注意到单脱水选项	只需要脱水即可，指针对准单脱水	几个单独洗涤、漂洗、甩脱水的功能容易被用户忽略，在界面设置的位置上需再考虑	将棉织物区块的位置与单洗涤、单漂洗、单脱水的位置上下互换
	2.开始			启动运作		
假设要清洗婴儿的衣服及丝巾	1.超柔/丝绸30度		不明显	[illegible]	操作凭借直觉，用户是非经验用户，认为左侧旋钮区域的选项不包括有洗涤功能，不能正确理解强力洗、加漂洗的正确含义	将强力洗、加漂洗按键下的解释说明移至该文字下
	2.加漂洗			洗涤需要漂洗，选择加漂洗		
	3.开始			启动运作		
假设要清洗一条床单	1.棉织物40度		不明显	床单属于棉织物，用热水洗有效，指针对准棉织物40度	操作凭借直觉，用户是非经验用户，认为左侧旋钮区域的选项需要多次手动选择操作	
	2.加漂洗			床单比较难漂洗干净		
	3.开始			启动运作		
假设要清洗一块窗帘（很脏很重需要多洗几次，最好洗久一些）	1.棉织物+预洗		[illegible]	[illegible]	操作正确，用户是经验用户，思路清晰，操作熟悉	[illegible]
	2.加漂洗			[illegible]		
	3.开始			启动运作		
假设衣服已经浸泡过，现在需要洗涤	1.开始		[illegible]	启动/电源	[illegible]	将强力洗、加漂洗按键下的解释说明移至该文字下，强调开始键及字样。
	2.强力洗			认为需要加强洗涤的力度		
	3.棉织物60度			[illegible]		
假设衣服已经浸泡、洗涤过，现在需要漂洗	1.化纤物40度		顺序正确，但没有启动	先按材质选择	第2次操作开始产生头绪，认为左侧旋钮区域的选项不包括有洗涤功能，不能正确理解强力洗、加漂洗的正确含义	将强力洗、加漂洗按键下的解释说明移至该文字下
	2.加漂洗			需要漂洗，选择加漂洗		

方案二

界面展示

1.舍弃了旋钮，避免了用户使用旋钮会产生的视觉误差，信息理解不正确的情况。
2.电源开启独立且用红色表示，更加的醒目。
3.符合用户的心理；操作更加的人性化，用户可以根据自身的需要，在原有功能上改变步骤；信息反馈更加具体。

测试行程

测试内容：洗衣机操作界面的易用性
测试方式：模拟操作，访谈
测试地点：云溪小区
测试人数：5
测试人员：冯永涛 刘春阳
测试时间：2010.9.26

评估小结

影响因素	产品图片	改良后的设计亮点或问题
注意	电源 启动/暂停	用户首先注意到了有明显颜色区分的电源和启动/暂停键
知觉引导	水位 预约 温度	主要操作按键设置在同一水平线上，用户注意到这些按键式可操作的，并且对应按键上面的亮灯
可见性		随着水位的增加，反馈灯的颜色也随之加深，增强可视性
反馈性		1.操作按键有相对应的亮灯提示，并提示洗衣机当前的状态和接下来的状态 2.主操作按键有“滴”的提示音，洗衣机操作完毕还会有一连串的音乐提示衣服已经洗好
经验期待		基本上这款洗衣机面板符合大多数用户的经验期待

任务评估

用户任务	步骤	图解	使用问题	用户思维过程	问题分析	改良方案
假设有衣物已经洗涤过，现在只需要漂洗	1.开启电源		比较难发现开关	没有颜色的区分，用户在环顾了整个界面后找到电源键	正确的颜色与图标的标注，有利于用户对界面的理解。	在按键区与信息反馈区增加颜色区分，便于用户理解操作界面的功能划分。再次改善按键的大小与操作过程，达到用户需求。
	2.状态调整		要调到单漂洗，状态按键需要按多次，按键过小	为调到自己需要的状态，在一个键上需要连按多次。	按键的操作不易过多，最好是一步到位式的	
假设有床单，被套等已经洗涤过，现在需要漂洗	1.开启电源，选择状态至漂洗		忽略了程序与力度的操作	没有闪烁灯的提示，用户直接忽略了程序与力度的操作。	用户会忽略需要洗涤的衣物的材质，会对衣物造成损伤	在未开始洗衣前，KED灯都处于闪烁状态，容易引起用户的注意。将表示水位的具体数据改成高，中，低，少量便于用户认知
	2.水位调整		对数据没有具体的概念	用户对45L,35L等表示用水量感到有点迷惑。	，不知道45L,35L具体是多少水，没有量的概念	
假设要清洗一块窗帘（很脏很重，需要多洗几次，最好洗的久一些）。	1.开启电源			通过颜色与图标的双重表示，用户一目了然	用户在对一块陌生的界面时，最先注意的会是最醒目的。	红色本身带有警告，提示的作用，符合人的认知特点
	2.选择化纤，强力洗，高水位，30℃水温			用颜色将主要操作按键区分，信息反馈区集中	明显的颜色区分使用户清楚按键的操作与顺序。	凸显按键，提醒用户操作，减少用户的操作负担。
	3.增加额外漂洗		额外漂洗不明确	用户看到额外漂洗时犹豫，能否由自己设定再额外漂洗几次	较少使用到额外漂洗的功能，用户对于额外漂洗理解不清。	额外漂洗标注次数显示
	4.获取反馈信息，启动机子			用户看到不停闪烁的LED灯时，就会注意到自己是否遗漏	闪烁的灯亮起到提示作用，有利于减少用户的记忆负担。	

方案三

界面展示

1.旋钮部分采用图标与文字结合方式，方便用户读取信息，选中某一功能后背景灯会亮起来，减少了失误，更加明确各程。
2.启动暂停按钮单独放置，更容易被用户识别。按键中间凹陷，手感更舒适。
3.液晶显示屏显示数据简明易懂。
4.单功能按键把它列出来，用来区分单功能与其他功能的区别。
5.剩余时间的显示，能够使用户更加准确的把握好洗涤时间。

测试行程

测试内容：洗衣机操作界面易用性
测试方式：模型实测
测试地点：[illegible]
测试人数：6
测试人员：张强 韩雨婷
测试时间：2010.9.28

评估小结

影响因素	产品图片	改良后的设计亮点或问题
知觉引导	停止	功能旋钮上，为了区分停止与其他功能的含义，应着重标明其功能的重要性
思维负荷		衣物能转化为强力洗涤的概念，用户还不是很清晰
	启动/暂停 电源	暂停启动按键与电源按钮应该有区别，若单只有启动暂停，应该告知用户，该按钮是属于程序操作的最后一步
认知（含义与理解）		用户不明确“单洗涤”、“单漂洗”、“单脱水”的具体含义，很多用户没发现单功能键与其他功能的区别
		程序两字表达的意思不够明确，应将其改为模式

改进方案

1.“停止”颜色做单独的区分。
2.将“程序”改为“模式”，让其表意更明确。
3.明确启动按键颜色。
4.图标加颜色区分。
5.将整个按键下移。
6.增加电源按键。

任务评估

用户任务	步骤	图解	使用问题	用户思维过程	问题分析	改良方案
洗一条床单	1.拧旋钮			从左至右操作	操作正确，用户是经验用户，思路清晰，操作熟练	
	2.旋到单洗涤		单洗涤只具备洗涤功能，不具备洗涤，漂洗，脱水一系列功	用户认为单洗涤就能洗床单	用户在认知上不明白单洗涤的含义	应该提示用户先判断材质，再选择洗涤模式
	3.启动			启动，开始洗涤		
甩干一条已经洗好的床单	1.按启动键		此时启动暂停按钮无效	用户认为得先启动，才能调程序	用户与以前的操作经验混淆，把启动键的含义理解成电源键	暂停启动按键与电源按钮应该有区别。
	2.脱水		单操作功能按键与其他功能键区分不明显	那就是单脱水	功能键区分不明显	用不同发光颜色来区分
	3.用户等待		用户没有按启动	因为设定好功能就完成了操作	用户与以前的操作经验混淆，认为操作完后自动暂停。	暂停启动按键与电源应该有区别
甩干一条已经洗好的床单	1.拧旋钮，单脱水			旋到脱水，进行脱水任务	操作正确，用户是经验用户，思路清晰。	
	2.寻找功能键		用户先注意到文字发光，忽略了图标和刻度的对应关系。	文字发光就表示已经调对了	部分用户对文字和图标的敏感度不同	文字图标发光要一一对应
预约洗羊毛	1.拧旋钮羊毛洗功能键			旋到羊毛，进行羊毛洗任务	用户是经验用户，思路清晰，操作熟练	
	2.按预约		剩余时间的选项往往被忽略	文字发光表示预约功能已经调好了，而没关注剩余时间选项	剩余时间是在预洗时间调了后才开始发光显示	剩余时间应当在不使用时设置为淡淡的发光模式，引起用户
	3.启动			启动，开始洗涤		
洗一件很脏的羽绒服	1.观察		用户手触羊毛功能图标	认为是手触屏	旋钮做的不够明确	将旋钮做的更人性化一些
	2.启动		用户忽略了中间显示屏	显示屏的意义不是很大	用户忽略了屏幕下可以手动调节的功能	拉宽按键与屏幕距离，加大按键面积了解用户关注什么信息
	3.暂停选择强力洗		用户不明白调好一个任务后，洗衣机已经选择了的洗涤模式	很脏，那就选择强力洗	衣物能转化为强力洗涤的概念，用户还不是很清晰	文字的含义要尽可能符合用户的操作经验和思维习惯
	4.启动		用户另外设置时不会先按暂停	少按了一个选项	操作很时存可逆性	应考虑机器的免疫能力，对错误操作不反应必须先给出提示
洗一件很脏的牛仔	1.拧旋钮，洗牛仔					
	2.调节模式温度预约按键		调解时手遮挡住显示屏	自己调节的更放心	按键与显示屏距离过近导致操作不便	将按键向下移动一段距离
	3.启动			启动，开始洗涤		
	4.洗完以后又调到单漂水		重复操作	用户认为牛仔洗只是单纯的洗涤，而不具备脱水功能	对全自动的理解存在偏差，与自己的使用经验混淆	理解用户的习惯，可重复操作，但以最先设置的功能为依

图 5-104

参考文献

[1] 陈晓蕙 . 设计新概念之：无障碍设计 .2006.11.

[2] 陈晓蕙 . 回归造物的原点——评说通用设计的理念、目标与实践 . 新美术，2006.

[3] 陈昱丞 . 弱势族群对产品触觉认知与设计评价之案例研究 .2008.9.

[4] 林佳德 . 辅助科技于视障学童之概念设计应用 . 2009.6.

[5] 陈明石 . 台湾通用设计发展现况及未来机会 .

[6] 王宏坤 . 凹槽对于触觉符号辨识绩效的影响研究 .2009.7.

[7] 王中行 . 视觉障碍者生活环境设计之趋势探讨 .2005.6.

[8] 赵雅丽 . 视障者的心像：从触觉到视觉之记忆光谱的初探 .1991.7.

[9] 曾思瑜 . 从“无障碍设计”到“通用设计”美日两国无障碍环境理念变迁与发展过程 .1991.9.

[10] 林清熙 . 视障者共游玩具之研究——以玩具公会会员为例 .2009.7.

[11] 林佩宁，彭光辉 . 从通用设计观点探讨指标系统设计之研究——以台北地下街为例 .

[12] Donald,A.N.. 设计心理学 [M]. 梅琼译 . 北京：中信出版社，2010.

[13] 马力 . 什么是自然匹配原则？它在设计中是如何被应用的？ .[OL] 北京：知乎，2011.http://www.zhihu.com/question/19754832.

[14] 姜霖 . 产品材质美的来源 . 商场现代化，2004，(11).

[15] 郑建启，刘杰成编著 . 设计材料工艺学 . 北京：高等教育出版社，2007.

[16]（英）迈克・阿什比等著 . 材料与设计——产品设计中材料选择的艺术与科学（原著第二版）. 曹岩，师新民，高宝萍译 . 北京：化学工业出版社，2012.

[17] 唐纳德・A・诺曼 (Donald Arthur Norman). 设计心理学 . 梅琼译 . 北京：中信出版社，2010.

[18] 罗伯特・L・索尔所，M・金伯利・麦克林，奥托・H・麦克林 . 认知心理学 . 邵志芳，何敏萱，高旭辰译 . 上海：上海人民出版社，2008.

[19] 李乐山 . 工业设计心理学 . 北京：高等教育出版社，2004.

[20] 中国法制出版社 . 最新交规与驾照教学考试大纲 . 北京：中国法制出版社，2013.

[21] 杨先艺，秦杨 . 论中国传统造物艺术的审美特征 . 美与时代（下半月），2009，(1).

[22] 戴吾三 . 考工记图说 . 济南：山东画报出版社，2003.

[23] 王琥 . 中国传统器具设计研究 . 南京：江苏美术出版社，2004.

[24] 陈志椿，侯富儒 . 中国传统审美文化 . 杭州：浙江大学出版社，2009.

[25] 吕胜中，邬建安 . 中国公共家庭审美调查 . 北京：北京大学出版社，2007.
[26] 李乐山 . 中国人的传统审美观念 .
[27] 尚刚 . 天工开物——古代工艺美术 . 北京：生活・读书・新知三联书店，2007.
[28] 徐恒醇 . 设计美学 . 北京：清华大学出版社，2011.
[29] 袁海云 . 中国人的传统审美观念 .2012.
[30] 朱大可 . 器物符号学 . 文艺争鸣，2010，（1）.
[31] 朱志荣 . 中国审美理论 . 北京：北京大学出版社，2005.
[32] 朱志荣 . 论中国审美意识研究的价值 . 暨南学报哲学社会科学版，2012，（9）.
[33] 赵伶俐 . 审美概念认知——科学阐释与实证 . 北京：新华出版社，2004.
[34] 作者不详 . 论中国审美意识研究的价值 .
[35] 朱和平 . 中国青铜造型与装饰艺术 . 长沙：湖南美术出版社，2004.
[36] 李乐山著 . 工业设计心理学 . 北京：高等教育出版社，2004.
[37]（美）诺曼著 . 设计心理学 . 梅琼译 . 北京：中信出版社，2010.
[38]（美）诺曼著 . 情感化设计 . 付秋芳，程进三译 . 北京：电子工业出版社，2005.
[39] 王甦，汪安圣著 . 认知心理学 . 北京：北京大学出版社，2006.
[40] 周志勇，聂品，褚舒舒，吴元欣 . 浅谈感性工学及其研究方法 . 科学时代，2012（22）.
[41] 吴佩平，傅晓云编著 . 产品设计程序 . 北京：高等教育出版社，2009.
[42] 普升科技有限公司：http://www.upwardstek.cn/templates/T_contents/index.aspx?nodeid=40&page=ContentPage&contentid=260.
[43] 劳伦・斯莱特著 .20 世纪最伟大的心理学实验 . 郑雅方译 . 北京：中国人民大学出版社，2007.
[44] Pedro Pablo Sacriston. 一堂“自由实验课”. 苏相宜译 . 读者，2012（18）.
[45]（英）Peter Harris 著 . 心理学实验的设计与报告 . 吴艳红等译 . 北京：人民邮电出版社，2009.
[46]（美）阿恩海姆著 . 艺术与视知觉——美学・设计・艺术教育丛书 . 滕守尧，朱疆源译 . 成都：四川人民出版社，1998.